建筑遗产保护丛书

朱光亚　主编

南京历史文化名城保护规划演进、反思及展望

Evolution, Reflection and Prospect of the Conservation Planning
for the Historic City of Nanjing

沈俊超　著

东南大学出版社·南京

图书在版编目(CIP)数据

南京历史文化名城保护规划演进、反思及展望 / 沈俊超著. —南京：东南大学出版社，2019.10
(建筑遗产保护丛书/朱光亚主编)
ISBN 978-7-5641-8043-0

Ⅰ.①南… Ⅱ.①沈… Ⅲ.①文化名城—保护—研究—南京 Ⅳ.①TU984.253.1

中国版本图书馆 CIP 数据核字(2018)第 237936 号

南京历史文化名城保护规划演进、反思及展望
NANJING LISHI WENHUA MINGCHENG BAOHU GUIHUA YANJIN、FANSI JI ZHANWANG

出版发行	东南大学出版社
出 版 人	江建中
网 址	http://www.seupress.com
电子邮箱	press@seupress.com
社 址	南京市四牌楼 2 号
邮 编	210096
经 销	全国各地新华书店
印 刷	南京新世纪联盟印务有限公司
开 本	787mm×1092mm 1/16
印 张	18
字 数	405 千
版 次	2019 年 10 月第 1 版
印 次	2019 年 10 月第 1 次印刷
书 号	ISBN 978-7-5641-8043-0
定 价	98.00 元

本社图书若有印装质量问题,请直接与营销部联系。电话(传真):025-83791830

丛书总序

　　建筑遗产保护丛书是酝酿了多年的成果。大约在 1978 年,东南大学通过恢复建筑历史学科的研究生招生,开启了新时期的学科发展继往开来的历史。1979 年开始,根据社会上的实际需求,东南大学承担了国家一系列重要的建筑遗产保护工程项目,这也显示了建筑遗产保护实践与建筑历史学科的学术关系。1987 年后的十年间东南大学提出申请并承担了国家自然科学基金重点项目中的中国建筑历史多卷集的编写工作,使研究和应用相得益彰;又接受了国家文物局委托举办古建筑保护干部专修科的任务,将人才的培养提上了工作日程。1990 年代,特别是中国加入世界遗产组织后,建筑遗产的保护走上了和世界接轨的征程。人才培养也上升到成规模地培养硕士和博士的层次。东南大学建筑系在开拓新领域、开设新课程、适应新的扩大了的社会需求和教学需求方面投入了大量的精力,除了取得多卷集的成果和大量横向研究成果外,还完成了教师和研究生的一系列论文。

　　2001 年东南大学建筑历史学科被评估成为中国第一个建筑历史与理论方面的国家重点学科。2009 年城市与建筑遗产保护教育部重点实验室(东南大学)获准成立。该实验室将全面开展建筑遗产保护的研究工作,特别是将从实践中凝练科学问题的多学科的研究工作承担了起来。形势的发展对学术研究的系统性和科学性提出了更为迫切的要求。因此,有必要在前辈奠基及改革开放后几代人工作积累的基础上,专门将建筑遗产保护方面的学术成果结集出版,此即为"建筑遗产保护丛书"。

　　这里提到的中国建筑遗产保护的学术成果是由前辈奠基,绝非虚语。今日中国的建筑遗产保护运动已经成为显学且正在接轨国际并日新月异。其基本原则:将人类文化遗产保护的普世精神和与中国的国情、中国的历史文化特点相结合的原则,早在营造学社时代就已经确立。这些原则经历史检验已显示其长久的生命力。当年学社社长朱启钤先生在学社成立时所说的"**一切考工之事皆本社所有之事……一切无形之思想背景,属于民俗学家之事亦皆本社所应旁搜远绍者……中国营造学社者,全人类之学术,非吾一民族所私有**"的立场,"**依科学之眼光,作有系**

统之研究""与世界学术名家公开讨论"的眼界和体系,"沟通儒匠,浚发智巧"的切入点,都是在今日建筑遗产保护研究中需要牢记的。

当代的国际文化遗产保护运动发端于欧洲并流布于全世界,建立在古希腊文化和希伯来文化及其衍生的基督教文化的基础上;又经文艺复兴弘扬的欧洲文化精神是其立足点;注重真实性,注重理性,注重实证是这一运动的特点;但这一运动又在其流布的过程中不断吸纳东方的智慧,1994年的《奈良真实性文件》以及2007年的《北京文件》等都反映了这种多元的微妙变化——《奈良真实性文件》将原真性同地区与民族的历史文化传统相联系可谓明证。同样,在这一文件的附录中,将遗产研究工作纳入保护工作系统也可谓是远见卓识。因此本丛书也就十分重视涉及建筑遗产保护的东方特点以及基础研究的成果。又因为建筑遗产保护涉及多种学科的多种层次研究,丛书既包括了基础研究,也包括了应用基础的研究,以及应用性的研究。为了取得多学科的学术成果,一如遗产实验室的研究项目是开放性的一样,本丛书也是向全社会开放的,欢迎致力于建筑遗产保护的研究者向本丛书投稿。

遗产保护在欧洲延续着西方学术的不断分野的传统,按照科学和人文的不同学科领域,不断在精致化的道路上拓展;中国的传统优势则是整体思维和辩证思维。1930年代的营造学社在接受了欧洲的学科分野的先进方法论后又经朱启钤的运筹和擘画,在整体上延续了东方的特色。鉴于中国从古延续至今的经济发展和文化发展的不均衡性,这种东方的特色是符合中国多数遗产保护任务,尤其是不发达地区的遗产保护任务的需求的。我们相信,中国的建筑遗产保护领域的学术研究也会向学科的精致化方向发展,但是关注传统的延续,关注适应性技术在未来的传承,依然是本丛书的一个侧重点。

面对着当代人类的重重危机,保护构成人类文明的多元的文化生态已经成为经济全球化大趋势下的有识之士的另一种强烈的追求,因而保护中国传统建筑遗产不仅对于华夏子孙,也对整个人类文明的延续有着重大的意义。在认识文明的特殊性及其贡献方面,本丛书的出版也许将会显示出另一种价值。

朱光亚

2009 年 12 月 20 日于南京

序一

　　李白诗云:"天门中断楚江开,碧水东流至此回。两岸青山相对出,孤帆一片日边来。"这首诗说的就是万里长江滚滚东去,到了苏皖交界芜湖附近的天门山的丘陵地带陡然北折,进入江苏境内绕着南京转了一下再行东流。这段江叫横江,横江一绕南京成就了南京虎踞龙盘控遏大江的形胜,成就了江东弟子前仆后继的历史画图,也铺陈了中华文明时空长河中的南京和整个江南地区的浓笔重彩的篇章。

　　是的,南京在中国的历史名城包括历史都城中都是十分有特色的,作为十朝古都,她长期是历史上南中国和至全中国的政治、文化和经济的中心,而每当南北分裂、国破家亡的历史时刻,这里又成为中国主流文化存亡续绝之地,她的荣辱兴衰还留下了中国文学史中无数感人肺腑的诗篇。正如朱偰在比较了长安、洛阳、金陵、燕京四大古都后,在金陵古迹图考中所说,"此四都之中,文学之昌盛,人物之俊彦,山川之灵秀,气象之宏伟,以及与民族患难相共,休戚相关之密切,尤以金陵为最。"这使得任何肩负南京城市管理的行政长官都必须背负起强烈的民族责任和历史责任,都面对着如何保护、传承和利用历史文化遗产的重大课题。

　　南京又是当代江苏省的省会、长江下游特别是长三角经济带的中心城市之一,在改革开放启动的新的历史时期中承担了无可推卸却又十分艰巨的新的发展和建设的任务。这些发展任务除了有继承、延续历史上南京文化精神的一面之外,又在物质空间、设施要求和城市运转的效率、质量等方面与传统文化遗产的保护传承构成了尖锐的矛盾。如果说这一矛盾在改革开放前还不突出,在改革后则随着城市化的进程和建设量的不断增大而带来巨大的影响,改革开放初期那种"一年一个样三年大变样"、急于以物质和经济形态变化为目标的粗放型决策方向日益和文化遗产传承的根本性目标相冲突,和南京作为第一批历史文化名城的应有的城市发展定位相冲突,而这种矛盾在改革开放的四十年中都未曾中断。只是随着历史文化遗存的减少,也随着经济的发展及干部群众的认识的提高,特别是随着法律法规的完善及几代领导人和规划工作者的努力,它被纳入法治的轨道中逐渐获得调解。这一过程深刻地反映在南京历史文化名城规划的不断调整和完善的历次修编中,尤其是 2011 年版的规划中。沈俊超同志多年工作在这一领域,本书就是根据他在导师诸葛净的指导下完成的硕士论文的成果整理而成,本书对过去三十多年的规划工作做了梳理,也做了初步的反思和展望,从一个侧面反映了历史名城南京在迎接新时代的路程上的遭遇和探讨,可以作为一份集中性的史料供规划工作者和后人参考,故纳入建筑遗产丛书出版,是为序。

朱光亚

2018 年 12 月

序二

　　南京是著名古都,首批国家历史文化名城之一,历史文化多朝叠加,山水城林融为一体,是国内历史文化名城的代表。南京市先后编制了4版历史文化名城保护规划,在历史文化名城保护规划领域进行了积极探索,成就斐然。当前,文化复兴已经成为国家战略,新时代的高质量发展给历史文化名城的保护与发展提出了更高的要求。在此背景下,从不同的视角,对历版南京历史文化名城保护规划进行回顾、反思和展望很有意义,不但能为南京也可为其他城市开展历史文化名城保护规划的编制提供借鉴。

　　读完本书后有以下几点感想。第一,本书对历版南京历史文化名城保护规划及相关规划资料进行了全面梳理、深入分析,为有志于研究南京历史文化名城保护的人士提供了翔实的文献资料,也让读者对南京历史文化名城保护规划的纵向演进历程有了深刻的认识。第二,本书将研究的视野扩大到国际范围,试图梳理出南京历史文化名城保护理念的演变脉络;同时还与北京、西安等国内代表性历史文化名城进行了比较分析,尝试在横向对比中寻找自身的特点和不足。第三,本书还将南京历史文化名城保护规划与其他相关规划的编制、保护规划的深化、保护规划的实施等统筹研究,揭示了历史文化名城保护规划在规划体系中的地位和作用,并对保护规划的实施进行了评价和反思。最后,本书在回顾和反思的基础上,呼应当前的发展背景,对南京历史文化名城保护规划编制的理念、思路、内容、实施等进行了展望,拓宽了当前有关历史文化名城保护方面的研究思路。

　　沈俊超2002年毕业到南京市规划设计研究院工作,先后参加了"南京老城保护与更新规划""南京古镇古村调查""南京历史文化名城保护规划(2010版)""南京工业遗产调查""南京文物保护单位紫线划定"等一系列保护规划的编制,工作认真务实,思路敏锐创新。改革开放40年来,南京几代保护规划专家、学者从开始建构保护体系,到后来不断完善和实施,为南京历史文化名城的保护做出了贡献,沈俊超作为年轻一代的代表,继承和发扬了前辈们的优良传统,对历版南京历史文化名城保护规划进行了学习、总结、反思与展望。本书虽有一定的不足之处,但仍可作为改革开放40年来南京历史文化名城保护规划工作的一个专题研究成果。站在改革开放的新起点上,希望有志于南京历史文化名城保护的各位年轻人,向沈俊超学习,坚持不断探索研究,不忘初心,继往开来,为南京历史文化名城保护提出更多的研究成果,做出更大的贡献。

童本勤

南京历史文化名城研究会副会长

南京市规划设计研究院总规划师

2018 年 11 月

前　言

1．本书概述

中国历史文化名城保护制度确立近40年来，历史文化名城保护规划的相关研究及实践已经逐步走向深入。南京作为首批国家历史文化名城之一，先后编制了4版历史文化名城保护规划。当今，中国经济社会面临快速转型，包括南京在内的历史文化名城的保护规划也面临新的机遇和挑战。

本书以南京历史文化名城保护规划为研究对象，在国内外视野中，对历版南京历史文化名城保护规划的规划理念、规划编制、规划实施等进行解析，揭示南京历史文化名城保护规划演进与国内外历史城市保护理论实践发展趋势之间的关联。在此基础上，呼应当今经济社会发展的最新要求，总结历版南京历史文化名城保护规划的成就，反思其不足之处，进而对南京历史文化名城保护规划修改完善提出展望和建议。

2．研究对象

本书研究对象为南京市1982—2011年间相继编制完成的4版南京历史文化名城保护规划。

1982年，南京被国务院公布为首批国家历史文化名城后，南京市政府及时组织编制了《南京历史文化名城保护规划方案》（1984年编制完成，以下简称"1984版"保护规划）。

1992年，结合南京城市总体规划的修编，编制完成了《南京历史文化名城保护规划》（以下简称"1992版"保护规划）。

2001年，结合南京城市总体规划调整，南京市对"1992版"保护规划进行了优化调整，形成了新一轮《南京历史文化名城保护规划》（2002年编制完成，以下简称"2002版"保护规划）。

2007年，为了给南京市新一轮城市总体规划修编工作做准备，南京市先期启动了历史文化名城保护规划修编工作，规划历时5年有余，《南京历史文化名城保护规划(2010—2020)》（以下简称"2010版"保护规划）于2011年底得到江苏省政府批复。

3．研究目的

历史文化名城保护制度伴随着我国的改革开放产生、发展并逐步走向成熟。在这一历程中，南京历史文化名城保护规划也不断探索、创新、完善。在改革开放的新起点上,应当站在国际国内视野中,对历版南京历史文化名城保护规划进行审视,把握当今最新的历史文化保护理念,借鉴国内其他历史文化名城的保护规划编制和规划实施经验,以期对今后南京乃至国内其他历史文化名城保护规划的进一步完善和创新有所裨益。

"2010版"保护规划编制过程中进行过"25年来南京历史文化名城保护工作回顾评价"专题研究❶,主要包括名城保护工作历程回顾、保护规划回顾总结("2002版"等前三版保护规划)、规划实施情况、规划实施评价、当前面临形势、规划修编机遇、工作建议等内容。主要是对南京历版保护规划的回顾、"2002版"保护规划的实施评价以及对"2010版"保护规划的修编建议,总体而言是对南京历史文化名城保护规划的纵向研究。

本书期望对南京历版保护规划的演进机制进行更加深入的研究,分析经济社会、技术理论、法律法规等相关背景对保护规划编制的影响;在国际视野中研究南京历史文化名城保护规划的理念演进,分析南京历史文化名城保护规划理念所处的层次;在国内历史文化名城中比较分析南京历史文化名城保护规划的编制和实施,总结南京的经验,寻找不足之处。在此基础上对未来南京乃至国内其他历史文化名城的保护规划提出展望和建议。

4. 内容框架

全书内容可概述为四大部分。

第一部分为南京历史文化名城的相关背景情况,包括第1章和第2章。第1章对南京历史文化名城的历史概况进行简要介绍,对当前南京历史文化名城面临的经济社会发展背景、历史文化保护趋势、机遇和挑战等进行简要分析。第2章对历版南京历史文化名城保护规划进行了概述,从规划编制背景、规划主要内容、规划特色创新等方面进行梳理。

第二部分为南京历史文化名城保护规划的演进分析,包括三章。第3章,探求随着国内外相关保护理念的变化,南京历史文化名城保护规划的理念演进。第4章,首先对国内历史文化名城保护规划技术理论演变、编制实践进行了解析,然后对南京历版保护规划的编制过程进行了详细梳理,对保护规划的深化研究及与相关规划的衔接进行了分析。第5章,对南京历史文化名城保护规划的实施成效进行了全面解析,总结南京历史文化名城保护规划实施的经验和教训。

第三部分为反思和展望。第6章在对南京历史文化名城保护规划面临的形势进行分析的基础上,对南京历史文化名城保护规划进行了反思,对南京历史文化名城保护规划进一步完善的可能路径和方法进行了展望。

---

❶ 南京市规划设计研究院负责编制,本书作者为主要编写者之一。

　　第四部分为附录❶。主要为有关南京历史文化名城保护规划的批复文件;南京历史文化名城保护规划及相关重要规划咨询、评审、论证的专家意见;2000 年以来对南京历史文化名城保护规划有重大影响的三次专家联名建议。

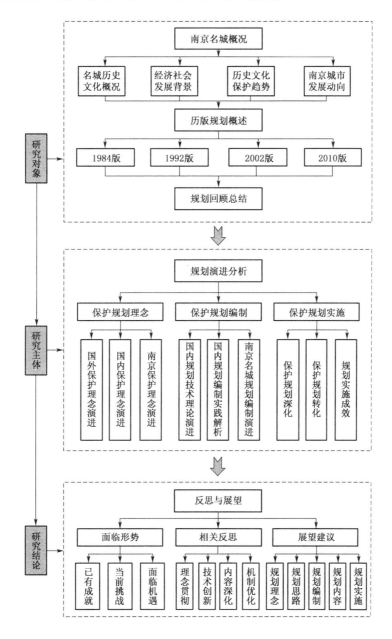

图 0-1　研究内容框架图

目 录

1 南京名城概况

"没有一个城市能够像南京那样清晰地展现中国历史的轮廓和框架。南京是一本最好的历史教科书,阅读这个城市,就是在回忆中国的历史。南京的每一处古迹,均带有浓厚的人文色彩","以风景论,南京有山有水,足以和国内任何一个城市媲美。然而这座城市的长处,还在于它的历史,在于它独特的人文"❶。

1.1 名城历史文化概况

南京地处长江下游,东距长江入海口 340 余千米,自六朝以来为滨江通海的港口城市,西北连江淮平原,东南接长江三角洲。南京境内长江横贯,通途汇集,山峦环抱,湖川偎依,城林相辉,史迹密布,自古备受称美❷。3 世纪时,便有"钟山龙盘,石头虎踞,此乃帝王之宅也"❸的评价。近世,孙中山先生在《建国方略》中称"其位置乃在一美善之地区。其地有高山、有深水、有平原,此三种天工,钟毓一处,在世界之大都市中,诚难觅此佳境也"❹。

1.1.1 历史沿革❺

南京是国务院公布的第一批国家级历史文化名城之一,与西安、北京、洛阳并称为我国四大古都,在中国乃至世界都城建设史上具有重要地位。南京延绵近 2 500 年❻的城建史、累计约 450 年的建都史,积淀了丰富的历史文化遗产,形成了独特的人文景观。

距今 50 万年前,就有"南京人"在东郊汤山活动。南部溧水神仙洞留有距今 1 万年以前的"溧水人"的遗迹。五六千年前的新石器时期,鼓楼岗西北侧的北阴阳营和玄

---

❶ 叶兆言.烟雨秦淮[M].广州:南方日报出版社,2002
❷ 南京市规划设计研究院,南京市文物管理委员会.南京城市总体规划(说明之四):历史文化名城保护,1992
❸ 《太平御览》卷一五六引晋张勃《吴录》:"刘备曾使诸葛亮至京,因观秣陵山阜,乃叹曰:'钟山龙盘,石头虎踞,帝王之宅也。'"
❹ 孙中山.建国方略[M].北京:生活·读书·新知三联书店,2014
❺ 本节内容主要根据《南京建置志》(南京市地方志编纂委员会编纂,海天出版社 1994 年出版)"概述"相关内容整理。
❻ 自公元前 472 年范蠡筑越城起。

武湖畔、长江岸边就有原始人的聚落。距今 3 000 多年前,沿江河地带相当密集地分布着青铜时代的居民聚落,称为"湖熟文化"。

春秋时,南京地区"盖进退于吴楚之间"。约在周灵王元年(公元前 571 年)前后,今行政区域江北六合出现了楚国棠邑;稍后,吴国置濑渚邑于今市域南部高淳固城湖畔,南京有政区设置由此发端。战国初,周元王四年(公元前 472 年),越王勾践灭吴的第二年,命范蠡于今南京城南长干里筑越城,南京建城由此始。周显王三十六年(公元前 333 年),楚威王于石头山筑城置金陵邑并"郡江东",为南京主城建置政区治所之始。

自 229 年孙权将政治中心由武昌(今鄂城)迁来,至 589 年的 361 年间,除西晋建都洛阳外,有东吴、东晋以及南朝的宋、齐、梁、陈连续在此建都共 324 年,把建康城经营得十分繁华,史称"六朝古都"。尔后又有南唐、明、太平天国和中华民国在此建都,故又统称南京为"十朝都会",累计的建都史达 450 年之久。

1.1.2　城市变迁❶

自公元前 472 年越国在长干里筑"越城"至今,南京已有近 2 500 年的建城史。

六朝时期是南京古代城市建设史上一个极盛时期。东吴起初在清凉山楚金陵邑废墟上建"石头城"作为水师驻防要塞;正式定都后,在石头城东、北极阁南另造建业城、太初宫。东晋时中原战乱,北人南迁,"因地制宜"和"中规中矩"之南北文化的有机交融最终造就了"六代豪华"的建康都城。到南朝梁武帝时,建康人口总数超过 100 万人,殿宇苑囿日臻月盛,真可谓"江南佳丽地,金陵帝王洲"。但六朝时,也曾有过苏峻、侯景之乱,特别是侯景之乱,使得民存十分之一二,都城内外一片荒芜。隋开皇九年(589 年)灭陈,隋文帝下令废置宫邑、荡平耕垦,六代豪华遂毁于一旦❷。

10 世纪初中期的杨吴、南唐为南京建城史上的一次中兴时期,南京时称金陵。杨吴晚期,金陵城位置南移,北至今珠江路,南至中华门,今中华路即南唐的御街。南唐都城按照"筑城以卫君,造郭以守民"的总体格局来布置。南唐都城相比六朝建康城"稍近南迁",靠近了居民稠密、商业繁华的秦淮河岸。宫城内外的建筑,画栋飞檐,繁华秀丽不减六朝。惜于南宋建炎四年(1130 年),被金兵退败时烧毁。

1368 年,明太祖朱元璋定都南京,改称南京为应天府,用巨砖、条石筑成的长 35.3 千米❸的城墙内不仅包括了六朝、南唐的都城,又在其东部填大半个燕雀湖,另建皇城

---

❶　1949 年之前有关内容主要整理自"1984 版"保护规划"都城史略";1949 年之后至改革开放前有关内容主要整理自《南京老城保护与更新规划》"认识篇";以上内容均有所调整。

❷　此处说法沿用旧称,学术界对此有争论。薛冰在《南京城市史》中的观点认为:隋军占领建康宫城时,并未发生战事,建康宫城并非因战火毁坏。被明确平荡耕垦的,是位于今老城南的丹阳郡城。隋唐两代,建康宫城实际上成为被控制的禁地,旧宫遗址又有多次被利用的记录;唐末旧宫遗址尚存。南唐时期,在台城遗址上营建都统府,金陵城的营建又靠近南部秦淮河两岸居民区,金陵城北墙从台城旧址中间穿过,台城此时方被完全拆除。

❸　南京城墙长度数据为 2005 年实测结果,相关数据引自杨新华、衣志强、杨国庆、姜继荣等撰写的《科学保护南京明城墙》,全文收录于杨新华主编的《朱偰与南京》(南京出版社 2007 年出版)。

和宫城。为了禁卫、屯田,在沿河沿江地带设市经商,造船航海(郑和七下西洋起程于此),还向西北扩建,直到今下关一带。除宫城、皇城、都城外,还兴建了西北以长江为天堑,将都城外围聚宝山、钟山、幕府山等山岗均包纳在内的周长 60 千米的外郭。

1853—1864 年,太平天国定都南京,在历时数载的天京保卫战中,南京城又遭严重损毁。清末,1899 年下关辟为商埠,稍早时的洋务运动使南京出现了金陵机器制造局、浦镇机车厂等近代工厂。1903—1911 年,沪宁、津浦铁路相继通车,并从下关到城内修筑铁路支线,改善城内南北交通,城市开始向北发展。

1912 年 1 月 1 日,孙中山在南京就任临时大总统,成立中华民国,1927 年蒋介石在南京成立国民政府,在抗日战争前的十年内,曾制定"首都计划",并有所建设。1928 年为迎接孙中山灵柩归葬中山陵,开辟自中山码头至中山门及中山陵的中山大道,包括全长约 12 千米的中山北路、中山路、中山东路等,并以中山路延长子午线北至和平门,南至白下路,全长 7 千米。但总体来看,民国时期,南京城市建设基本上未突破明城墙的范围,城市建设的重心在鼓楼以南和中山北路沿线地区,在北部鼓楼岗、东部明故宫及后宰门地区还留有大片空地。

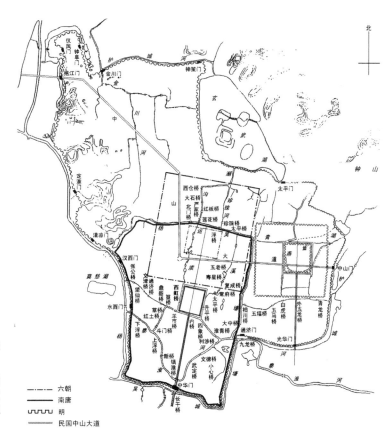

图 1.1-1 南京历代城址变迁图

资料来源:苏则民. 南京城市规划史稿:古代篇·近代篇[M]. 北京:中国建筑工业出版社,2008

1949年起,南京逐步从消费型城市演变为生产型城市,城市建设以老城内的填平补齐为主。长江大桥的建成通车,促进了老城向西北的拓展以及城市的跨江发展❶。"文化大革命"期间,城市建设混乱无序,多属见缝插针。但经过近30年的建设,到1978年改革开放,老城内已经基本建设完成。总的来看,南京这一阶段的空间扩展呈现跃进发展和填空补实交替的特征❷。

改革开放以来是南京城市空间扩展量最大、扩展最快的时期。改革开放初期,大批知青返城以及成建制单位回城,城市建设以老城为中心向城墙外不断拓展的同时,开始对老城区实施旧城改造,建设了一批多层兵营式住宅小区,以金陵饭店为代表的一批现代高层建筑也陆续建成,老城空间肌理和形态开始发生改变。1990年代,改革走向深化,南京城市发展速度持续加快,城市建设的重点逐步向外围地区转移,工业企业由老城向外围疏散,河西新区开始开发建设,以长江、绕城公路围合的主城为核心,城市框架开始拉开,但城市建设仍然是以老城为核心圈层式发展,城市人口和功能进一步向老城集聚。

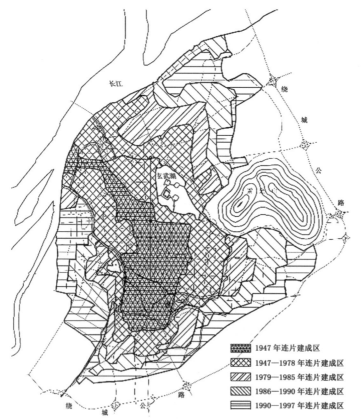

图例:
▨ 1947年连片建成区
▨ 1947—1978年连片建成区
▨ 1979—1985年连片建成区
▨ 1986—1990年连片建成区
▤ 1990—1997年连片建成区

图 1.1-2 南京城市空间扩展图

资料来源:何流,崔功豪.南京城市空间扩展的特征与机制[J].城市规划学刊,2000(6):56-60.

---

❶ 苏倍庆,魏来,张爱华.南京老城区城市形态演化研究[J].城市发展研究,2015,22(3):1-7
❷ 何流,崔功豪.南京城市空间扩展的特征与机制[J].城市规划学刊,2000(6):56-60

进入新世纪,南京城市进入跨越式发展期。2001 年新版南京城市总体规划提出"新区做加法"与"老城做减法"的空间发展战略,在此基础上又提炼为"一城三区"❶"一疏散、三集中"❷的城市发展战略❸,南京城市建设的重心第一次真正跳出了明城墙的范围,城市建设重心向外围新区转移。南京城市发展从"秦淮河时代"的"龙盘虎踞"走向"扬子江时代"的"多心开敞、轴向组团","山水城林"交融一体的城市特征得到进一步的传承延续。但由于历史文化保护认识的不足、政府绩效考核制度的局限和城市功能与人口发展的惯性,新世纪以来南京老城范围的"旧城改造""危旧房改造"和"棚户区改造"等政策的施行,造成南京老城尤其是老城南地区成片的传统民居区被拆除;在道路拓宽和地铁建设过程中,南京的标志性行道树绿化——梧桐树被大量砍伐或移栽,引发全社会关注。在转型发展过程中,南京历史文化名城保护付出了沉重的代价。

总体来说,由于南京历史上战乱频仍,以及朝代变迁过程中人为的破坏抑制,南京的历代宫城未能如同北京故宫一样保存至今,六朝和南唐宫城地面无存,明代宫城仅存残迹,而大量新的建设又叠加在历代宫城遗址之上。明代都城城墙尚存 2/3,为中国乃至世界上保留至今规模最大的一座古代城垣,古都选址建设所依托的"襟江带湖、龙盘虎踞"的自然山水环境基本保持。南唐都城护城河、明代宫城护城河水系以及明代都城护城河水系大部分留存,至今仍是南京老城水系的主体。城南地区仍沿袭六朝以来的街巷格局,明故宫地区主要道路走向基本延续明代道路走向格局,民国中山大道仍基本保持"三块板"断面和悬铃木林荫大道特色,部分段落民国风貌浓郁。

1.1.3　空间演变❹

明代以前,南京的城市空间向东未能突破燕雀湖,向西停留于清凉山(石头城)一线,南部以雨花台(聚宝山、石子岗)为限,北部以富贵山—小九华山—北极阁—鼓楼岗为限;明代东部填平燕雀湖拓展到钟山一线,北部到达狮子山一线。

伴随着中国南北文化的数次交融,南京的历代都城建设由南方特色的因地制宜逐步吸收北方传统的中规中矩礼制文化,最终形成明代自然灵活之中蕴含大气方正意蕴的壮丽都城。清末,西方文化进入中国,民国南京的城市建设吸收西方的城市规划理

❶ "一城"指河西新城,"三区"分别为仙林、东山、江北三个新市区。
❷ 即疏散老城人口与功能,建设项目向新区集中,工业向工业园区集中,大学向大学城集中。
❸ 南京市规划局,南京市城市规划编制研究中心.南京城乡规划 40 年[R],2018
❹ 南京市规划局,南京市规划设计研究院有限责任公司,东南大学城市规划设计研究院,南京市城市规划编制研究中心.南京历史文化名城保护规划(2010—2020)[R],2012.1

念,造就了南京中西交融的城市空间环境。民国时期,向南突破雨花台一线,向北突破狮子山一线,向西突破清凉山一线。1949年后至改革开放前,南京城市建设基本上未突破明城墙的范围。改革开放后,南京以老城为核心向周边地区圈层式发展。进入新世纪后,建设的重点逐渐转移到外围新区。

南京历代都城另辟新址、各具形制,历代城市建设也呈现多朝并置、环套叠加的特点。城市居民区较为稳定,基本集中在今老城南地区,使得老城南地区成为南京历史文化积淀最为深厚的地区。南京历代的城市建设与"襟江带湖、龙盘虎踞"的自然山水环境有机融合,城市空间也伴随着地理环境的自然变迁而逐步变迁。南京历代城市建设的层叠性和丰富性在中国古代都城建设史上独具特色,对于研究城市变迁具有极高的历史价值。

南京城市空间的历史演变是动态过程。其空间布局特点之一是与自然环境契合,与江、河、山互为依托;二是平面空间不断扩大,立体空间逐步复杂;三是政务空间变化较大,市民生活空间和经济空间相对稳定;四是空间布局有集聚效应❶。

1.1.4　名城特色

南京作为著名古都,其特色可以从环境风貌、城市格局、文物古迹、建筑风格和历史文化五个方面认识和理解。

1.1.4.1　"襟江带湖、龙盘虎踞"的环境风貌❷

古时长江直逼清凉山,伴沿着濒江的清凉绝壁(东吴石头城)、狮子、幕府、乌龙等北支诸山,屏障于西、北,形似虎踞。钟山以其雄健、挺秀的简洁轮廓,傲居于中支的宝华、龙王、灵山诸山以及南支的汤山、青龙、黄龙、牛首诸山之中,率群山而拱卫于东南,势如龙盘。钟山之余脉富贵、九华、鸡鸣诸山楔入市中心,与鼓楼、五台山等连接成为城中的分水岭,与北面的小红山、南面的雨花台,形成南北两个盆地平原。秦淮、金川两河流经南北,玄武、莫愁两湖偎依东西,山水相间、气势雄伟而景色秀丽。据传诸葛亮曾赞叹之为"钟阜龙盘、石头虎踞",向孙权推荐说:"真乃帝王之宅也"。

天赋的自然条件,进可逐鹿中原、退可据守江南的战略地位,使得南京历来是政治军事重镇,相继出现了冶城、越城和金陵邑,乃至成为十朝古都的繁盛局面。

---

❶　南京大学自然与文化遗产研究所,南京市城市规划编制研究中心.南京城市空间历史演变及复原推演研究[R].2011.9

❷　主要引自"1984版"保护规划"特色与现状:环境风貌"。

图 1.1-3　南京山水形势图
资料来源:作者自绘,底图源自南京市
规划局"南京地势图"

1.1.4.2 "依山就水、环套并置"的城市格局❶

南京历代都城建设基本上都是避开原有城址另辟新址,在四个重要历史时期形成了城市的三条主要轴线;明代形成四重环套的城郭,明都城基本将历代都城包容在内。

六朝建康都城呈矩形,居于山丘所围的盆地中央,宫城偏北,居民区偏南,轴线北顶北极阁,南望广阔郊野,而以牛首山双峰为两阙,约南偏西 25 度左右。南唐都城金陵,大致以六朝都城为基础南延而又有所扩大,并且将原秦淮河纳入城内,另开辟新河取代兼作护城河,其中轴线即现在的中华路,连同城南的门东、门西,呈现南偏西 15 度的轴线和两侧对称均衡的布局。明都城以南唐都城为基础,向东扩大,筑皇城亦为矩形,北面包进了富贵山,其轴线御道街南偏西 5 度左右;同时向北扩大,避开玄武湖,向西错位,大体形成另一个矩形,东、北为直线,而西北部顺狮子山、四望山等山形自然曲线,倚山筑城,城垣周围以自然水域为堑,如西南两面的外秦淮河、东北的玄武湖、前湖、琵琶湖,再以人工开挖的城壕相连,使城墙蜿蜒穿插于山水之间,形成南京山、水、城

---

❶　主要引自"1984 版"保护规划"特色与现状:城市格局"。

结合的独特风貌。这样就形成了几个矩形的组合体,将历代都城包容其中,平面轮廓略似葫芦。它既工整又自然,城高壕宽,幅员广阔,与山水环境融为一体,气度恢弘,格调独具,继承了北方平原地区历代城池的方正传统又吸取自然精华,再创民族文化之瑰宝。

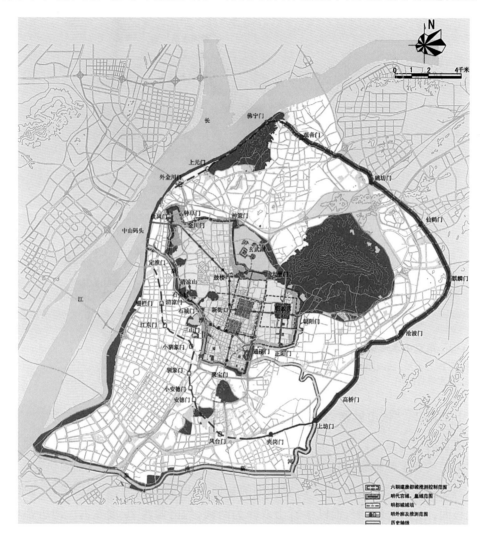

图 1.1-4　南京名城格局图

资料来源:南京市规划局,南京市规划设计研究院有限责任公司,东南大学城市规划设计研究院,南京市城市规划编制研究中心.南京历史文化名城保护规划(2010—2020[Z]),2012.1

1.1.4.3　"沧桑久远、精品荟萃"的文物古迹❶

古都南京在漫长的历史进程中,历经沧桑,有过"江南佳丽地,金陵帝王州"的升平

---

❶　依据原南京市文化局副局长、南京市文物管理委员会副主任林庭桂 1982 年 6 月在南京历史文化名城保护工作会议上所做"关于南京历史文化名城的情况、特点及其保护规划的初步构想"的报告整理。全文收录于南京市文物管理委员会编纂的《南京市历史文化名城保护工作会议资料汇编》(1982)。

盛世,也有过"吴宫花草埋幽径,晋代衣冠成古丘"的凄凉景象。多次战乱及天灾人祸,虽使历代主要宫殿、祠庙、衙署等建筑遭受严重的破坏,但山水风光、文化遗址、城垣水系、街巷格局、陵墓石刻、古树名木保留至今的仍为数不少,且多为传世精品,独具南京特色。

秦淮河岸、长江之滨,古文化遗址星罗棋布,向世人展示着南京久远的文明历史。石城鬼脸,大浪淘沙、沧桑巨变,见证着南京悠久的建城历史。数十处南朝陵墓石刻,硕大洗炼,堪称一代巨制、国之瑰宝。明朝初建造的气度宏伟、技艺高超、巍然屹立、依山就水的城垣更居世界首位。晚清楼阁宅院,精巧典雅,幽深秀美,在内秦淮两岸仍多有遗存。民国建筑和历史遗迹遍布全市,是生动的民国历史博物馆,教育世人的天然课堂。千年风云变幻,钟灵毓秀、人杰地灵,许多著名历史人物或在南京建功立业,或在南京写下不朽篇章,南京市内名人胜迹、故居,不胜枚举。

1.1.4.4 "南北交融、承古启今"的建筑风格❶

南京的建筑风格在历代建设中不断继承创新,其中古建筑主要指清末民初以前的宫殿、衙署、庙宇等各类公共建筑及民居。

宫殿建筑规模大而布局规整,有严谨的中轴线,至今可从明故宫遗址看到其气势。重要的公共建筑如朝天宫、夫子庙等,规模尺度小于宫殿,而布局相似,一般有泮池、照壁及木质或石质牌坊。

传统民居和作坊,多在城南十里秦淮两侧地区,至今还有一批造型轻巧的河厅河房;古街巷内多为三进至五进的重院式宅第,即由三间或五间立贴式正房,配以两厢,组成一个院落,多重院落串成一组封闭式建筑,后进正房常为两层楼,建筑较为朴实。

民国建筑主要分布在城东、城北地区,以国民政府"五院八部"❷办公楼及中山陵、博物院、美术馆以及一些高等院校等大型公共建筑为代表,多数是我国近代早期著名建筑师的作品。新街口、下关、太平南路等地段建设的一批商场、银行、旅馆、车站等建筑则受到西方影响较多。1949年以前官僚资产者所建住宅主要在城北,较集中的是北京西路两侧的花园洋房群,即所谓"公馆区",建筑轻巧多样,密度低,绿化好,环境幽静。南京民国时期公共建筑前有庭院,布局舒展,功能合理,尺度宜人,雍容而秀丽,严谨而自然,而且许多是民族风格的创新,与环境协调和谐。其设计、构造、风格既体现了近代以来西方建筑风格对中国的影响,又保持了中国民族传统的建筑特色。中西方建筑技术、风格的融合,在南京民国建筑中表现最为明显。它全面展现了中国传统建筑向现代建筑的演变,在建筑发展史上具有重要的典型意义。丰富多彩的民国建筑有助于形成"隋唐文化看西安,明清文化看北京,民国文化看南京"的独特地位。

---

❶ 主要引自"1984版"保护规划"特色与现状:建筑风格"。
❷ 指南京国民政府时期的立法、行政、司法、考试、监察五院以及行政院下设的内政、外交、军政、财政、教育、交通、工商、农矿八部。

图 1.1-5 宫殿建筑——朝天宫
资料来源:南京市博物馆网站

图 1.1-6 传统民居——甘熙宅第
资料来源:甘家大院网站

图 1.1-7 民国建筑
——中央体育场旧址
资料来源:南京体育学院
网站

1.1.4.5 "继往开来、多元包容"的历史文化

南京的青山碧水孕育了南京独特的地方文化,同时处在中华文化南北交汇地带,又使南京文化具有南北交融和开放包容的特征。明朝郑和七下西洋,南京作为其活动基地成了中外文化交流的重要城市。明代,南京是江南地区乃至整个中国科举考试的中心,夫子庙号称"天下文枢",儒学文化和科举文化支撑南京成为江南文化中心。

文化的交流和交融促进了文化的繁荣昌盛,因而,南京的名人辈出。从六朝的祖冲之、王羲之、王献之、刘义庆、刘勰,到唐宋的李白、杜甫、刘禹锡、杜牧、李商隐、陆游、苏东坡、王安石,到明清的解缙、孔尚任、曹雪芹、吴敬梓,再到近代的朱自清、俞平伯、徐悲鸿等,都在南京留下历史的印迹。

大诗人李白的《登金陵凤凰台》中的凤凰台,晚唐诗人杜牧笔下"烟笼寒水月笼沙,夜泊秦淮近酒家"中的秦淮河,"清明时节"中的杏花村,刘禹锡的名诗"朱雀桥边野草花,乌衣巷口夕阳斜"的乌衣巷,明初大文学家宋濂所撰《阅江楼记》中的阅江楼,明末清初孔尚任所著《桃花扇》中人物李香君的故居,世界名著《红楼梦》作者曹雪芹生活过的江宁织造府,吴敬梓居南京时的秦淮水亭及其名著《儒林外史》中大批人物活动场景等,为南京在中国文化史上留下了重大影响❶。

他们在南京或撰写了巨著,或写下了名篇,或留下了动人的故事和传说。这些宝贵的非物质文化遗存,与山川形胜的古都格局、各类文物古迹有机地"融"为一体,为南京古都特色增添了"神韵"❷。

1.1.5　名城价值❸

明都南京是中国古代都城尤其是中国古代江南都城的杰出代表,其格局特征与艺术成就具有极高的历史、文化、艺术及科学价值,在中国乃至世界都城建设史上具有重要的地位。

1.1.5.1　世界都城建设史上的杰作

南京古城是中国乃至世界都城建设史上巧夺天工的杰作,是人工与自然有机结合的产物,是山水城市的杰出代表。

古都选址充分结合和利用了"山川形胜""虎踞龙盘"的自然条件,山水相依,内外融合,气势雄伟,体现了两种最重要的中华传统文化思想。最典型的是明代古都,皇城和宫城中轴对称,布局工整,遵循儒家的《周礼》的礼制,体现皇城、宫城的辉煌;都城城墙与自然山水的有机融合、灵活变化,又体现了道家《管子》"因天材,就地利""城郭不必中规矩"的规划思想。

历时 25 年(1366—1391 年)建造完成的明都城城墙总长 35.3 千米,规模宏大、气势磅礴,其建造集城垣建筑艺术与技术之大成,与南京的自然山水巧妙结合,依山而显其巍峨,就水而展其秀丽,古今中外,独一无二,是中国城垣建筑史上的典范之作。至今尚存 25.1 千米,是世界上保存至今最长的都城城墙。

1.1.5.2　中国著名古都难得的遗存

南京古城的历史风貌虽然受到现代化建设的较大影响,但是南京古都格局仍相对完整。明代四重城郭的格局依然可循,明都城城郭大部分保存完好,城内南唐、明代、民国的历史轴线清晰可见,三个历史时期的街巷格局仍基本留存。以"十里秦淮"为轴的城南地区体现着传统的民俗文化风情,以明城墙、明故宫、明孝陵为代表的明代都城建设,以及以中山陵、中山大道、国民政府办公建筑群为代表的民国都城建设,反映了南京作为都城在不同历史阶段的特征。

---

❶ 引自"2002 版"保护规划中"名城特色:历史文化"。
❷ 引自南京市规划设计研究院 2002 年编制的《南京老城保护与更新规划》。
❸ 本节前 3 部分内容主要根据南京市规划设计研究院《南京老城保护与更新规划》(2002)相关内容整理。

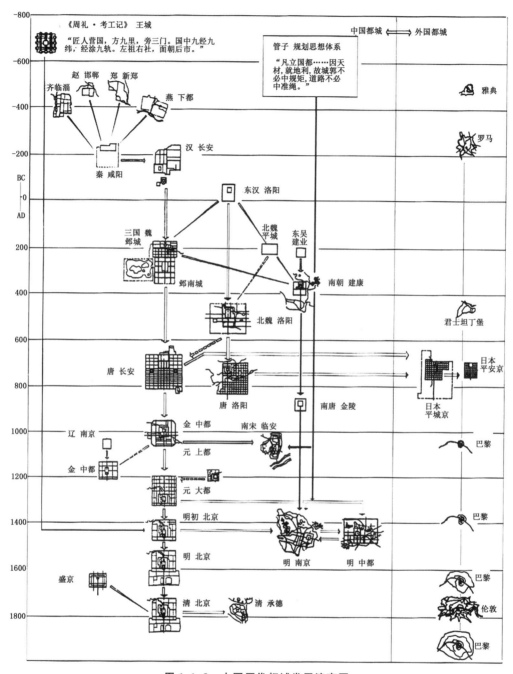

图 1.1-8　中国历代都城发展演变图

资料来源：吴良镛.北京旧城与菊儿胡同[M].北京：中国建筑工出版社，1994

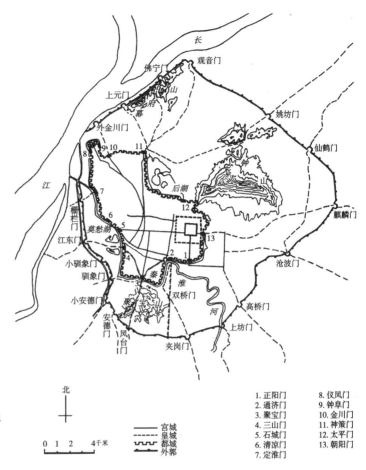

图 1.1-9 明代四重城郭图

资料来源:苏则民.南京城市规
划史稿:古代篇·近代篇[M].
北京:中国建筑工业出版社,
2008

北

| 0 1 2 | 4千米 |

—— 宫城
- - - 皇城
▬▬ 都城
—— 外郭

1.正阳门	8.仪凤门
2.通济门	9.钟阜门
3.聚宝门	10.金川门
4.三山门	11.神策门
5.石城门	12.太平门
6.清凉门	13.朝阳门
7.定淮门	

在中国著名古都中,南京的都城格局保留得最为完整❶。从中国这个文明古国在世界史中的地位、南京这个著名古都在中国城市建设史中的地位以及南京古都格局保留相对完整性的角度,南京古城在中国乃至世界都城的保护和发展史中占据独特的重要地位。

1.1.5.3 中国重大历史事件发生地

南京是中国近代史的起点和终结地,体现着中国近代历史的沧桑。1842 年第一个不平等条约《中英南京条约》在南京的签订标志着我国近代史的开端。洪秀

---

❶ 在中国的著名古都中,南京的都城格局保留还是相对完整的。杭州除南宋临安城定都时的江湖山川格局基本依旧之外,作为都城的历史痕迹已所存无几;在今天的开封人们只能更多地凭想象设想当年宋东京的繁华和辉煌;而西安和洛阳在历史的变迁过程中,城址变化较大。西安老城为明府城和清驻防城,其规模不到当年隋唐长安城的 1/3,同汉长安城、秦咸阳城也不在相同区位;洛阳老城与汉魏洛阳城相距甚远,规模只有当年隋唐东都城的 1/20 左右;而明清北京城的基本历史格局虽存,但是老城的关键界定要素明清城墙已不复存在,旧城范围内的现代化建设已经较大程度上改变了原有风貌,北京历史文化氛围更多地体现在皇城范围内。(周岚,童本勤,苏则民,等.快速现代化进程中的南京老城保护与更新[M].南京:东南大学出版社,2004)

全领导的太平天国运动是我国历史上规模最大的一次农民运动,也是我国近代史上反封建反侵略的第一个高潮。1853 年 3 月太平天国建都南京,南京也因而被马克思称为"东方革命风暴的中心"。孙中山先生领导的辛亥革命,推翻了在中国延续几千年的封建帝制,1912 年在南京建立了中华民国。南京是民国时期的首都,集中体现了民国文化和民国期间的重大历史事件。1949 年,百万雄师过大江,南京解放,标志着中国近代史的终结……可以说,没有任何一个其他中国城市可以像南京这样更清晰地展现中国近代历史的沧桑和屈辱,更为集中地体现中华民族的不屈和抗争。

南京是民国期间中国共产党人开展新民主主义革命的重要前哨,是中国共产党很多早期领导人奋斗过的地方,是洒满革命烈士鲜血的地方,是许多震惊中外的进步运动如第三次国内革命战争时期的"五二零"运动发生地,是中国共产党为争取和平民主与国民党合作谈判的重要地点,是人民解放军渡江战役全面胜利的见证地。

南京是日军侵华的历史见证地。1937 年 12 月南京沦陷,在震惊世界的侵华日军南京大屠杀中,30 万同胞遇难。2014 年 2 月,我国决定将 12 月 13 日设立为南京大屠杀死难者国家公祭日。保护与之相关的历史见证和遗存,对于警醒教育世人自觉维护世界和平、增强我国公民的忧患意识和强国意识,都具有重大的历史意义。

1.1.5.4 中华文化传承复兴的枢纽❶

中国南北文化的激荡碰撞、融合贯通,成为中华民族文化持续传承至今的重要原因。历史上北方的文化中心在今天的西安、洛阳、开封、北京等地不断变迁,然而南方文化的中心基本稳定在南京。南京历史上十次为都,每次建都时间都不太长,但历次成为国都,都与中国经济、文化重心南迁的历史趋势密切相关,且多处于历史转换的重要关头,因而造就了南京继往开来、多元包容的历史文化。

南京以"六代豪华"著称于世,与中国的经济、文化重心东移南迁的大趋势以及民族大融合关系甚大。建康都城继曹魏邺都及魏晋洛都传统,开创中国都城之新形制,为北魏营建洛阳新都所师法,而后有唐长安之宏伟规制,可称"继汉开唐"。五代十国时期,中国又一次由统一而分裂,南唐立国虽为时不长,但正处于封建社会中期唐、宋两个统一王朝接替的"中点"。明朝建立,标志着中国封建社会后期的开始,资本主义开始萌芽。民国时期,南京吸收西方文化的先进经验,并由西方建筑师担纲,编制了《首都计划》,依据规划,形成了城市几大功能片区,并修建了西方风格浓郁的放射式林

---

❶ 本节内容主要根据《南京建置志》(南京市地方志编纂委员会编纂,海天出版社 1994 年出版)"概述"相关内容整理。

荫大道系统,建造了一大批中西合璧风格的民国建筑。

将南京作为都城的六朝、南唐、明代和民国均处在中国历史转折和接续的重要关头,而南京作为当时全国最安定发达的地区,为保存、延续和发展社会经济和文化做出了独有的贡献。这正是南京在中国的古都中最独树一帜的地方。

1.1.5.5　近代城市规划建设的典范

1927 年国民政府定都南京后,即着手谋划首都未来的发展。1928—1929 年先后编制《首都大计划》和《首都计划》,指导了"黄金十年"的一系列城市建设活动。

《首都大计划》对南京近现代城市格局特别是路网骨架的形成起到重要作用,其指导思想和路网对《首都计划》等其后的南京都市计划有着深刻的影响。《首都计划》是民国时期南京乃至中国最重要的一部城市规划,指导思想是"欧美科学"与"吾国美术"的结合,内容完整、程序规范。《首都大计划》和《首都计划》形成了民国时期南京放射形及方格网相结合,以新街口环形广场为中心,以中山北路、中央路、中山路、中正路(今中山南路北段)、中山东路、汉中路为骨架的道路系统。中山大道(中山北路、中山路、中山东路)采用"三块板"的道路断面形式,在山西路、鼓楼、新街口的道路交叉口处设置环形广场,并于道路两侧种植悬铃木形成"绿色隧道",沿线串联国民政府重要的行政办公建筑、文化建筑、居住区,成为民国时期南京的一条主要轴线,形成了民国时期南京主要的城市格局,彻底摆脱了我国古代城市、尤其是都城的传统形制❶。

哈佛大学教授柯伟林在《中国工程科技发展:建国主义政府(1928—1937)》中指出:"南京是中国第一个按照国际标准、采用综合分区规划的城市……如果南京今天可以称做'中国最漂亮、整洁而精心规划的城市之一'的话,这得部分归功于国民政府工程师和公用事业官员的不懈努力。"《首都计划》的实际价值不仅在于它在南京的具体实践,更在于它的理论及方法对中国近现代城市规划发展的促进作用。它反映出传统中国城市在迈向现代化进程中的努力和追求,体现出东西方文化的融合和结合。《首都计划》在规划方法、城市设计、规划管理等诸多方面借鉴了欧美模式,在规划理论及方法上开中国现代城市规划实践之先河,宏观上采纳欧美规划模式,微观上采用中国传统形式,开创了近代中国自身建筑风格的一些新路。今天,在中国城市再次面临全球化带来的文化冲击时,《首都计划》仍然具有现实意义和典范价值❷。

---

❶　苏则民.南京城市规划史稿:古代篇·近代篇[M].北京:中国建筑工业出版社,2008
❷　主要引自周岚《〈首都计划〉导读》(国都设计技术专员办事处.首都计划[M].王宇新,王明发,点校.南京:南京出版社,2006)

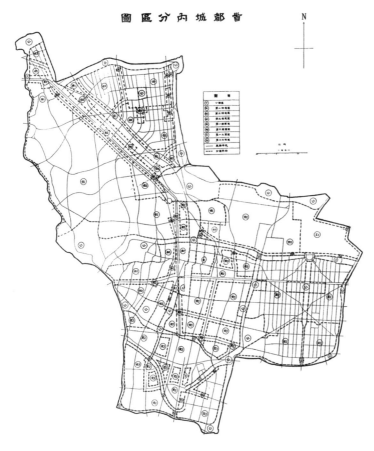

图 1.1-10　《首都计划》首都城内分区图（1929 年）

资料来源：国都设计技术专员办事处. 首都计划［M］. 王宇新、王明发，点校. 南京：南京出版社，2006

1.2　经济社会发展背景

回望历史是为了更好地面对未来。自改革开放初期南京被公布为国家历史文化名城以来，我国的经济社会发展背景发生了巨大的变化，当前城市的发展面临着改革开放再出发等重大的背景变化。

1.2.1　新时代改革开放再出发

1978 年 12 月，十一届三中全会拉开了我国改革开放的序幕，要求工作重心转移到社会主义现代化建设上来。2017 年，"十九大"吹响了全面改革开放的号角，开启了建设中国特色社会主义的新征程，改革开放 40 年后不忘初心再出发。

1978 年 4 月，中共中央印发了《关于加强城市建设工作的意见》（中发〔78〕13 号）。乘着改革开放的东风，1978 年 11 月，南京市规划局成立，大跃进和"文化大革命"中陷于停顿的规划管理逐步纳入规范化、法制化轨道❶。没有改革开放,南京的城市规划工作不可能恢复,后来的南京历史文化名城保护专项规划也就不可能出现。

回顾改革开放40年来南京的历史文化名城保护规划历程,总结成就,反思不足,积极进取,展望未来,是新时代南京历史文化名城保护规划必须要做的工作。不忘初心,方得始终,将南京历史文化名城保护规划放到改革开放40年来南京城市规划发展演变的大背景下进行研究,有助于我们更加深刻地认识和理解南京历史文化名城保护规划的演进机制,更清楚、更深刻地进行反思,进而明确未来的发展方向。

1.2.2　我国进入新型城镇化阶段

2013年12月国务院首次召开中央城镇化工作会议,2014年3月国务院印发《国家新型城镇化规划(2014—2020)》,我国进入城镇化发展的关键时期。2015年12月,中央城市工作会议在北京召开,会议指出"要保护弘扬中华优秀传统文化,延续城市历史文脉,保护好前人留下的文化遗产。要结合自己的历史传承、区域文化、时代要求,打造自己的城市精神"❷。面对日益严重的土地、资源、环境约束,以及民众对城乡生活品质、景观风貌特色等方面的更高要求,中国城镇化不能再走增量扩张的模式,从"增量拓展"转向"存量优化"是必然的选择。

2016年2月,《中共中央国务院关于进一步加强城市规划建设管理工作的若干意见》(中发〔2016〕6号)提出:提高城市设计水平,协调城市景观风貌,体现城市地域特征、民族特色和时代风貌;保护历史文化风貌,要有序实施城市修补和有机更新,解决老城区环境品质下降、空间秩序混乱、历史文化遗产损毁等问题;恢复城市自然生态,制订并实施生态修复工作方案,有计划有步骤地修复被破坏的山体、河流、湿地、植被。2017年3月,住房和城乡建设部印发《关于加强生态修复城市修补工作的指导意见》(建规〔2017〕59号),提出:"加强历史文化名城名镇保护,做好城市历史风貌协调地区的城市设计,保护城市历史文化,更好地延续历史文脉,展现城市风貌。鼓励采取小规模、渐进式更新改造老旧城区,保护城市传统格局和肌理。加快推动老旧工业区的产业调整和功能置换,鼓励老建筑改造再利用,优先将旧厂房用于公共文化、公共体育、养老和创意产业。确定公布历史建筑,改进历史建筑保护方法,加强城市历史文化挖掘整理,传承优秀传统建筑文化。"

1.2.3　文化复兴成为国家战略

2012年11月,习近平总书记在参观"复兴之路"展览时指出"实现中华民族伟大复

❶ 南京市规划局,南京市城市规划编制研究中心.南京城乡规划40年[R],2018
❷ 新华社.中央城市工作会议全文,2015-12-22

兴,就是中华民族近代以来最伟大的梦想",也即"中国梦"。"文化复兴"是"实现中华民族伟大复兴"的重要基石。

2017年1月,为建设社会主义文化强国,增强国家文化软实力,实现中华民族伟大复兴的中国梦,中共中央办公厅、国务院办公厅印发了《关于实施中华优秀传统文化传承发展工程的意见》(中办发〔2017〕5号),指出:文化是民族的血脉,是人民的精神家园。文化自信是更基本、更深层、更持久的力量。保护传承文化遗产,加强新型城镇化和新农村建设中的文物保护。加强历史文化名城名镇名村、历史文化街区、名人故居保护和城市特色风貌管理,实施中国传统村落保护工程,做好传统民居、历史建筑、革命文化纪念地、农业遗产、工业遗产保护工作。规划建设一批国家文化公园,成为中华文化重要标识。推进地名文化遗产保护。实施非物质文化遗产传承发展工程,进一步完善非物质文化遗产保护制度。实施传统工艺振兴计划。大力发展文化旅游,充分利用历史文化资源优势,规划设计推出一批专题研学旅游线路,引导游客在文化旅游中感知中华文化。

1.2.4 不平衡不充分发展成为新时代主要矛盾

习近平总书记在"十九大"报告中指出,中国特色社会主义进入新时代,我国社会主要矛盾已经转化为人民日益增长的美好生活需要和不平衡不充分的发展之间的矛盾。

"不平衡不充分发展"具体到历史文化保护领域来说,主要体现在以下几个方面。关注的区域重点聚焦老城区,外围以及更大的区域关注不足;保护力度较大的是文物保护单位,其他文化遗产保护控制力度相对较弱;重在物质实体的保护而忽视其背景环境和文化环境的保护;时间序列上关注古代或辉煌历史时期文化遗产的保护,而忽视近现代或低潮发展期文化遗产的保护;更加关注地面文化遗产尤其是地面以上保存较好的文化遗产的保护,而忽视保存状况一般的和地下文化遗产的保护;更加关注官方、名人相关文化遗产的保护而忽视民间、大众相关文化遗产的保护。

"十九大"报告同时提出"坚持农业农村优先发展,实施乡村振兴战略"。最大的发展不平衡,是城乡发展不平衡;最大的发展不充分,是农村发展不充分。乡村振兴战略当然也离不开乡村文化的振兴,位于乡村范围内的丰富多彩的乡土文化遗产的保护和利用迎来新的历史机遇。

南京作为著名古都、国家历史文化名城,在当前中国经济社会深入变革的背景下,研究历史文化名城保护规划的演变,结合当前面临的问题进行深入反思,并提出切合实际的完善途径,实属必要。

1.3 历史文化保护趋势

1.3.1 国内外历史文化保护思想的不断演进

国际上对历史文化保护的认识是逐步发展的,保护范围越来越广泛,内容越来越丰富,与城乡发展和居民的生活愈加密切相关。从国内外历史城市的保护历程来看,国内外对历史城市的保护方法都经历了从单体到组群到整体(包括物质、精神、文化、生态等)保护的过程,即从文物古迹、艺术品等优秀个体的保护到作为各种社会文化见证的一般建筑物、历史建筑与环境的保护,进而到历史街区、整个城镇和村落的保护,以及由保护物质实体到保护非物质形态的传统文化等更广泛的领域。

1.3.2 国内历史文化保护的实施理念不断发展

从保护的实施措施来看,已经从早期静态的偏重"架上文物式"的保护逐步转变为多元的可持续的保护。1990年代国内普遍出现的大规模危旧房拆迁改造,一方面造成历史建筑遭到"建设性破坏",另一方面虽然由政府投入了巨资却难以收获较好的社会效益,借助开发商运作的项目,也往往因为投入产出难以平衡造成开发商或者老百姓的利益得不到保障。随着保护理念的发展,人们已经认识到这种方式对历史文化名城造成了不可挽回的损失,历史文化名城保护往往不可能得到直接的经济回报,而需要通过保护历史文化资源带动文化旅游等相关产业发展实现经济、社会、文化等各方面的多赢。历史文化的保护可以延续历史文脉,实现社会稳定和可持续发展。历史文化资源的保护也为发展文化产业、旅游休闲产业创造了条件。保护"历史真实性、风貌完整性、生活延续性"的原则得到普遍接受,"有机更新""小规模、渐进式"更新和"微循环式"更新等新的保护与改善方式逐步得到推广。

1.3.3 历史文化保护的相关法规不断完善

1982年国务院公布第一批国家历史文化名城以来,我国的历史文化名城保护制度逐步建立。在30多年的保护工作历程中,为规范和加强历史文化保护的工作,结合历史文化名城保护实践,借鉴国际上历史文化保护的相关经验,我国的历史文化保护相关法律法规也不断完善。国家和江苏省层面相继出台了一系列的法规,南京历史文化名城保护规划的相关理念、方法以及保护对象的概念及保护对策也需要及时与相关法规进行对接。

表 1.3-1 国家及江苏省颁布的历史文化名城保护相关法规列表

序号	法规名称	施行时间或文号
1	中华人民共和国文物保护法	1982 年 11 月 19 日 2017 年 11 月 4 日修正
2	城市古树名木保护管理办法	2000 年 9 月 1 日 建城〔2000〕192 号
3	城市紫线管理办法	2004 年 2 月 1 日 建设部令第 119 号
4	全国重点文物保护单位保护规划编制审批办法	2004 年 7 月 21 日 文物办发〔2003〕87 号
5	历史文化名城保护规划规范	2005 年 7 月 15 日 建设部公告第 358 号
6	全国重点文物保护单位保护规划编制要求	2005 年 7 月 21 日 文物办发〔2003〕87 号
7	世界文化遗产保护管理办法	2006 年 11 月 14 日
8	风景名胜区条例	2006 年 12 月 1 日 国务院第 474 号令
9	中华人民共和国城乡规划法	2008 年 1 月 1 日 2015 年 4 月 24 日修正
10	历史文化名城名镇名村保护条例	2008 年 7 月 1 日 国务院第 524 号令
11	文物认定管理暂行办法	2009 年 10 月 1 日 文化部令第 46 号
12	国家考古遗址公园管理办法（试行）	2009 年 12 月 17 日 文物保发〔2009〕44 号
13	中华人民共和国非物质文化遗产法	2011 年 6 月 1 日主席令 （第四十二号）
14	历史文化名城名镇名村保护规划编制要求（试行）	2012 年 11 月 16 日 建规〔2012〕195 号
15	住房和城乡建设部关于印发《关于城乡规划公开公示的规定》的通知	2013 年 11 月 26 日 建规〔2013〕166 号
16	传统村落保护发展规划编制基本要求（试行）	2013 年 9 月 18 日 建村〔2013〕130 号
17	住房和城乡建设部 国家文物局关于开展中国历史文化街区认定工作的通知	2014 年 2 月 19 日 建规〔2014〕28 号
18	关于切实加强中国传统村落保护的指导意见	2014 年 4 月 25 日 建村〔2014〕61 号
19	住房和城乡建设部 文化部 国家文物局 财政部 关于切实加强中国传统村落保护的指导意见	2014 年 4 月 25 日 建村〔2014〕61 号
20	住房和城乡建设部 文化部 国家文物局 关于做好中国传统村落保护项目实施工作的意见	2014 年 9 月 5 日 建村〔2014〕135 号

续表 1.3-1

序号	法规名称	施行时间或文号
21	住房和城乡建设部关于坚决制止破坏行为加强保护性建筑保护工作的通知	2014 年 12 月 18 日 建规〔2014〕183 号
22	历史文化名城名镇名村街区保护规划编制审批办法	2014 年 12 月 29 日 住房和城乡建部令第 20 号
23	住房和城乡建设部关于贯彻落实《历史文化名城名镇名村街区保护规划编制审批办法》的通知	2014 年 12 月 29 日 建办规〔2014〕56 号
24	国家级风景名胜区规划编制审批办法	2015 年 12 月 1 日 住房和城乡建设部令第 26 号
25	关于促进文物合理利用的若干意见	2016 年 10 月 11 日 文物政发〔2016〕21 号
26	中共中央　国务院关于进一步加强城市规划建设管理工作的若干意见	2016 年 2 月 6 日 中发〔2016〕6 号
27	国务院关于进一步加强文物工作的指导意见	2016 年 3 月 4 日 国发〔2016〕17 号
28	关于加强革命文物工作的通知	2016 年 6 月 29 日 文物政发〔2016〕13 号
29	历史文化街区划定和历史建筑确定工作方案	2016 年 7 月 18 日 建办规函〔2016〕681 号
30	关于实施中华优秀传统文化传承发展工程的意见	2017 年 1 月 25 日 中办发〔2017〕5 号
31	文物建筑开放导则(试行)	2017 年 11 月 6 日 文物保发〔2017〕23 号
32	国务院关于文化遗产工作情况的报告	2017 年 12 月 23 日
33	住房和城乡建设部关于加强历史建筑保护与利用工作的通知	2017 年 8 月 22 日 建规〔2017〕212 号
34	江苏省风景名胜管理条例	1988 年 8 月 28 日 2009 年 5 月 20 日修正
35	省级以上文物保护单位保护范围和建设控制地带的技术要求	苏文物〔2003〕172 号
36	江苏省文物保护条例	2004 年 1 月 1 日 2017 年 6 月 3 日修正
37	江苏省历史文化街区保护规划编制导则(试行)	2008 年 4 月 8 日 苏建规〔2008〕110 号
38	江苏省历史文化名城名镇保护条例	2002 年 3 月 1 日 2010 年 11 月 1 日修正
39	江苏省城乡规划条例	2010 年 7 月 1 日 2018 年 3 月 28 日修正
40	江苏省非物质文化遗产保护条例	2006 年 9 月 27 日 2013 年 1 月 15 日修正

序号	法规名称	施行时间或文号
41	省住房和城乡建设厅关于进一步加强历史文化名城名镇名村防灾工作的通知	2014 年 6 月 10 日 苏建函规〔2014〕355 号
42	江苏省历史文化名村(保护)规划编制导则	2014 年 7 月 1 日 苏建函规〔2014〕453 号
43	江苏省传统村落保护办法	2017 年 12 月 1 日 江苏省人民政府令第 117 号

1.4　南京城市发展动向

1.4.1　历史文化保护逐步达成共识

现代城市的竞争,归根到底是城市文化的竞争,对作为城市竞争力的核心要素历史文化的全面保护和合理利用已逐渐成为全社会的共识。2006 年,南京市委、市政府提出"把南京建设成为经济发展更具活力、文化特色更加鲜明、人居环境更加优良、社会更加和谐安定的现代化国际性人文绿都"的城市发展目标。"2010 版"保护规划修编过程中,经由全社会的广泛深入讨论和促进,南京市各界对历史文化保护的认识更加提高,价值判断也逐步趋同。2010 年的南京市政府工作报告提出要"敬畏历史、敬畏文化、敬畏先人",对历史文化遗产要抱有高度的珍视和尊重。2011 年 10 月,南京市委下发《关于坚持文化为魂加强文化遗产保护的意见》,要求"实施最科学的保护规划,执行最严格的保护制度,采取最有效的保护措施,提升文化遗产保护利用水平,推动文化大发展大繁荣,努力建设具有国际影响的历史文化名城"。"2010 版"保护规划于 2011 年底批复实施以来,南京的历史文化名城保护工作取得了社会各界的广泛认同,基本改变了以往被各地专家学者、南京市民批判质疑的局面。2018 年,南京城市总体规划修编提出"创新名城、美丽古都"的发展愿景❶,对南京市的历史文化名城保护工作提出了更高的要求。

1.4.2　政府绩效考核机制优化转变

改革开放 30 多年的经济高速发展后,如何在保持高速发展的同时提升经济社会发展质量,是我国实现可持续健康发展的重要考量。2015 年 10 月底,十八届五中全会提出"必须牢固树立并切实贯彻创新、协调、绿色、开放、共享的发展理念"。发展问题归根到底是理念问题,发展战略的竞争也深刻体现在发展理念的差异之上。在发展理

---

❶　南京市规划局.南京市城市总体规划(2017—2035)草案公示文件[R],2018

念重大变革的背景下,发展思路、发展方式和发展着力点都要进行优化转型。经济社会的发展离不开政府的强力推动,与此相适应的政府绩效考核制度也面临转型,片面追求 GDP 增长的政绩观必须转向改善经济环境、提高公共服务水平和提高公众满意度等方面。2016 年 3 月初,国务院《关于进一步加强文物工作的指导意见》下发,要求把文物工作"作为地方领导班子和领导干部综合考核评价的重要参考","建立文物保护责任终身追究制",历史文化保护已经明确成为政府的绩效考核指标。南京市委、市政府在 2011 年 8 月初提出对郊县街镇按照主体功能区划的差异,建立差别化的考核体系,促进特色发展❶。2014 年 10 月,南京市委、市政府要求从"2015 年 1 月 1 日起,取消对玄武、秦淮、建邺、鼓楼四城区各街道和其他建成区所在街道相关经济指标考核"❷。没有了经济指标考核的束缚,南京的历史文化保护工作将在区县政府的特色发展、品质发展、高质量发展中发挥更大的引领作用。

1.4.3 城市空间结构持续拓展优化

随着外围新城和新市区的建设,外围新城和新市区正在逐步形成反磁力中心,南京历史文化保护的重心和城市建设的中心正在逐步分离,南京老城两个中心重叠的状况正在发生改变。跨越式的城市发展战略,使千年古都南京进入一个新的阶段,现代化建设和历史文化保护的关系被放大到区域的层面来解决,新区、老城在空间拓展和功能提升上各得其所。2018 年,南京城市总体规划修编提出构筑"南北田园、中部都市、拥江发展、城乡交融"的总体空间格局和"一主、一新、三副城、九新城"的城市发展格局❸。通过城市空间布局结构的优化调整,南京城市发展的框架逐渐拉开,老城历史文化的保护有了外围地区更大的空间支持,"美丽古都"保护面临新的机遇。

---

❶ 中共南京市委办公厅　南京市人民政府办公厅印发《关于开展郊县镇街分类考核的实施办法》的通知(宁委办发〔2011〕53 号)。
❷ 中共南京市委　南京市人民政府关于印发《深化街道和社区体制改革实施方案》的通知(宁委发〔2014〕60 号)。
❸ 依据南京市规划局《南京市城市总体规划(2017—2035)草案》公示文件整理。"一主"为江南主城,"一新"为江北新主城,"三副城"分别为六合、溧水和高淳副城,"九新城"分别为龙袍、龙潭、汤山、淳化、柘塘、禄口、滨江、板桥、桥林等新城。

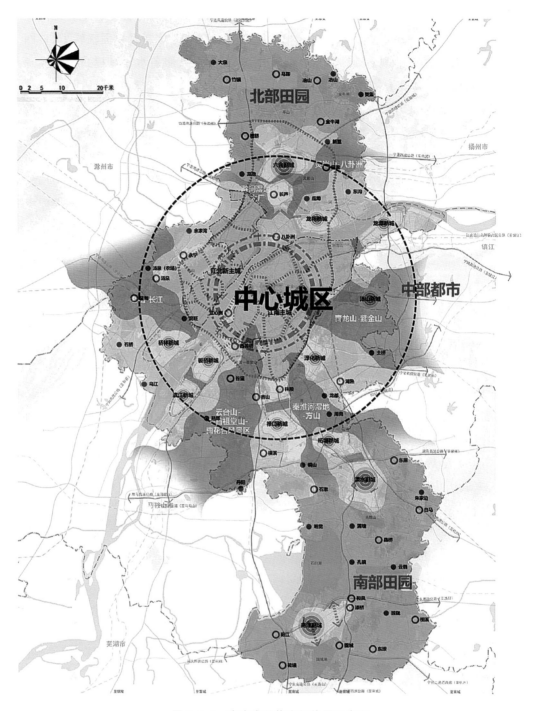

图 1.4-1　南京市总体空间格局示意图

资料来源:南京市规划局.南京市城市总体规划(2017—2035)草案公示文件[R],2018

2 历版规划概述❶

　　南京号称"六朝古都""十朝都会",历史上虽然遭受隋初被荡平耕垦、太平天国战乱、日本侵略军的占领破坏等三次大规模的浩劫❷,但仍然留下了众多弥足珍贵的古迹。回顾南京的城市规划史,1949年后的历次规划都没有把"古都"提到一定的高度来认识❸;1981年上报的南京城市总体规划虽已涉及这方面的内容,但主要是绿化系统及相关的名胜古迹的保护和利用,重点强调了旅游价值。自1982年被公布为首批国家历史文化名城以来,南京编制了4版历史文化名城保护规划,不断总结经验,为国内历史文化名城保护规划的发展和完善做出了贡献。王景慧先生2006年10月评价:我参加了前后三轮(南京)历史文化名城保护规划(评审工作),每次都有见地,有创新,并在全国有一定的影响❹。

2.1 "1984版"保护规划

2.1.1 规划编制背景

　　1949年以来,南京在城市建设方面取得了巨大成就,特别是园林绿化的发展,对古都保护和城市特色的进一步形成起到了极为显著的作用。但是,从1949年到改革开放的30年间,由于人为和自然原因,南京的山川风貌、名胜古迹等遭受很大破坏。

　　1978年4月,中共中央印发《关于加强城市建设工作的意见》(中发〔78〕13号)。1978年11月,南京市规划局成立,南京市城市规划管理工作恢复,立即组织编制《南京城市总体规划(1981—2000年)》。1980年10月全国城市规划工作会议上提出"控制大城市规模,合理发展中等城市,积极发展小城市",南京"文化大革命"期间下放人员和单位返城,人口剧增。在1979—1982年国民经济调整恢复时期,国内城市包括南京市的建设速度加快,城市规模不断扩大,新的城市规划和建设给城市历史格局、环境风

---

❶ 本文对南京4版历史文化名城保护规划成果进行了提炼、梳理,论述过程中部分引用了规划成果的原文。
❷ 苏则民.南京城市规划史稿:古代篇·近代篇[M].北京:中国建筑工业出版社,2008
❸ 南京市规划局,南京市规划设计研究院.南京历史文化名城保护规划方案:说明概要[R],1984.10
❹ 引自王景慧先生2006年9月在"南京历史文化名城保护与发展研讨会"上的讲话。

貌和文物古迹等带来了新的影响和破坏。

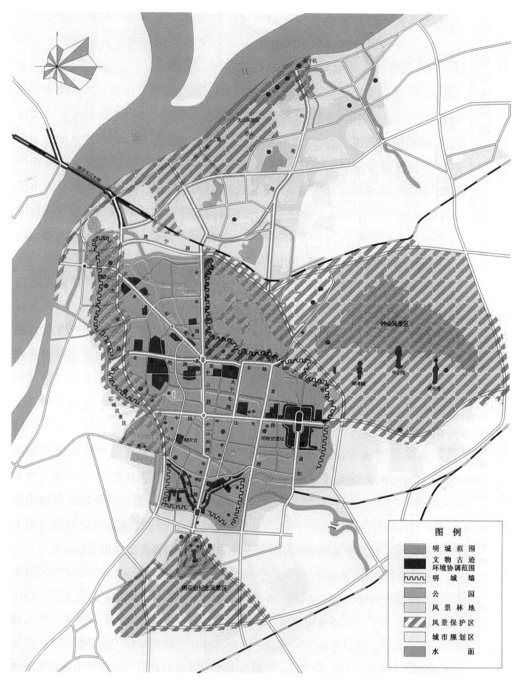

图 2.1-1　"1984 版"南京历史文化名城保护规划

资料来源:南京市规划局,南京市规划设计研究院.南京历史文化名城保护规划方案:说明概要[R],1984

　　1982 年 2 月 18 日《国务院批转〈关于保护我国历史文化名城的请示〉的通知》(国发〔1982〕26 号),公布了包括南京在内的第一批国家历史文化名城,同时要求提出保护规划,划定保护地带。

1982 年 6 月,南京市组织召开了"南京市历史文化名城保护工作会议",市政府召集市、县、区和有关部门、有关单位的负责同志,及有关专家、学者,共商保护南京名城大计。时任南京市委领导指出,当时的南京面临"虎踞龙盘""水环山抱"的山川形势和古城风貌继续受到"现代化的建设性破坏"、南京城垣私拆乱挖事件时有发生、古建筑被长期占用、古代陵墓被挤占解体、楼台碑刻被乱涂乱凿等问题。"南京这座名城,现在创伤累累,再不抓紧,文物古迹就有毁灭的危险"。提出要"正确处理保护历史文化名城与现代化城市的关系";"只要把两者关系处理好,也完全能够做到:既实现城市的现代化,又保持着古城原有风貌"。还借鉴日本、意大利、法国、美国的例子,进一步说明"认识问题解决了,规划措施跟上了,名城保护工作是可以搞好的"❶。会上南京市文物管理委员会负责同志还结合前期准备工作提出了南京名城保护的初步设想,制定了"一城、八区、十八个单位"的重点保护的实施方案❷,并与在编的南京城市总体规划进行了衔接。

1983 年底国务院在对南京城市总体规划的批复中,明确把"著名古都"定为南京的城市性质之一,并排在前列。从此,南京在古都认识上产生一次重大飞跃,南京市规划局会同市文化局、文物管理委员会、园林局、房产管理局,在现状调查、特色分析的基础上,于 1984 年 10 月完成《南京历史文化名城保护规划方案》。

2.1.2 规划主要内容

"1984 版"保护规划总的设想是从进一步发挥南京的山、水、城、林交融一体及气度恢宏的特色出发,综合考虑城市的环境风貌、城市格局、建筑风格和文物古迹四个方面,划出若干片自然风景和文物古迹比较集中的重点保护区(市内五片、外围四片),以及一批重点建筑群的保护范围,同时以明代城墙、历代城壕、丘岗山系和现代林荫大道为骨干,形成保护性的绿化网络,连接各片区和建筑群,构成较为完整的保护体系。

---

❶ 依据原中共南京市委第二书记徐智同志在南京市历史文化名城保护工作会议上的讲话(1982 年 6 月 10 日上午)整理。全文收录于南京市文物管理委员会编纂的《南京市历史文化名城保护工作会议资料汇编》(1982)。

❷ 出自原南京市文化局副局长、文物管理委员会副主任林庭桂 1982 年 6 月在南京市历史文化名城保护工作会议上所做《关于南京历史文化名城的情况、特点及其保护规划的初步构想》的报告。全文收录于南京市文物管理委员会编纂的《南京市历史文化名城保护工作会议资料汇编》(1982)。"一城":南京城垣。"八区"即八个重点保护地区:(1)东郊钟山南麓,富贵、覆舟、鸡笼等山,连带玄武湖至鼓楼岗一带;(2)城西清凉山、石头城和镜子塘,连汉西门外到莫愁湖一带;(3)北郊燕子矶、幕府山,沿江到狮子山、马鞍山一带;(4)城南自东关头到水西门的内秦淮河两岸一片;(5)栖霞山;(6)牛首山及祖堂山;(7)江浦老山;(8)汤山和阳山。"十八个单位"即 18 个重点文物保护单位:(1)朝天宫;(2)天王府;(3)石头城;(4)鸡鸣寺;(5)南朝陵墓石刻;(6)南唐二陵;(7)中华门;(8)明故宫;(9)明孝陵;(10)明功臣墓;(11)夫子庙及其附近地段;(12)白下愚园及其附近地段;(13)瞻园;(14)江南水师学堂;(15)中山陵;(16)中共代表团办公原址;(17)挹江门;(18)雨花台死难烈士陵。

2.1.2.1 重点保护区

南京市内五片重点保护区为钟山风景区、石城风景区、大江风貌区、雨花台纪念风景区、秦淮风光带,市区外围的四片重点保护区为栖霞风景区、牛首祖堂风景区、汤山温泉与阳山碑材疗养游览区、江浦老山森林风景区,规划初步划定范围并提出规划建议。

2.1.2.2 重要建筑群

南京在市区内划定一批需要重点保护的文物与重要的建筑群,共 12 片(处):朝天宫(拟辟为南京古代历史博物馆)、天王府(拟办成南京近现代历史博物馆)、瞻园(恢复完整面貌)、梅园新村、渡江纪念碑、明故宫遗址(与午朝门共同组成明故宫遗址公园)、鼓楼、五台山体育馆、江东门南京惨案万人坑纪念地、长江大桥、民国时期有代表性的公共建筑、民国时期有代表性的北京西路两侧新住宅区。规划还针对各重要建筑群分别提出了初步规划设想。

2.1.2.3 保护网络

南京市区内的保护网络由城墙、河道水系、道路街巷格局等组成,规划对城墙的维修和环境整治等还提出了具体保护要求。

2.1.2.4 保护措施

"1984 版"保护规划从控制市区规模、划定保护范围、整顿和清理、恢复利用和开发、继承和发展、加强宣传和立法等六个方面提出保护规划措施。要求从长远的、战略的观点,处理好事业要发展与规模要控制、城市要现代化与古城要保护的关系;通过建设外围城镇,达到发展各项经济文化事业和控制市区规模的双重目的;避免市区的盲目发展破坏古都天赋的山川形势,避免市区建筑、人口密度继续更加密集。要求对南京市区内的文物古迹、古建筑、古树名木和风景区划定保护范围。提出在有计划地分期分批修复或重建重点文物建筑的同时,将文物保护与利用相结合,把南京建设成为具有古都特色的现代化城市。

2.1.3 保护内容框架

"1984 版"保护规划成果中并未形成系统的保护规划框架图,为便于比较分析,根据规划成果参照后续版本保护规划框架图,绘制了"1984 版"保护内容框架图。

"1984 版"保护规划从市区内、市区外两个层面建立保护内容框架:市区外划定重点保护区,市区内则从重点保护区、重点文物与建筑、保护网络三个方面进行落实。

"1984 版"保护规划保护内容侧重于风景名胜和文物古迹的保护,突出了南京名城自然与人文交融的特色。规划同时强调了历史文化名城整体保护网络的建构,对反映

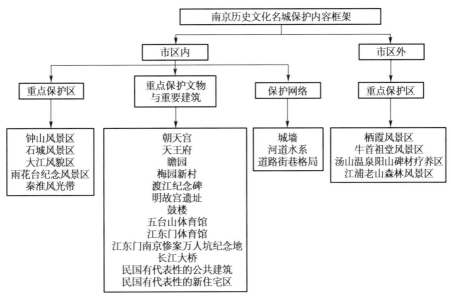

图 2.1-2　"1984 版"南京历史文化名城保护内容框架

资料来源:作者自绘

名城整体格局的城墙、河道水系、道路街巷格局等提出了保护要求。此外,规划还关注了民国有代表性的新住宅区的保护。总体来讲,"1984 版"保护规划视野放眼全市,聚焦风景名胜和重要文物古迹,强调了历史文化名城整体格局的保护。

2.1.4　规划总结评价

"1984 版"保护规划是国务院公布第一批国家历史文化名城后国内编制的第一批历史文化名城保护规划,是国内历史文化名城保护规划从无到有的开创性探索,也奠定了此后南京历史文化名城保护规划的基础。

"1984 版"保护规划较好地体现了 1982 年 6 月南京市历史文化名城保护工作会议的精神。规划基于南京的自然山水和历史文化特色,建立了历史文化名城保护网络,较好地处理了历史文化名城保护规划和城市总体规划的关系;将历史文化内涵丰富的风景名胜作为重点保护区,较好地处理了历史文化保护和风景名胜保护的关系。规划针对文物古迹提出划定两个层次的保护范围,并提出了相关控制引导要求,实属创新,影响至今。规划提出从长远的、战略的观点处理好城市要现代化与古城要保护的关系,具有远见。

"1984 版"保护规划也存在一定的缺憾。规划偏重于风景名胜、文物古迹的保护,对城池格局、古都风貌等整体保护重视不够。规划偏重于现存的各类文物古迹的保护,对地下文物、丰富的"隐形文化"的重视不够等。规划总体的保护措施为宏观的指导性要求,对于各类保护对象的保护要求偏重于设计引导,保护控制不足。

2.2 "1992版"保护规划

2.2.1 规划编制背景

1990年4月,党中央、国务院提出浦东开放和开发战略,中国全面推进改革开放。1992年春,邓小平同志南行讲话后,中国走上中国特色的社会主义市场经济体制的道路,改革开放向纵深推进。此后,土地有偿使用制度、分税制、住房商品化制度等改革政策陆续展开,形成全国性的开发区热、房地产热和外商投资热。与此同时,南京的经

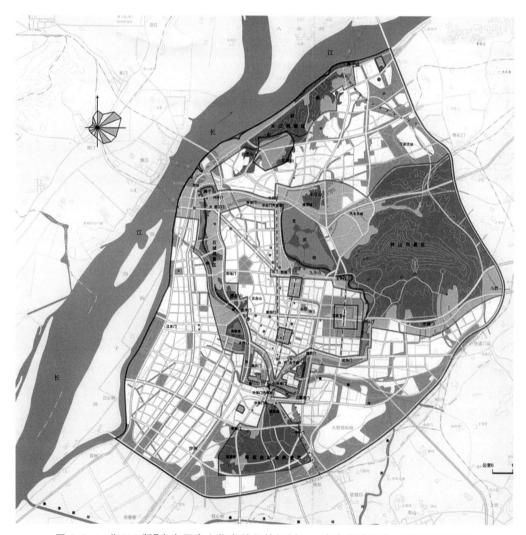

图2.2-1 "1992版"南京历史文化名城保护规划——南京主城历史文化保护规划图

资料来源:南京市规划局,南京市规划设计研究院,南京市文物管理委员会.南京城市总体规划(说明之四):历史文化名城保护[Z],1992.12

济实力快速提高,城市化进程加速,强调城市环境改善和城市品质的提升,老城开始了
大规模拆建,城市建设逐步跨越城墙发展。

在"1984 版"保护规划指导下,多层次的规划在不断深化,夫子庙建筑群修复等许
多保护设想成为现实。但与此同时,由于"1984 版"保护规划对传统民居、地下文物、城
市格局要素等重视不够,在城市开发建设过程中拆毁严重。例如在张府园小区建设过
程中多次发现的南唐护龙河驳岸遗址被直接毁弃,光华园小区开发建设侵占明城墙遗
址、瑞金新村、后宰门小区开发建设侵占明故宫遗址,白鹭小区开发建设拆除秦淮河沿
线明清传统民居等。

在改革开放加快步伐的新形势下,随着 1990 年 6 月南京城市总体规划修订工作
全面展开,南京市规划局、规划院会同南京市文物局于 1992 年初修订了南京历史文化
名城保护规划,作为城市总体规划修订的重要组成部分。"1992 版"保护规划作为《南
京市城市总体规划(1991—2010)》重要专项,于 1995 年 1 月得到国务院批复同意。

2.2.2　规划主要内容

"1992 版"保护规划在"1984 版"保护规划的名城风貌、古都格局、文物古迹、建筑
风格的保护基础上,增加历史文化的再现和创新,从五个方面提出保护规划的主要内
容,初步建立了南京历史文化名城保护框架,并在全市范围内,划出若干片自然风景和文
物古迹比较集中的重点保护区,确定了一批重要的历史文化保护地段和地下遗存控
制区。

2.2.2.1　名城风貌的保护

"1992 版"保护规划将"1984 版"保护规划的"内五外四"风貌保护区,调整为以明
都城为界的"内六外七",即在原市区"五片"的基础上,增加了明城垣保护带;在原市区
外围"四片"的基础上增加金牛山金牛水库风景区、无想寺风景区、固城湖风景区三片,
全市共形成 13 片风貌保护区。规划对 13 片风貌保护区分别提出了保护、修复、整治
和利用要求。

2.2.2.2　古都格局的保护

"1992 版"保护规划从名城的三条历史轴线、明代四重城郭、道路街巷格局、河道水
系四个方面进行古都格局的保护,并对三条历史轴线和明代四重城郭提出了明确的保
护要求。

2.2.2.3　文物古迹的保护

"1992 版"保护规划要求根据南京的具体情况,按三种方式对全市 281 处市级以上
文物保护单位划定保护范围和建设控制地带:一是对分散分布的单个文物古迹,分别
划定保护范围和建设控制地带;二是将文物古迹集中分布的重要区域,或具有独特风

貌的历史地段,划为"历史文化保护地段",对区内的各文物古迹分别划出保护范围,共八片(明故宫地区、朝天宫地区、夫子庙地区、天王府梅园新村、传统民居保护区、中山东路近代建筑群、颐和路"公馆区"、杨柳村古建筑群);三是对历代宫城遗址、历代陵墓、墓葬区、重要的古城遗址、重要的古建筑遗址等划定地下遗存控制区。

2.2.2.4 建筑风格的保护

"1992版"保护规划分别对传统民居、近代建筑提出保护要求。对于传统民居,规划提出有重点地分片保护的原则,立足现状与未来可能,划出门东、门西、大百花巷、金沙井、南捕厅等五片重点保护区。近代建筑包括民国时期有代表性的公共建筑和新住宅区(公馆区)两部分,规划要求对其加强维修和保护,划定保护范围,并对周围的环境提出必要的控制要求。

2.2.2.5 历史文化的再现和创新

通过改变历史建筑的原功能,建立古代历史博物馆、近代历史博物馆、艺术博物馆、历史名人纪念馆、民俗风情博物馆、自然历史博物馆、科技博物馆等七大博物馆系列;重视旧城内的历史文化积累,体现隐形文化的内涵,在旧城改造中创造出富有特色的新景观,如修复大报恩寺,新建狮子山阅江楼,恢复凤凰台、周处读书台、白下愚园等;在古代遗址建立标志物系列、在重要地段设立城市雕塑系列来积极展现南京的丰富历史文化。

2.2.3 保护内容框架

"1992版"保护规划开始将市区内外作为整体进行考虑。规划进一步突出了名城环境风貌的保护,同时开始强调"历史文化地段"的保护,规划还关注了建筑风格的保护和延续、历史文化的再现和创新。

"1992版"保护规划已经初步建立了"三个层次"的保护内容框架,在保护有形物质文化的同时,开始关注无形文化的保护与传承。

2.2.4 规划总结评价

"1992版"保护规划针对"1984版"保护规划中对著名古都认识的不足,以及对地下文物和隐形文化的不够重视,重点从突出古都格局与风貌、加强对地下文物资源的保护以及重视对历史文化的挖掘和创新等方面,对原有的规划做了补充和完善,形成了初步的保护规划框架体系。保护内容从地上扩充到了地下,从显性文化扩展到隐性文化,提升了对古都格局的认识。针对著名古都的内涵重视不够的问题,突出了对尚存的明代四重城郭的保护,直接指导了后来编制的《明城墙风光带保护规划》。

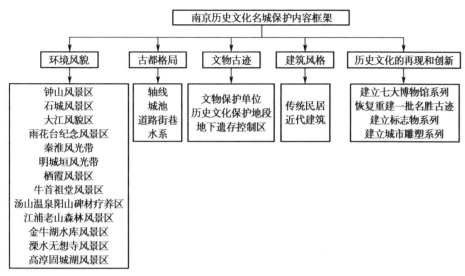

图 2.2-2 "1992 版"南京历史文化名城保护规划保护内容框架
资料来源:作者自绘

规划初步建立了文物保护单位、传统民居历史地段和古城传统格局三个保护层次;结合南京历史文化与山水环境有机融合的特征,独创了环境风貌保护区的概念;历史文化的再现和创新借鉴了其他名城的经验并有所创新❶。

"1992 版"保护规划也存在着一些缺憾:规划仅限于总体规划阶段,规划描述性语言多、规定性条文少,难以直接作为规划管理、用地控制的依据;对于已毁的历史文物的重要价值认识不足;对南京历史文化名城特色价值也缺乏更深入的研究。

2.3 "2002 版"保护规划

2.3.1 规划编制背景

《南京城市总体规划(1991—2010)》提出了"要集中建设河西新区,调整改造旧城的思路",但由于缺乏政策层面的实施保障,规划预期的新区建设没有成为重点,老城内的一系列改造工作成为关注焦点,老城格局和历史风貌开始发生巨变。

为迎接 1995 年 10 月"三城会"在南京的召开,克服 1990 年代初城市的基础设施瓶颈制约,南京城市建设的重点转向"以道路建设为重点的城市基础设施建设",鼓楼地下隧道、太平门街、中华路、雨花路、中央路、中山路、上海路、御道街、中山北路、山西

---

❶ "1992 版"保护规划借鉴了洛阳 1988 版历史文化名城保护规划成果中的历史文化展示体系,包括:遗址展示体系、标志物体系、博物体系、诗廊文碑体系、城市雕塑体系等。

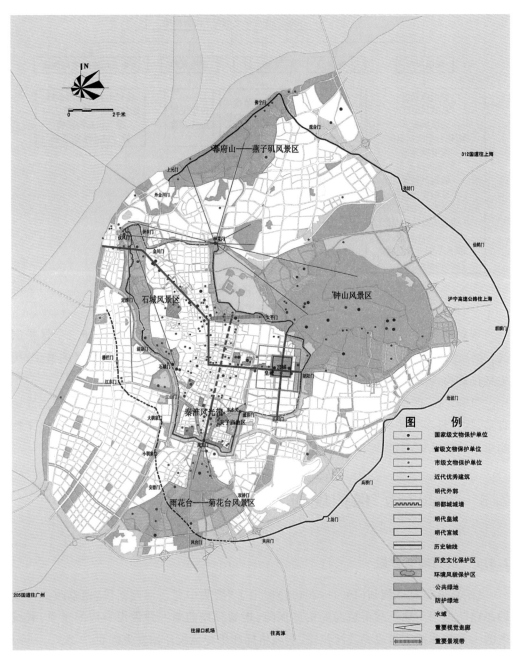

图 2.3-1　"2002 版"南京历史文化名城保护规划——主城历史文化保护规划图

资料来源:南京市规划设计研究院.南京历史文化名城保护规划[Z],2002

路至鼓楼段等得到建设或改造❶。

　　1992 年 6 月,南京市政府下发《住房制度改革实施方案》;1995 年 11 月,出台《南

---

❶　单娟."三城会"加速南京成为国际化大都市进程[J].江海侨声,1995(9):6

京市深化住房制度改革方案》,拉动了居民的住房消费,房地产业逐渐成为支柱产业。1993 年 3 月,南京市人民政府工作报告中提出"在主城内建设 100 栋高层建筑,形成具有时代特征的城市风貌"。1995 年底,南京市政府确立了"一年初见成效,三年面貌大变"的奋斗目标,以道路交通建设作为城市基础设施建设的突破口,抓紧重大对外交通项目建设,加快城区和周边地区的道路建设。1990 年代后期,城市建设思路转为"强调城市环境改善和城市品质提升",城市环境得到相应改善。随着土地有偿使用制度的实施和企业改革的深入,南京老城内工业"退二进三"速度加快,工业企业用地调整大部分都转化为住宅用地和其他第三产业用地,老城用地结构发生较大变化。

1990 年代一系列体制机制改革激发了包括南京在内的城市现代化建设的热潮,但在此过程中南京并未按照 1982 年设想的那样"正确处理保护历史文化名城与现代化城市的关系",城市现代化建设的同时,老城的历史格局和风貌遭到更加严重的"现代化的建设性破坏"。1992 年,为了缓解交通压力,中山南路南延,老城南被不断拆除的序幕拉开;1993 年,为迎接"三城会",中华路两侧历史建筑全部拆除,为拓宽五台山体育馆前道路,拆除市级文物保护单位永庆寺;1995 年城南金沙井、百花巷传统民居区被破坏,明代状元焦竑故居、明代大学士程国祥故居、清代方苞教忠祠、太平天国铜作坊建筑、民国总统府照壁等文物保护单位被拆除❶。据不完全统计,至 2002 年,建造在老城内的高层建筑占主城高层建筑总量的 80% 左右,老城内共有 8 层以上的高层建筑 956 幢(尚不包括已批待建),其中 30 层以上的超高层建筑有 41 幢❷,高层建筑在空间上逐步改变了老城空间轮廓形态。

进入新世纪,随着信息化时代的来临和市场经济带来的竞争加剧,我国经济发展处于加速发展的阶段,南京城市建设也逐步拉开了框架。为了应对经济全球化带来的挑战、可持续发展和率先基本实现现代化的需求,2000 年 6 月,南京市适时组织了南京城市总体规划调整工作,南京历史文化名城保护规划作为重要专项也随之进行了调整。鉴于南京老城当时面临的破坏性"旧城改造",2002 年初,南京市地方志办公室杨永泉起草、南京博物院院长梁白泉等 18 位南京学者联合署名提出《关于建立南京古城保护区的建议》,呼吁在南京城南建立门东片、门西片、建邺区片(含甘熙故居)等三大古城保护区❸。但由于当时南京历史文化名城保护规划只是局部调整,只是在历史文化保护区章节进行了相关体现。"2002 版"保护规划于 2002 年 5 月通过专家论证,2002 年 9 月修改完成,但未单独上报。

---

❶ 吕璐.老城南不再大拆大建了——记南京老城南改造的风风雨雨[J].中华建设,2009(9):18-21
❷ 南京市规划设计研究院.南京老城保护与更新规划,2002.12
❸ 门东片:东起江宁路,西止中华路,南起边营,北止新辟的军师巷、马道街。门西片:东起中华路,西止集庆门?城墙,南起六角井、高岗里,北止集庆路。建邺区片(含甘熙故居):东起新开辟的中山南路,西止仓巷,南起昇州路,北止建邺路。

2.3.2　规划主要内容

"2002版"保护规划坚持"抢救、保护、继承、发展"的方针,以保护与控制、利用与展示相结合,系统保护与重点保护相结合,名城保护与城市建设发展相结合为原则,以体现南京"著名古都"的城市性质和建设富有文化特色的国际影响较大的历史文化名城为规划目标,提出了南京历史文化名城保护规划的保护框架。

"2002版"保护保护规划内容分物质文化和非物质文化两大部分,前者包括城市整体格局和风貌的保护、历史文化保护区的保护、文物古迹的保护三个层次,后者则主要体现在历史文化遗存的展示方面。

2.3.2.1　整体格局和风貌的保护

1. 古都格局的保护

"2002版"保护规划分别就保护历代轴线、城池、河湖水系和道路街巷提出要求。增加了对内桥至鸡鸣寺一线及其两侧地带(六朝时期中轴线)的保护,要求密切注意六朝时期地下遗存的埋藏情况。调整民国时期的保护轴线为中山大道,包括中山北路、中山路和中山东路,要求保留原道路形式和若干有代表性的环形广场(特别是热河路、鼓楼、新街口广场),保护沿街近代优秀建筑及其环境,择机恢复中山路三块板的断面形式及绿化风格。对于明代四重城郭,规划明确外郭尚存的夹岗门至仙鹤门段保存原路形及规模,两侧绿带宽度一般不少于20米,不复存在的外郭城门遗址作为重要的节点,要通过标志物、建遗址公园等列入古都的保护网络。规划建设明城墙风光带,以此连接主城内五片环境风貌保护区,共同体现山水城林交融一体的古都特色,依据《南京明城墙风光带规划》划定城墙的保护范围,由保护范围再外延50~100米为建设控制地带。对于皇城和宫城,重点保护范围由午朝门调整为从外五龙桥至北安门桥的中轴线、明御河、玉带河及各城门遗址。对于道路街巷格局的保护,规划提出在未来城市建设中,老街巷的名称应予以继承,新建地段道路的命名应有文化特色,并注意对历史的延续。对于河道水系,规划重点提出要保护淮清桥、文德桥、大中桥、内外五龙桥等列为文物保护单位的古桥,已改造的重要古桥梁(如北门桥、内桥、玄津桥等)应立标志碑;对非文物保护单位的古桥梁,保存历史桥位及名称。

2. 环境风貌的保护

"2002版"保护规划强调维护自然山水的永恒性,注重对山形水态格局的保护和对自然景观风貌的保护,并尽量予以显现。重点保护城中由东向西的钟山、富贵、九华、鸡笼、鼓楼、五台和清凉诸山,城北连接城西的栖霞、乌龙、幕府、狮子、四望、四明诸山,以及城东连接城南的青龙、黄龙、雨花台、牛首、祖堂诸山。水系突出保护秦淮河水系、金川河水系、历代都城护城河水系和玄武湖、莫愁湖、前湖等水面。对"1992版"保护规

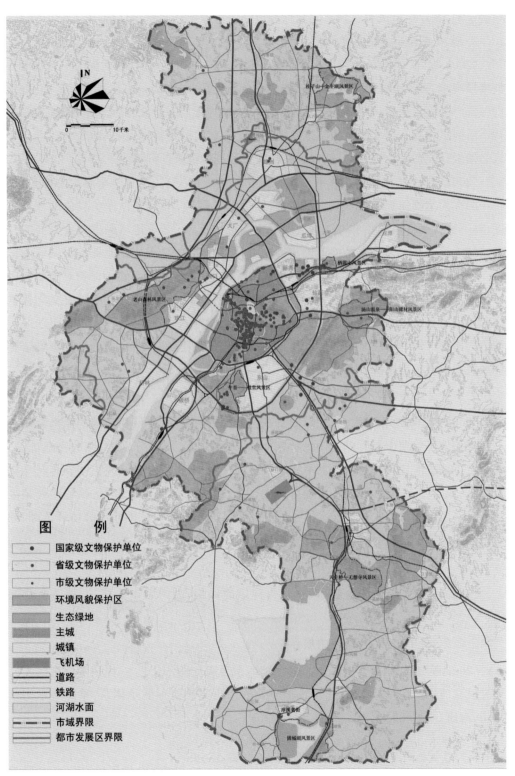

图 2.3-2　"2002 版"南京历史文化名城保护规划——市域历史文化保护规划图

资料来源:南京市规划设计研究院.南京历史文化名城保护规划[Z],2002

划确定的 13 片环境风貌保护区的名称和范围进行了部分调整,深化细化了保护要求。

3. 景观视廊和建筑高度的控制

"2002 版"保护规划在主城设立七条重要的景观带和视觉走廊:九华山—北极阁—鼓楼景观带、狮子山—江苏电视塔—石头城视觉走廊、中华门—雨花台视觉走廊、神策门—幕府山视觉走廊、神策门—小红山视觉走廊、神策门—紫金山视觉走廊、神策门—狮子山视觉走廊。要求严格控制景观带和视觉走廊中的建筑高度和体量,新建高层建筑必须做环境影响分析,有碍视觉走廊的现状建筑择机予以拆除。

"2002 版"保护规划提出采取分层控制建筑高度的方式,建立三个层次的保护圈。第一层次为文物保护单位、历史文化保护区的保护范围,维持现存保护对象的建筑高度,对不符合高度控制要求的建筑应限期拆除或改造,不得新建与保护对象无关的任何建筑。第二层次为文物保护单位和历史文化保护区的建设控制地带及明城墙两侧各 50 米地带,新建建筑的高度应通过视线分析确定,原则上不得破坏保护对象的空间环境,并满足主要观赏点的视觉保护要求。第三层次为文物保护单位、历史文化保护区和环境风貌保护区的环境协调范围以及三条历史轴线两侧 50 米范围,城南地区明城墙两侧 50～100 米范围,应严格控制高层建筑,必须建高层建筑时,则应依据城市整体风貌要求有控制地统一安排建设。

2.3.2.2 历史文化保护区的保护

"2002 版"保护规划将"1992 版"保护规划中列入文物古迹保护范畴的原八片历史文化保护地段单独作为历史文化保护区提出,并增加为十片,分别为:明故宫遗址区、朝天宫古建筑群、民国总统府(太平天国天王府)、梅园新村历史街区、夫子庙传统文化商业区、城南传统民居风貌区、南捕厅历史街区、中山东路近代建筑群、颐和路公馆区和高淳老街历史街区。初步确定了各历史文化保护区的保护范围和风貌协调范围,并要求在此基础上,编制和调整各历史文化保护区的详细规划。

2.3.2.3 文物古迹的保护

包括文物保护单位的保护、近代优秀建筑的保护、古树名木的保护、地下文物的保护。

2.3.2.4 历史文化遗存的展示

"2002 版"保护规划调整原七个博物馆体系为四个(历史、艺术、民俗和历史名人),通过建立博物馆和标志物体系,构筑多方位的历史文化遗存展示体系,重点展示南京六朝、南唐、明朝和民国文化。

2.3.2.5 规划实施措施

针对规划实施中存在的问题,重点提出加强立法,制定《南京历史文化名城保护条例》。

2.3.3　保护内容框架

"2002 版"保护规划内容框架分为物质要素的保护和非物质要素的保护两个部分。物质要素的保护由城市整体格局和风貌、历史文化保护区、文物古迹三个层次构成,保护规划层次已经明确清晰。

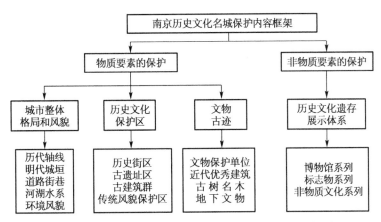

图 2.3-3　"2002 版"南京历史文化名城保护规划保护内容框架
资料来源:南京市规划设计研究院.南京历史文化名城保护规划[Z],2002

值得注意的是"2002 版"保护规划中,城市整体格局和风貌的保护分为"历代轴线、明代城垣、道路街巷、河湖水系、环境风貌"等 5 个方面,历史文化保护区分为"历史街区、古遗址区、古建筑群、传统风貌保护区"等 4 类,为南京后来的历史城区整体保护、历史文化街区保护、大遗址保护等奠定了基础。将"环境风貌"纳入"城市整体格局和风貌"的保护,体现了南京历史文化名城"山川形胜"在古都格局中的重要性。

2.3.4　规划总结评价

"2002 版"保护规划建立了较为完善的保护框架,保护内容在物质性要素的基础上补充了非物质性要素。物质性要素又分为整体格局和风貌、历史地段和文物古迹三个层次,内容全面,结构严谨,切合实际。规划结合城市总体规划提出了"调整城市空间布局"的保护总体战略,指导了随即开展的《南京老城保护与更新规划》,有效缓解了老城保护的压力,并探索了当时中国大型历史文化名城保护与发展的初步构想,取得了较大成就。

"2002 版"保护规划仍然处于总体规划层次,为附属于城市总体规划的专项规划。规划虽然建立了完善的保护框架,提出了合理的保护措施,但是与城市日新月异的更新建设需求并不适应。城市历史轴线、道路街巷、河湖水系、传统民居型历史地段、地下文物保护区等也缺乏明确细致的保护范围及保护要求,以至于在建设过程中难以进行具体控制。

2.4 "2010版"保护规划

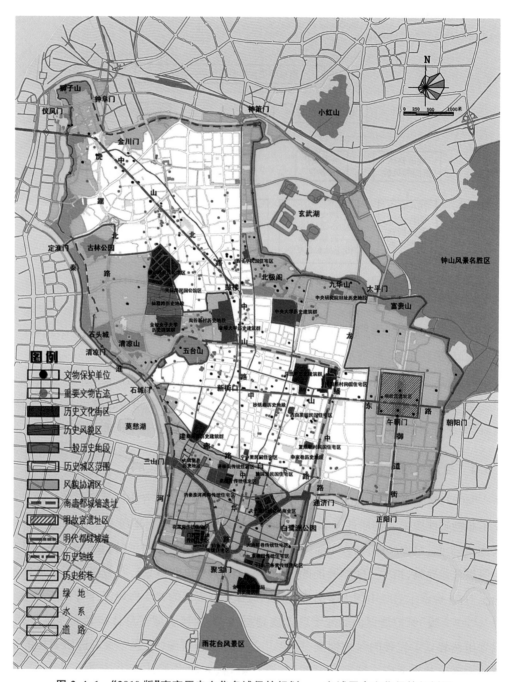

图 2.4-1 "2010版"南京历史文化名城保护规划——老城历史文化保护规划图

资料来源:南京市规划局,南京市规划设计研究院,东南大学城市规划设计研究院,南京市城市规划编制研究中心.南京历史文化名城保护规划(2010—2020)[Z],2012

2.4.1 规划编制背景

进入新世纪后,面对老城保护的压力和新区开发建设的瓶颈,《南京城市总体规划(1991—2010 年)》(2001 年调整)提出"老城做减法、新城做加法"的城市发展战略。在此基础上,南京市、委市政府确定了"一疏散、三集中"和"一城三区"的城市发展战略。"十运会"召开后,这一发展战略被提炼为"保老城、建新城"战略。

"2002 版"保护规划编制完成后,为了落实"老城做减法"和"一疏散、三集中"战略,南京市以明城墙及护城河围合的老城为单元开展了《南京老城保护与更新规划》,此后分别于 2003 年和 2006 年开展了两轮南京老城控制性详细规划编制,还陆续结合南京城市总体规划修编的前期研究开展了历史文化名城保护规划的相关研究工作。

与此同时,1990 年代确立的土地有偿使用制度、分税制、住房商品化制度给老城保护带来的冲击更加凸显,土地财政成为地方政府的主要财政来源。在此背景下,南京老城各类老住区、老厂区等成为房地产开发关注的焦点。2006 年 5 月,秦淮区政府提出"加快推进老城改造",老城南一批传统民居区随即启动拆迁,引起社会广泛关注,以至于 2006 年 8 月,16 位全国知名的专家学者发出《关于保留南京历史旧城区的紧急呼吁》,并引起国家高层的关注❶。2007 年初,南京市规划局正式启动历史文化名城保护规划修编工作。2009 年初,城南"危改"启动,又引起 2009 年 4 月南京本地 29 位专家学者发出《南京历史文化名城保护告急》的呼吁书,再次引发国家高层关注。❷

此后南京市开展了老城南保护、历史地段保护、历史建筑保护、历史文化名城保护条例制定等一系列的工作,出台了《关于进一步彰显古都风貌提升老城品质的若干规定》等一系列的政策文件。经过规划编制项目组、相关部门、专家学者、普通市民的充分研究、质疑、讨论,经修改完善后的"2010 版"保护规划于 2011 年 5 月通过江苏省住房和城乡建设厅组织的专家论证,2011 年 12 月获得江苏省人民政府批复。

2.4.2 规划主要内容

"2010 版"保护规划修编确定了"全社会参与、多学科合作、新技术支撑"的工作方法,按照"全面保护、整体保护、积极保护"的总体原则,通过"全面普查、科学研究、理性评价",确定

---

❶ 2006 年 10 月,温家宝总理对陈志华、郑孝燮、吴良镛、徐苹芳、傅熹年、罗哲文、谢辰生、侯仁之、蒋赞初、潘谷西等 16 位国号字大师和著名人士有关南京历史文化名城保护的呼吁信《关于保留南京历史旧城区的紧急呼吁》做出重要批示,要求"建设部会同国家文物局、江苏省政府调查处理。法制办要抓紧制定历史文化名城保护条例,争取早日出台"。

❷ 2009 年 5 月,温家宝总理对梁白泉、蒋赞初、叶兆言、刘叙杰、季士家等 29 位南京当地学人联名签署的题为《南京历史文化名城保护告急》呼吁信做出重要批示。

南京历史文化名城保护的内容和重点,借鉴国际文化遗产保护理念建立保护制度体系,提出多元化的保护要求,对历史文化资源"应保尽保"。运用文化地景的理念,系统组织历史文化空间,展示、再现和延续古都历史文化风貌,是一次多学科、跨行业合作的尝试。

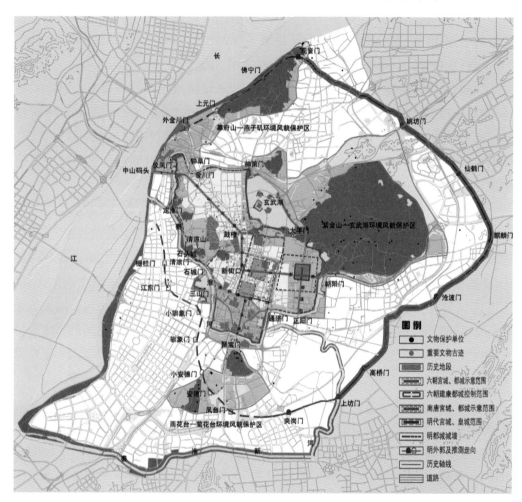

图 2.4-2 "2010 版"南京历史文化名城保护规划——主城历史文化保护规划图

资料来源:南京市规划局,南京市规划设计研究院,东南大学城市规划设计研究院,南京市城市规划编制研究中心.南京历史文化名城保护规划(2010—2020)[Z],2012

"2010 版"保护规划在继承"2002 版"保护规划保护层次的基础上,优化完善了整体格局和风貌、历史地段、文物古迹等各个层次的内涵,补充了非物质文化遗产的保护,建构了从宏观到微观、从物质到非物质的全面的、多层次的保护内容框架。具体包括名城整体格局和风貌、历史地段、古镇古村、文物古迹及非物质文化遗产的保护。

2.4.2.1 规划范围

在"2002 版"保护规划的基础上,聚焦老城,进一步拓展到全市域。老城是南京历史文化保护的核心地区,主城是南京名城格局和山水环境保护的重点地区,市域重点保护主城外围的古镇、古村和风景名胜资源。

2.4.2.2 保护原则

"2010版"保护规划提出了"全面保护、整体保护、积极保护"三大保护原则。

为了应对快速城市化的挑战,尽可能多地保护南京的各类历史文化资源,南京市规划局于2005年启动了全市历史文化资源普查建库工作,对全市历史文化资源进行了抢救性的地毯式普查,拓展历史文化保护的对象和内涵,对历史文化资源进行全面保护、应保尽保。

为了进一步贯彻南京市"保老城、建新城"战略,继承和发扬《南京老城保护与更新规划》关于城市整体格局和风貌的核心内容,落实"老城南事件"❶中专家学者关于南京历史文化名城有关老城"整体保护"的相关建议,借鉴北京、苏州等历史文化名城保护的经验,规划将"整体保护"作为一个重要原则。

此外,为了妥善协调处理城市经济社会发展和历史文化名城保护的关系,规划提出在保护的基础上强调历史文化的传承和复兴,加强各类历史文化资源与现代城市功能的有机整合,促进历史文化永续利用,是为"积极保护"的原则。

2.4.2.3 保护目标

"2010版"保护规划在把南京放在世界历史城市中比较分析的基础上,首次明确提出南京历史文化名城保护的目标定位:保护历史文化资源,传承优秀传统文化,完善历史文化名城保护的实施机制,协调保护与发展的关系,实现"中华文化重要枢纽、南方都城杰出代表、具有国际影响的历史文化名城"的保护目标。

2.4.2.4 保护结构

以保护南京历代都城格局及其山水环境、老城整体空间形态及传统风貌为重点,形成"一城、二环、三轴、三片、三区"的空间保护结构,整体保护和展现南京历史文化名城的空间特色及环境风貌。

"一城":指明城墙、护城河围合的南京老城。"二环":为明城墙内环和明外郭、秦淮新河和长江围合形成的绿色人文外环。"三轴":为中山大道(包括中山北路、中山路、中山东路)、御道街和中华路3条历史轴线。"三片":为历史格局和风貌保存较为完整的城南、明故宫、鼓楼—清凉山3片历史城区。"三区":为历史文化内涵丰富、自然环境风貌较好的紫金山—玄武湖、幕府山—燕子矶和雨花台—菊花台3个环境风貌保护区。

2.4.2.5 名城整体格局和风貌的保护

"2010版"保护规划提出在保护历代都城格局要素真实遗存的基础上,通过对古都

---

❶ 即以2006年和2009年两次专家学者联名写信为标志的全国范围内的老城南保护大讨论。

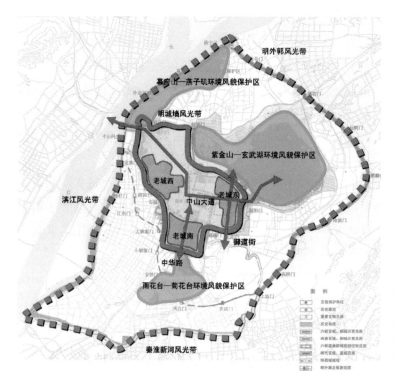

图 2.4-3 "2010 版"南京历史文化名城保护规划——空间保护结构图

资料来源:南京市规划局,南京市规划设计研究院有限责任公司,东南大学城市规划设计研究院,南京市城市规划编制研究中心.南京历史文化名城保护规划(2010—2020)[Z],2012

历史格局织补和延续,对文物古迹和历史地段的串联和整合,从名城山水环境的保护、历代都城格局的保护、老城整体风貌的保护等方面彰显和传承古都的历史格局和风貌,最后聚焦老城,提出老城整体的保护更新措施,实现历史文化名城的整体保护。"2002 版"保护规划强调格局要素个体的保护,"2010 版"保护规划修编则更加强调将各个历史时期的格局要素作为整体进行保护。"2010 版"保护规划聚焦南京老城,专门制定了老城的整体保护对策。

1. 名城山水环境保护

保护和彰显南京"龙盘虎踞、襟江带湖"的山水环境。"2010 版"保护规划在"2002 版"保护规划确定的环境风貌保护区的基础上,新增灵岩山—瓜埠山(含地质公园)、江宁方山、青龙山—黄龙山等 3 片环境风貌保护区;将"2002 版"保护规划确定的石城风景区和秦淮风光带 2 片环境风貌保护区分别纳入明城墙风光带和历史地段进行保护。

2. 历代都城格局保护

整体保护历代都城格局及其所依托的山水环境。重点保护六朝、南唐、明代及民国四个重要历史时期的真实遗存、遗迹及其周边环境。加强太平天国及宋元等其他朝代历史遗存的保护,对已湮灭的历代都城格局要素应进一步加强考古研究,重要遗址遗存应当原址保护,并作为城市公共空间向公众展示。"2010 版"保护规划修编根据近年来六朝建康城的考古新发现,补充了六朝都城格局保护的相关内容;依据近年来编制的一系列深化保护规划,重点对南唐都城格局、明朝都城格局、民国历史轴线的保护进行了深化和补充。

3. 老城整体保护

老城是南京历史文化的集中承载地,南京 2/3 以上的历史文化遗存都分布在老城,是南京古都保护的核心。"2010 版"保护规划依据《历史文化名城名镇名村保护条例》(2008),参照"2002 版"保护规划之后编制的《南京老城保护与更新规划》以及《南京老城控制性详细规划》等相关规划成果,补充了老城整体保护的相关内容。

规划在全面保护南京老城整体风貌的基础上,将老城内历史文化资源密集、积淀深厚,整体格局、传统风貌、环境特色显著的城南、明故宫、鼓楼—清凉山 3 个片区划定为历史城区。

积极抢救老城传统风貌,重点保护现存历史风貌集中区,严格控制老城建筑高度,保持老城现状"近墙低、远墙高、中心高、周边低、南部低、北部高"的总体空间形态,实行分区控制,划定高层建筑禁建区。三片历史城区新建建筑高度一般控制在 35 米以下(公共建筑可以控制在 40 米以下)。明城墙沿线、玄武湖周边、御道街两侧以及建康路、升州路以南的城南历史城区为高层禁建区,新建建筑原则上不得超过 18 米,并符合历史风貌保护要求。其中集庆路和长乐路以南—城墙地区、越城遗址—大报恩寺遗址地区新建建筑高度控制在 12 米以下。建康路、升州路以北的历史文化街区、历史风貌区内,新建建筑高度应当符合保护规划确定的控制要求。该区域周边新建建筑的,应当通过视线分析确定其建筑高度和体量。

保护老城标志性历史文化景观点及其相关的 9 条重要景观视廊,重点保护玄武湖和紫金山之间以及老城边缘的景观界面。保护和延续城南六朝、南唐南偏西的道路走向,保护老城 133 条历史街巷的名称、走向和历史环境要素。保护民国时期以现今中山北路—中山路—中山东路为骨架的道路格局,保护现存完整、内涵丰富、特色明显的历史街巷及其历史环境要素。

2.4.2.6　历史地段的保护

"2010 版"保护规划在"2002 版"保护规划确定的 10 片历史文化保护区以及《南京老城保护更新规划》确定的 46 片历史文化保护区的基础上,在南京市域范围内进行了详细普查,并进行了理性评价,确定各类历史地段 41 个。其中,历史文化街区 9 个,历史风貌区 22 个,一般历史地段 10 个。

南京市历史地段数量众多,类型丰富,但整体规模偏小,保存质量参差不齐,大多数历史地段难以达到《历史文化名城保护规划规范》(GB 50357—2005)中确定的历史文化街区的准入标准❶。为了尽可能多地保护南京现存的文物古迹相对集中、风貌相对完整的地区,"2010版"保护规划在确定9片历史文化街区的基础上,借鉴上海等地的经验❷,将虽然达不到历史文化街区标准,但历史建筑集中成片,建筑样式、空间格局和街区景观较完整,能够体现南京某一历史时期地域文化特点的地区,确定为历史风貌区;除此之外,还将现状格局和风貌有一定特色,历史建筑保存相对较少的地区划定为一般历史地段,作为南京历史风貌的重要复兴区,以求对历史地段"应保尽保"。

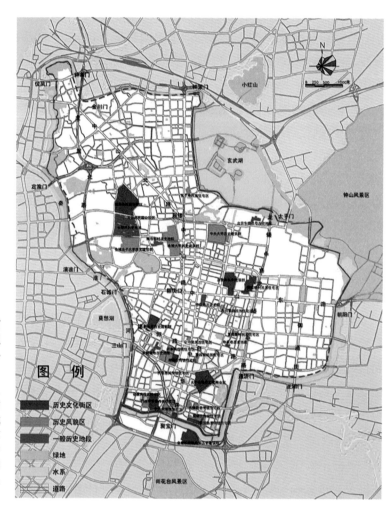

图2.4-4 "2010版"南京历史文化名城保护规划——老城历史地段分布图

资料来源:南京市规划局,南京市规划设计研究院有限责任公司,东南大学城市规划设计研究院,南京市城市规划编制研究中心.南京历史文化名城保护规划(2010—2020)[Z],2012

---

❶ 《历史文化名城保护规划规范》第4.1.1条规定历史文化街区应具备以下条件:

(1)有比较完整的历史风貌;(2)构成历史风貌的历史建筑和历史环境要素基本上是历史存留的原物;(3)历史文化街区用地面积不小于1公顷;(4)历史文化街区内文物古迹和历史建筑的用地面积宜达到保护区内建筑总用地的60%以上。

❷ 伍江,王林.历史文化风貌区保护规划编制与管理[M].上海:同济大学出版社,2007

　　"2010版"保护规划按照《历史文化名城保护规划规范》的规定要求去除了现行保护规划中明故宫遗址区、中山东路近代建筑群两个不符合历史地段概念内涵的两片保护区;由于高淳区淳溪镇已经被公布为中国历史文化名镇,本次规划也将高淳老街历史街区去除。由于近年来城南地区的不断更新改造,城南传统民居风貌区和南捕厅历史街区中的保护要素发生了较大的变化,为了保护真正符合历史文化街区标准的历史地段,"2010版"保护规划将"2002版"保护规划中的城南传统民居风貌区内的荷花塘传统住宅区、三条营传统住宅区和南捕厅历史街区内的南捕厅传统住宅区划定为历史文化街区,其余部分作为历史风貌区进行保护。

2.4.2.7　古镇古村的保护

图2.4-5　"2010版"南京历史文化名城保护规划——古镇古村分布图
资料来源:南京市规划局,南京市规划设计研究院有限责任公司,东南大学城市规划设计研究院,南京市城市规划编制研究中心.南京历史文化名城保护规划(2010—2020)[Z],2012

　　随着南京城市化进程的快速推进,妥善保护好中心城区外围的古镇村已经成为当务之急,因此,"2010版"保护规划首次提出古镇古村保护。经过调查、遴选和评价,确定了5个历史文化名镇村、10个重要古镇村和9个一般古镇村。

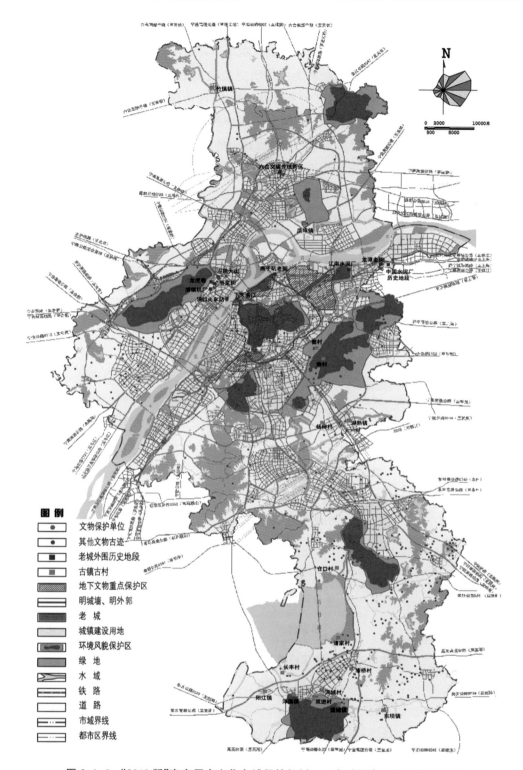

图 2.4-6 "2010 版"南京历史文化名城保护规划——市域历史文化保护规划图

资料来源:南京市规划局,南京市规划设计研究院,东南大学城市规划设计研究院,南京市城市规划编制研究中心.南京历史文化名城保护规划(2010—2020)[Z],2012

在按照《中国历史文化名镇名村评价指标体系》确定历史文化名镇和历史文化名村的基础上,为了尽可能多地保护南京的古镇古村,规划适当降低评分标准,将虽然达不到历史文化名镇和历史文化名村标准,但保存文物较丰富、历史建筑集中成片、保留着传统格局和历史风貌、历史上有重要影响和地位的古镇古村,确定为重要古镇和重要古村。将历史建筑数量相对较少、分布相对零散,但道路街巷格局仍然保持历史格局,并保持一定传统风貌的古镇古村,确定为一般古镇和一般古村,结合新农村建设进行适当的再现和复兴。

2.4.2.8　文物古迹的保护

"2010版"保护规划将2005年以来陆续完成的历史文化资源普查入库的各类文物古迹全部纳入保护框架,共保护各类文物古迹2 965处,比上版规划增加了1 637处。

在对南京市域范围历史文化资源进行全面普查、科学评价的基础上,借鉴英、法、美、日等国家的历史文化资源保护制度❶,结合南京历史文化资源的现状,根据历史文化资源价值的高低和利用程度强弱的不同,与历史文化资源的保护管理和规划管理相衔接,对南京市的各类文物古迹分别实行指定保护、登录保护和规划控制。

各级文物保护单位按照相关法规进行指定保护。将有一定价值、保存状况较好且能够反映南京地域文化特征的文物古迹确定为重要文物古迹,实行登录保护,经南京市人民政府批准后对社会公布。将特色价值相对较低、保存状况相对较差,未能列入指定保护和登录保护的文物古迹确定为一般文物古迹。

依据《历史文化名城名镇名村保护条例》(2008)的要求,"2010版"保护规划从重要文物古迹中单列出历史建筑,参照上海、苏州等地的经验,提出有针对性的保护要求。根据近年来的考古发现,调整和增补了地下文物重点保护区名录。呼应当时文化遗产保护的热点问题,"2010版"保护规划还提出了世界遗产和大遗址保护的原则性要求。

2.4.2.9　非物质文化遗产保护

进入21世纪以来,国内对非物质文化遗产的保护更加重视,"2010版"保护规划将"2002版"保护规划中提出的非物质要素改为非物质文化遗产,包括传统文化、传统工艺、民俗精华等,共计88项。对非物质文化遗产及其栖息地实施整体保护,强化非物质文化遗产空间载体的安排,建立博物馆和展览馆,组织民俗和节庆活动,丰富城市文化活动。

---

❶　张松.历史城市保护学导论——文化遗产的历史环境保护的一种整体性方法[M].上海:上海科学技术出版社,2001

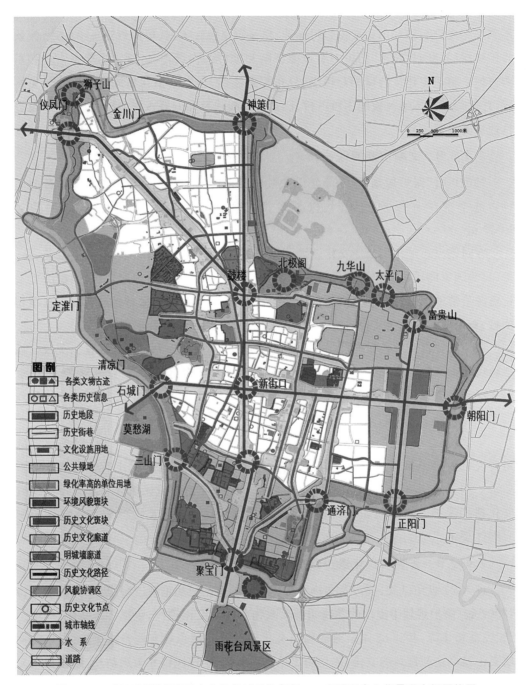

图 2.4-7　"2010版"南京历史文化名城保护规划——老城历史文化景观空间网络图

资料来源:南京市规划局,南京市规划设计研究院,东南大学城市规划设计研究院,南京市城市规划编制研究中心.南京历史文化名城保护规划(2010—2020)[Z],2012

2.4.2.10 历史文化的整体彰显

为整体彰显南京古都历史风貌,需要将现存的历史文化资源、重要的历史文脉与城市公共活动空间有机整合,构筑文化景观空间网络。"2010版"保护规划在"2002版"保护规划建立的博物馆体系和标志物体系的基础上,建立了老城、主城、市域三个层次的文化景观空间网络,整体彰显名城历史文化风貌。

依托明城墙、护城河、历史轴线及老城其他特色道路和河道等,串联整合老城文物古迹、历史地段和山水资源,形成南京老城历史文化景观空间网络。通过历史轴线的延伸道路、古驿道、古河道等,串联老城周边环境风貌保护区、历史文化集中片区、特色文物古迹等,形成以南京老城为核心的主城文化景观空间网络。以老城为核心,挖掘市域历史文化内涵,通过秦淮河、滁河、明外郭及古驿道等文化廊道串联整合"金陵四十八景"、外围古镇古村等历史景观,与市域自然山水空间有机融合,衔接南京周边的滁州、马鞍山、句容等地的历史文化景观,挖掘文化线路,共同构建市域文化景观空间网络。

2.4.2.11 名城保护机制保障

"2010版"保护规划强化了实施机制保障对策的制定。提出"推进法制建设、优化更新方式、完善制度保障、制订行动计划、加强公众参与"等五大对策。规划明确提出历史文化街区和历史风貌区应确立"整体保护、有机更新、政府主导、慎用市场"的方针,采用小规模、渐进式、院落单元修缮的有机更新方式。

2.4.2.12 近期建设策略

"2010版"保护规划提出通过3~6年的努力,彰显名城历史文化特色。具体策略包括:深化保护规划编制工作,积极保护和展示古都格局,加快推进城南历史城区的整体复兴,保护与更新特色历史风貌区,打造内秦淮河风光带、明城墙风光带和中山大道民国景观带等三个历史文化风光带,彰显南京各个历史时期的特色文化,大力发展历史文化旅游产业,加强外围历史文化特色展现等。

2.4.3 保护内容框架

"2010版"保护规划在南京近30年的历史文化名城保护规划工作经验总结的基础上,依据国内不断完备的法律法规,借鉴国内外保护经验,呼应最新的保护理念,建构了由整体格局和风貌、历史地段、古镇古村、文物古迹和非物质文化遗产构成的全方位、多层次的保护内容框架。

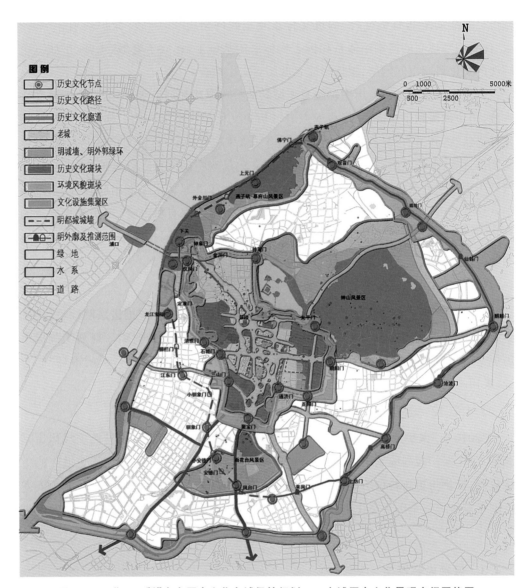

图 2.4-8　"2010 版"南京历史文化名城保护规划——主城历史文化景观空间网络图

资料来源:南京市规划局,南京市规划设计研究院,东南大学城市规划设计研究院,南京市城市规划编制研究中心.南京历史文化名城保护规划(2010—2020)[Z],2012

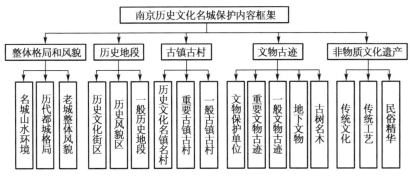

图 2.4-9　"2010 版"南京历史文化名城保护规划保护内容框架

资料来源:南京市规划局,南京市规划设计研究院,东南大学城市规划设计研究院,
南京市城市规划编制研究中心.南京历史文化名城保护规划(2010—2020)[Z],2012

2.4.4　规划总结评价

"2010 版"保护规划以当时最新出台的国家相关法规为依据,借鉴了国内外历史城市保护的相关经验,充分吸取专家学者和普通民众的相关意见,在规划理念、技术、方法等方面进行了积极的探索和尝试,相对于前三版规划而言有了跨越式的提升,在国内历史文化名城保护规划领域具有重要的开创性意义。

"2010 版"保护规划实践了法规要求,对 2000 年以来国家、省、市颁布的一批新法规进行了充分的贯彻落实;创新了保护理念,应对南京的现实挑战,借鉴相关经验,吸取公众意见,提出了全面保护、整体保护、积极保护的保护原则;拓展保护对象,扩大内涵,保护对象由精品扩大到一般,聚焦老城,规划视野由均质铺陈到全景聚焦;细化保护对策,考虑南京历史文化资源数量众多、类型丰富、质量参差的客观情况,保护对策由单一的文物保护单位保护拓展到指定保护、登录保护和规划控制的分层次保护控制;强化政策引领,规划主要内容转化为城市政策和法律条文。

"2010 版"保护规划在探索的过程中有收获,当然也有诸多遗憾。最为值得反思的应当是历史文化名城特色的保护和展现、历史城区保护、历史地段保护、政策制定、公众参与等几个方面。"2010 版"保护规划虽然重新审视了南京历史文化名城的价值特色,但由于更加强调保护规划框架体系的进一步完善,对南京最具特色的南朝陵墓石刻、民国建筑、城南民居、名人文化等历史文化的保护和展示关注不够;在南京老城范围内划定了城南、明故宫、鼓楼—清凉山三片历史城区,而非将南京老城整体作为历史城区,致使南京老城整体保护被弱化,对老城保护相关政策的制定未能真正起到应有的基础支撑作用;历史地段的保护偏重于理论概念的推敲,未能对历史地段保护的基础性工作给予持续关注,造成本次规划修编过程中公众对南京历史地段名录和保护面

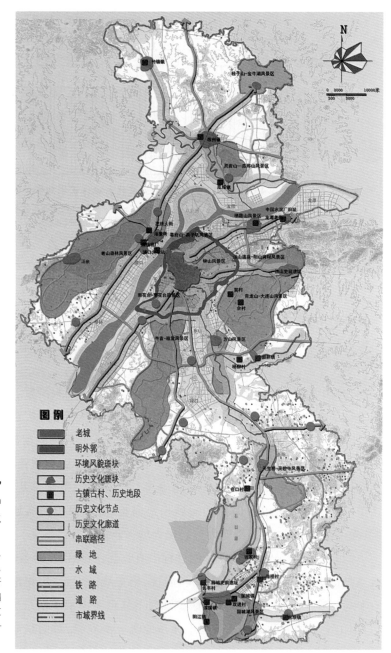

图 2.4-10 "2010 版"南京历史文化名城保护规划——市域历史文化景观空间网络图

资料来源：南京市规划局，南京市规划设计研究院，东南大学城市规划设计研究院，南京市城市规划编制研究中心.南京历史文化名城保护规划(2010—2020)[Z],2012

积"缩水"的质疑❶；规划编制过程中，强调了"全社会参与"，但由于并非全过程的公众参与，专家学者参与的广度不够，引发了全国范围的老城南保护大讨论。

---

❶ 姚远.南京,不能被缩水的古城保护[J].瞭望新闻周刊,2009(30):62

2.5　历版保护规划评述

2.5.1　总体评述

改革开放以来,南京的城市建设经历了"着重解决住房问题—强化市政基础设施—壮大工业发展经济的同时关注环境美化—重视水环境治理、保护历史文化"的发展历程。伴随着城市发展背景的不断变化,南京历史文化名城保护规划从未停止探索,积极创新,不断演进,在同时期全国的历史文化名城保护规划中一直具有创新性和先进性。同时,其后进行的一系列历史文化名城保护相关规划和研究,在内容上逐步丰富,深度上逐步细化,较好地指导了多年来的历史文化名城保护工作。

总体而言,"1984 版"保护规划是在解决有无的同时进行了创新探索的规划。"1992 版"保护规划是继承延续性规划,建立了较为全面、先进的保护体系;但对快速城市化带来的保护压力预见不足,对保护工作本身的复杂性和难度也缺乏足够的重视。"2002 版"保护规划是妥协性规划,在总体保护战略方面进行了深化拓展,但由于仅仅是局部调整,在具体的保护内容和措施方面进行了一定程度的妥协。"2010 版"保护规划是全面创新升级的规划,在保护框架体系、保护理念思路、保护对策要求、实施机制保障等方面进行了全面创新提升,但在特色文化资源的保护彰显、历史城区和历史地段的整体保护等方面仍有改进的空间。纵观南京历版保护规划,前三版保护规划框定了南京最为重要的历史文化要素,并持续予以关注进行重点保护,为"2010 版"保护规划的进一步创新提升奠定了坚实的基础,也为"2010 版"保护规划全面保护、整体保护、积极保护南京历史文化名城赢得了机会和空间。

2.5.2　内容评述

从保护体系上看,从 1980 年代提出初步保护体系,到"1992 版"保护规划形成全市性的保护框架,再到"2002 版"保护规划包含物质、非物质的三个层次的保护内容框架,最后到"2010 版"保护规划形成由保护内容框架、保护控制体系、空间保护结构共同构成的保护框架体系,历史文化名城保护体系逐步完善。

从保护内容上看,从 1980 年代主要针对重要历史文化资源,到 1990 年代包含古都格局、地上地下文物、非文物保护单位和隐形文化的保护,再到进入新世纪对城市整体格局、山川形胜、历史地段、古镇古村、古树名木、历史典故等进行保护,保护对象逐步扩展。

从保护要求上看,从 1980 年代和 1990 年代的概念性的设想和规划,到进入新世纪在进行各类专题研究、专项规划、城市设计、控制性详细规划的基础上开展保护规划编制,保护要求不断深化,较好地指导了南京的历史文化名城保护工作。

但与此同时,保护规划本身仍有一定不足,保护理念有待进一步提升,规划编制手法有待更新突破,保护措施需要进一步具体化,公众参与机制有待完善,保护规划实施工作有待进一步深化优化。

3 保护规划理念

   国际上关于历史文化保护的理念从古物的保存赏玩发展到历史城市、文化线路等文化体系的保护,经历了复杂渐进的过程,国内有诸多专家学者进行过系统的研究总结。国内历史文化保护理念从近代开始逐步学习国外理念;改革开放以后国外理念在国内的历史文化保护实践中得到积极应用;新世纪以后,国内外的历史文化保护理念已经交融一体,共同探索新的保护理念。

3.1 国外历史城市保护相关理念的演进

   在古代,人们更多关注古物珍品的保存和赏玩。欧洲对文物建筑和历史纪念物的保护,可追溯到古罗马时期;18世纪末,相关保护和修复工作开始引起重视;19世纪中叶起,逐步开始探索保护和修复的基本理念、理论和原则❶。

   20世纪前叶,国际上对文化遗产的保护主要是单体的保护。20世纪后半叶,逐步发展到历史地段、历史城镇和地区的整体保护以及混合遗产的保护。进入21世纪,国际文化遗产保护理念不断拓展到非物质文化遗产、文化遗产环境、跨区域遗产的保护。

3.1.1 19世纪欧洲文物建筑保护理论的探索

   文艺复兴时代,古希腊和古罗马建筑的艺术价值得到重新认识,进而促进了文物建筑的保护和修复。工业革命以来,法、英、意等欧洲国家相继颁布文物建筑保护的相关法规,近代文物建筑保护和修复的理论技术逐步走向成熟,相继诞生了法国的"风格式修复"运动、英国的"反修复"运动、意大利的"文献性修复"和"历史性修复"运动❷。

   法国以维奥莱-勒-杜克为领军人物的"风格式修复"运动,核心理念是艺术至上,强调建筑风格的统一,无论是外表形象还是内在结构。

   英国以拉斯金和莫里斯为代表的"反修复"运动,基于对法国"风格式修复"运动的反思,认为要用"保护"代替"修复",修复文物建筑最重要的是保持物质上的历史真实

---

❶   王瑞珠.国外历史环境的保护和规划[M].台北:淑馨出版社,1993
❷   张凡.城市发展中的历史文化保护对策[M].南京:东南大学出版社,2006

性,任何必需的修复不可使历史见证失真,必须明确区分。

意大利的"文献性修复"和"历史性修复"运动,是兼收并蓄法国、英国等各家保护理论的基础上创建的。以米洛·波依托为代表人的"文献性修复"认为,历史建筑应被视为一部历史文献,它的每个部分都反映着历史,包括历代进行的修复和增补。相比而言,"风格式修复"强调风格形式的完美,而"文献性修复"注重历史形式存在的真实性。"历史性修复"是"文献性修复"的进一步发展,以米洛·波依托的学生卢卡·贝尔特拉米为代表人物,认为在修复建筑的形式上,不仅强调建筑的文献意义,在严格尊重历史文献性的态度下,要能更准确、更真实地反映历史风貌,而不必拘泥于建造方式和建筑材料的传统性。但需要指出的是,在实践中很难详细说出"历史性修复"和"风格式修复"之间的差异,在法国卢卡·贝尔特拉米的理论甚至被认为是"风格式修复"的极端发展。

3.1.2　20世纪初达成保护理念共识的单体保护

1904年,第六届国际建筑师大会在马德里通过的《关于建筑保护的建议》(《马德里建议》)提出,应最小干预建筑遗迹并赋予历史性建筑物新的使用功能,这标志着现代文物建筑保护理论和方法初步达成国际共识❶。

1929年,意大利的乔万诺尼在巩固意大利现代保护理论的基础上,强调批判和科学的方法,提出了"科学式修复"的理论。为了保存建构物的真实性,注重整体的"艺术生命力",而非仅仅停留在古物的初始建造阶段。强调历史建筑的日常维护、修补和加固,若确有必要,可在精确无误的数据基础上采用现代技术。任何现代添加物都应明确地标注日期,并应将其视为主体的一部分而非装饰物。1931年,乔万诺尼在雅典的国际大会上提出了这些原则,为《关于历史性纪念物修复的雅典宪章》的形成做出了贡献❷。

1931年,第一届历史纪念物建筑师及技师国际会议在雅典通过《关于历史性纪念物修复的雅典宪章》,提出了历史纪念物的保护和修复技术要求,并指出应注意对历史古迹周边地区的保护。《关于历史性纪念物修复的雅典宪章》是对19世纪以来文物建筑保护相关理论的总结和升华。

1933年,国际现代建筑协会(CIAM)第四次会议通过了另一份确立现代城市规划基本原则的《雅典宪章》,其中关于历史遗产的建议中:"以艺术审美为借口,在历史地区内采用过去的建筑风格建造新建筑是灾难性的推论,无论以何种形式延续或引导这一习惯都是无法容忍的",第一次出现了有关"真实性"的概念,对后世的文化遗产保护

---

❶　单霁翔.文化遗产保护与城市文化建设[M].北京:中国建筑工业出版社,2009
❷　[芬]尤嘎·尤基莱托.建筑保护史[M].郭旃,译.北京:中华书局,2011

产生了巨大影响。

1964 年,第二届历史古迹建筑师及技师国际会议在威尼斯通过《关于古迹遗址保护与修复的国际宪章》(《威尼斯宪章》),以《关于历史性纪念物修复的雅典宪章》中的主要保护修复理念和原则为原形和基础,提出古迹的保护与修复必须求助于对研究和保护考古遗产有利的一切科学技术,同时指出历史古迹不仅包括单个建筑物,而且包括城市或乡村环境。《威尼斯宪章》所确立的保护和修复文物古迹的价值观及方法论迄今不失先进性和成熟性,对后来一系列关于历史地区和历史城市保护的宪章、建议等产生了重要影响❶。《雅典宪章》和《威尼斯宪章》关注的对象,虽然从《马德里建议》的建筑遗迹逐步扩大到历史古迹周边地区,乃至城市或乡村环境,但两个宪章的主旨还是在于单体保护对象的保护与修复。

1972 年,联合国教科文组织第十七届大会在巴黎通过了《保护世界文化和自然遗产公约》(《世界遗产公约》),规定经世界遗产委员会讨论通过后,符合世界遗产标准的文物古迹、建筑群、遗址等可列入《世界遗产名录》。从 1972 年至今,《世界遗产公约》逐渐成为国际遗产保护领域最具普遍性的国际法律文书,世界遗产所涵盖的遗产类型也不断丰富完善,从最初的单体建筑拓展到历史地段、历史城区,从城镇内部的文化遗产拓展到自然环境中的文化景观,从孤立的文物、地段、城区、景观拓展到跨区域的文化线路,对建筑遗产的关注又逐步扩展到工业遗产、乡土建筑、20 世纪遗产等等。

3.1.3　1960 年代开始的地区与城镇保护

早在 1910 年,意大利的乔万诺尼在一次建筑艺术文化协会成员测绘图成果展中,关注到了历史城市中"平民建筑"对城市肌理持续性的意义,成为之后乔万诺尼工作生涯的一个重要主题。1913 年,乔万诺尼发展出一套值得推崇的名为"'淡化'城市肌理"的历史地区现代化理论:在历史地区之外容纳城市的主要交通,避免新街道分割历史区域,改善社会及卫生条件和保留历史建筑等❷。

法国在国际上最早开展了历史地区的保护实践。1962 年,法国颁布《马尔罗法》,将保护对象从历史建筑扩大到了历史地区,将有价值的历史街区划定为历史保护区。日本、英国、意大利也进行了相关的探索。随着历史保护区的划定,区内的建筑开始实行分级保护,文化遗产的普查和登录制度也在国际上逐步建立。

1976 年,联合国教科文组织第十九届大会在内罗毕通过《关于历史地区的保护及其当代作用的建议》(《内罗毕建议》),并指出"历史和建筑地区"可特别划分为史前遗

---

❶ 张松.城市文化遗产保护国际宪章与国内法规选编[M].上海:同济大学出版社,2007
❷ [芬]尤嘎·尤基莱托.建筑保护史[M].郭旃,译.北京:中华书局,2011

址、历史城镇、老城区、老村庄、老村落以及相似的古迹群,并明确细致地提出了历史地区的保护措施。《内罗毕建议》中历史地区的概念已经接近于当今历史地段的概念,国际历史文化保护的对象正式扩大到单体层次之外的地区层面,影响深远。

1987年,国际古迹遗址理事会全体大会第八届会议在华盛顿通过《保护历史城镇与城区宪章》(《华盛顿宪章》),提出从城市整体层面上统筹历史城镇与城区内历史保护与居民生活、开发建设、交通组织等之间的关系,进一步将历史地区的概念拓展到了历史城镇与城区,历史城镇与历史城区保护成为国际共识。从此,文化遗产不再被孤立地看待,而是将其放入城市整体中进行研究,文化遗产在城市公共生活中的价值得以体现。

3.1.4　20世纪后期至今的多元化文化遗产保护

3.1.4.1　混合遗产保护

随着国际上历史文化保护理念的逐步发展,遗产的类型也日趋多元化,一定的空间范围内物质文化遗产、非物质文化遗产、自然遗产等交融一体,于是混合遗产的保护逐步得到国际关注。

1983年,法国提出"建筑、城市、风景遗产保护区"的新概念。

1992年,世界遗产委员会第十六届会议在圣菲首次提出"文化景观遗产"概念,反映了人类创造和自然天成相互结合而形成的文化遗产多样性、融合性。

3.1.4.2　非物质文化遗产保护

一般认为,国际上关于非物质文化遗产的保护起源于日本。1950年,日本颁布的《文化财保护法》提出无形文化财的概念,规定要保护传统音乐、戏剧和工艺技术等。

1982年,"世界文化政策大会"在墨西哥城发表宣言,首次提出"非物质文化遗产"的概念,并将其与物质文化遗产共同列入人类文化遗产,并引起联合国教科文组织的重视和进一步推动。

2003年,联合国教科文组织第三十二届大会在巴黎通过了《保护非物质文化遗产公约》,成为国际上关于非物质文化遗产保护最重要的文件,非物质文化遗产保护取得国际共识,关于文化遗产的保护从物质文化遗产正式拓展到了非物质文化遗产。

3.1.4.3　文化遗产环境保护

国际上关于文化遗产环境的保护早在1964年《威尼斯宪章》中即有所提及,但文化遗产环境保护真正作为国际共识提出,已经到了2005年。

2005年5月,世界遗产委员会第二十九届会议在维也纳通过了《维也纳保护具有历史意义的城市景观备忘录》(《维也纳备忘录》),指出保护文化遗产还应注重其背景环境的保护。

2005 年 10 月,国际古迹遗址理事会第十五届大会在西安通过关于保护历史建筑、古遗址和历史地区的周边环境的《西安宣言》,对《维也纳备忘录》中的背景环境做了进一步阐释,由保护周围的物质环境扩大到自然环境,再扩大到其文化环境以及与之相关的非物质文化遗产❶。文化遗产的外延得到进一步的拓展,也反映出当今文化遗产环境所面临的巨大挑战。

3.1.4.4　跨区域遗产保护

除混合遗产这一内涵复杂的遗产类型之外,由于跨区域的文化交流、商业活动、交通运输等,不同区域范围内的各类遗产共同形成了超越各自价值的整体价值,从而形成跨区域遗产。当前国际上广受关注的文化线路遗产即属于跨区域遗产。

1987 年,美国提出"绿道"(Greenway)概念,其类型之一为"历史遗产廊道"❷。

1994 年,世界遗产委员会提出将"线路作为我们文化遗产的一部分",并提出了遗产线路和遗产运河的概念。

2008 年 10 月,国际古迹遗址理事会第十六届大会在渥太华通过《文化线路宪章》,成为国际文化线路遗产保护的基础性文件,标志着国际范围内跨区域遗产保护取得国际共识。

国际遗产保护理念总体上经历了从古物到建筑、从单体到地区和城镇、从人工环境到自然环境、从物质文化遗产到非物质文化遗产、从遗产本身到遗产所处的环境、从孤立的遗产到跨区域的遗产等发展历程,保护理念不断深化拓展。

3.2　国内历史城市保护理念的演进

中国是世界上历史文化唯一延续至今的文明古国,历史悠久,文化深厚。但一直到清代,中国关于历史文化的保护仍然只涉及金石、古董、典籍等今天称之为可移动文物的保护。由于中国"革故鼎新"观念以及"工匠之作"等观念的局限,众多古建筑、街区、城镇等在朝代更迭之时屡遭毁灭。近代中国由于列强的入侵,各类文化遗产都遭到了严重的破坏和掠夺。伴随着近代中国的"睁眼看世界",国外历史文化保护观念开始影响中国,现代保护理念在中国逐步形成。至清末民初,由于西方的侵入,我国的现代文化遗产保护开始于古物的保存,以防止古物流失海外。国民政府时期,我国的文化遗产保护受到西方现代保护理念的影响,快速发展,保护法规制度逐步建立,并形成包含城镇、坊巷、建筑、雕塑、绘画、技艺等较为全面的遗产保护体系,与国际文化遗产保护已经基本并驾齐驱,且有中国自身的特色创造。1949 年后的前 30 年,我国的文化

❶　王景慧. 城市规划与文化遗产保护[J]. 城市规划,2006(11):57-59,88
❷　单霁翔. 文化遗产保护与城市文化建设[M]. 北京:中国建筑工业出版社,2009

遗产保护主要集中在文物保护领域。改革开放以后,我国的文化遗产保护迅速发展,在文物保护的基础上,开始探索历史文化名城、历史地段的保护,并逐步形成了文物古迹、历史地段、历史文化名城三个保护层次。历经百年之后的今天,中国的历史文化保护理论和实践已经比肩国际,成就斐然。

3.2.1　近代中国的古物保存和文物保护

3.2.1.1　清末及民国"北洋政府"时期的古物抢救性保存

清末,由于西方军事和文化的侵入,中国的古代文物惨遭劫掠。在此背景下,中国的文物保护在内忧外患中起步。为保护国内文物不致流失海外,保护文物不致流落民间,清末民初政府相继颁布了相关法令,成为国内现代文化遗产保护的起点❶。

1906 年,清政府民政部拟定《保存古物推广办法》,这应是我国政府部门正式颁布的第一项文物保护法规,但未得到有效实施。《保存古物推广办法》规定需要调查和保护的内容涉及石刻造像、壁画、帝王陵寝及先贤祠墓、名人祠庙、金石诸物等诸多类型,古物概念和内涵已经远超之前历代的金石、古董之外。

"中华民国"成立以后,在"西学东渐"的影响下,西方现代文物保护理念逐步在国内得到发展实践。1914 年,为禁阻古物出口,遏制清末开始的文物流失,国民政府发布《大总统禁止古物出口令》。1916 年,北洋政府内务部颁布《保存古物暂行办法》,但只是临时性的部门规章,成效甚微。《保存古物暂行办法》是清末《保存古物推广办法》的延续,并在其基础上增加了"古代城郭、关塞、壁垒、楼观、祠宇、台榭、亭塔、堤堰、桥梁、湖池、井泉等"建筑类的保护,保护的对象进一步深化拓展。

3.2.1.2　民国"国民政府"时期的文物保护

1927 年,南京国民政府成立,对外交流日益频繁,"中华民国"开始了"黄金十年",颁布了一系列文物保护的相关法规,清末以来的古物流失、名胜古迹毁坏的局面得到有效遏制,文化遗产保护也逐步走入正轨❷。

1928 年,国民政府内政部颁布《名胜古迹古物保存条例》,规定名胜古迹分湖山(如名山名湖及一切山林池沼,有关地方风景之属)、建筑(如古代名城、关塞、堤堰、桥梁、坛庙、园圃、寺观、楼台、亭塔及一切古建筑之属)、遗迹(如古代陵墓、壁垒岩洞、矶石井泉及一切古胜名迹之属)三大类,古物则包括了碑碣类、金石类、陶器类、植物类、文玩类、武器类、服饰类、雕刻类、礼器类、杂物类等 10 个小类,同时还规定了相关名胜古迹的保护对策。《名胜古迹古物保存条例》中关于名胜古迹古物的概念从小小的"古董"

---

　❶　徐苏斌.近代中国文化遗产保护史纲(1906—1936)[M]//中国近代建筑研究与保护(七)[C].北京:清华大学出版社,2010

　❷　单霁翔.文化遗产保护与城市文化建设[M].北京:中国建筑工业出版社,2009

拓展到大规模的"名城",其中的名胜古迹相当于今天的不可移动文物,古物则相当于今天的可移动文物。至此,中国现代文物保护的概念基本形成。

1930年,国民政府颁布《古物保存法》,并决定成立中央古物保管委员会。这是我国历史上由中央政府公布的第一个文物保护法规和第一个国家设立的专门保护管理文物的机构。《古物保存法》规定古物"指与考古学、历史学、古生物学及其他文化有关之一切古物而言"。1931年,国务会议通过《古物保存法施行细则》,与《古物保存法》一起形成了我国第一套文物保护的法规体系,对后世相关法规的制定产生了深远的影响。但是由于中央古物保管委员会于《古物保存法》颁布不久后即遭遇"降编改隶之波折,最后终止会务,致《古物保存法》法治结构缺乏主管机关进行维护,致相关法律效能渐次递减,甚至沦落制度失能之局"❶,"文物实际上仍处于无人管理的状态,文物外流现象非常严重"❷。

1935年,国民政府颁布《暂定古物的范围及种类大纲》,规定"古物"包括古生物、史前遗物、建筑物、绘画、雕塑、铭刻、图书、货币、舆服、兵器、器具、杂物等12类,还将"建筑物"细分为城郭、关塞、宫殿、衙署、书院、宅第、园林、寺塔、祠庙、陵墓、桥梁、堤闸及一切遗址。与《名胜古迹古物保存条例》相比,"古物"本身的概念内涵扩大,"古物"涵盖了建筑物等不可移动文物,也包括了图书、绘画等可移动文物。虽涵盖了"建筑"等人文古迹,但却忽略了"湖山"等风景名胜。

1935年,北平市政府编辑出版《旧都文物略》,内容包括"城垣略""宫殿略""坛庙略""园囿略""坊巷略""陵墓略""名迹略""河渠关隘略""金石略""技艺略""杂事略"等,"文物"的内容涵盖了不可移动文物、可移动文物,甚至还包含了"技艺""杂事"等非物质文化遗产。从"古物"到"文物"概念的变化,显示了国内文化遗产保护的理念已经发展到了一定的高度。

与法规制度建设同步,文化遗产保护的研究工作也取得了巨大成就。1930年,中国营造学社成立,开启中国古代建筑研究,提出古建筑的保护要保持其历史风貌,维修要保存其历史原状,形成了较为系统的保护理论和基本原则。

总之,国民政府时期,国内的文化遗产保护理念不断深化完善,而且已经形成了涵盖不可移动文物、可移动文物乃至非物质文化遗产的保护体系。奈何"黄金十年"太短暂,1937年后,时局激变,大量文物遭毁,珍贵文物流失,中国的文化遗产保护艰难前行。

---

❶ 黄翔瑜.古物保存法的制定及其施行困境(1930—1949)[J]."国史馆"丛刊,2012(32)。转引自:谢辰生,口述.谢辰生口述:新中国文物事业重大决策纪事[M].姚远,撰写.北京:生活·读书·新知三联书店,2018
❷ 谢辰生,口述.谢辰生口述:新中国文物事业重大决策纪事[M].姚远,撰写.北京:生活·读书·新知三联书店,2018

3.2.2　1949 年以后的文物保护

3.2.2.1　逐步建立文物保护制度❶

1949 年以后,文化遗产保护的相关法规沿用了之前的"文物"用词,并针对由于长期战乱造成的文物损毁流失状况,先后颁布了《禁止珍贵文物图书出口暂行办法》《关于保护文物建筑的指示》《古文化遗址及古墓葬之调查发掘暂行办法》等一系列文件,并从中央到地方建立了文物保护行政机构。

1953 年,中国第一个五年计划开始进行,大规模基本建设过程中的文物保护成为文物保护领域的首要工作。1953 年 10 月,为了配合基本建设,政务院下发《关于在基本建设工程中保护历史及革命文物的指示》(政文习字第 24 号),并通过具体实践确立了我国基本建设与文物保护相协调的"两重两利"方针,即:重点保护、重点发掘;既对文物保护有利,又对基本建设有利。

1955 年全国掀起农业合作化高潮,全国范围的土地平整和农田水利设施建设对文物保护将产生全面影响。1956 年,国务院颁布《关于在农业生产建设中保护文物的通知》,首次提出"保护单位"的概念,这是我国文物保护单位制度的开始。"通知"要求在全国范围内发动群众进行"历史和革命文物遗迹"普查,这是新中国历史上第一次全国文物普查。

"大跃进"过后,在"调整、巩固、充实、提高"的方针指引下,国务院在 1949 年以后文物保护相关法规文件的基础上,于 1961 年颁布《文物保护管理暂行条例》,这是新中国第一部综合的、全面的文物保护法规。《文物保护管理暂行条例》进一步明确了文物保护单位保护制度,并确定以历史、艺术、科学价值作为认定文物的统一标准。随后又在新中国文物保护实践的基础上形成了文物保护的"四有"制度,即:有保护范围、有标志说明、有专人管理、有科学记录档案。国务院颁布《文物保护管理暂行条例》的同时,下发《关于进一步加强文物保护和管理工作的通知》《关于公布第一批全国重点文物保护单位的通知》,在梁思成先生 1948 年编写的《全国重要文物建筑简目》的基础上,颁布了第一批全国重点文物保护单位名录。

"文化大革命"期间,我国的文物保护事业再次陷入困境。为了在乱局中保护文物,1967 年 3 月,中共中央、国务院和中央军委联合发布《中共中央、国务院、中央军委关于保护国家财产节约闹革命的通知》(中发〔六七〕97 号);1967 年 5 月,中共中央发布《中共中央关于在无产阶级文化大革命中保护文物图书的几点意见》(中发〔六七〕158 号);1974 年 8 月,国务院下发《关于加强文物保护工作的通知》(国发

❶　本节内容整理自:谢辰生,口述.谢辰生口述:新中国文物事业重大决策纪事[M].姚远,撰写.北京:生活·读书·新知三联书店,2018

〔1974〕78 号)。总体而言,上述文件的核心要求仍然是《文物保护管理暂行条例》的相关内容。

3.2.2.2　颁布文物保护法

1980 年 5 月,《国务院批转国家文物事业管理局、国家基本建设委员会关于加强古建筑和文物古迹保护管理工作的请示》(国发〔1980〕120 号),"请示"中建议:"责成文物部门对本地区文化大革命以来文物破坏情况和目前的古建筑使用情况做一次全面的调查了解";"在调查研究的基础上","调整、补充、重新公布各级文物保护单位名单";"各级人民政府在制定生产建设规划和城市建设规划的时候,要通盘安排,因地制宜,合理布局";"重要古建筑必须坚持原地保存的原则"。国内文物保护工作逐渐恢复。

1981—1985 年,为了摸清国内文物保存状况,我国开展了第二次全国文物普查。1982 年,国务院颁布的《中华人民共和国文物保护法》要求保护各类具有历史、艺术、科学价值的文物;"根据它们的历史、艺术、科学价值,分别确定为不同级别的文物保护单位";提出"保存文物特别丰富、具有重大历史价值和革命意义的城市,由国家文化行政管理部门会同城乡建设环境保护部门报国务院核定公布为历史文化名城";规定各级文物保护单位要"划定必要的保护范围,做出标志说明,建立保护档案",并"设置专门机构或者专人负责管理",同时提出"根据保护文物的实际需要","可以在文物保护单位的周围划出一定的建设控制地带"。至此文物保护制度以国家法律形式确立,同时公布了第二批全国重点文物保护单位名录。之后分别于 1988 年、1996 年、2001 年、2006 年公布了第三至六批全国重点文物保护单位名录。2007—2011 年,我国进行了第三次全国文物普查,并于 2013 年公布了第七批全国重点文物保护单位名录。

2002 年,《中华人民共和国文物保护法》修订后公布,明确了"文物工作贯彻保护为主、抢救第一、合理利用、加强管理的方针",将文物划分为不可移动文物和可移动文物,并在历史文化名城保护的基础上提出了历史文化街区、村镇保护的概念,文物保护制度走向进一步深化。

3.2.2.3　发布文物古迹保护准则

1.《中国文物古迹保护准则》(2000)对文物保护工作规范化

在 1990 年代以来中国的文物古迹保护面临日益严峻的开发建设压力的背景下,国际古迹遗址理事会中国国家委员会在中国文物保护法规体系的框架下,以文物保护法和相关法规为基础,参照以《威尼斯宪章》为代表的国际原则制定了《中国文物古迹保护准则》(以下简称《中国准则》),并于 2000 年 10 月在承德通过。《中国准则》是国际理念原则和中国具体实践的有机结合,是中国文物古迹保护理论实践经验的集成,在当时历史文化保护面临现代化建设严峻挑战的背景下,直接推动了城市各类文化遗产的保护工作。

（1）总则

《中国准则》界定了文物古迹的定义、保护的宗旨，认为文物古迹的价值包括历史价值、艺术价值和科学价值。提出保护必须按程序进行、研究应贯穿保护工作全过程、保护一切形式的真实记录、健全独立稳定的工作机制等总体要求。

（2）保护程序

《中国准则》提出文物古迹保护工作的六步程序，依次为文物调查、评估、确定各级文物保护单位、制定保护规划、实施保护规划、定期检查规划。

《中国准则》提出制定保护规划首先要确定主要的保护目标和恰当的保护措施。一般规划应包括保护措施、利用功能、展陈方案和管理手段四方面内容，特殊的对象可制定分区、分类等专项规划。各类保护规划特别是历史文化街区（村镇）的规划都要与当地的总体规划密切结合，并应当依法审批，纳入当地的城乡建设规划。在此基础上，2004 年 8 月，国家文物局发布了《全国重点文物保护单位保护规划编制审批办法》和《全国重点文物保护单位保护规划编制要求》。

（3）保护原则

《中国准则》提出了文物古迹保护的十条原则，包括：必须原址保护、尽可能减少干预、定期实施日常保养、保护现存实物原状与历史信息、按保护要求使用保护技术、正确把握审美标准、必须保护文物环境、不应重建已不存在的建筑、考古工作注意保护实物遗存、预防灾害侵袭等。

（4）保护工程

《中国准则》指出文物保护工程的本质是对文物古迹进行修缮及对其相关环境进行整治的技术措施，包括日常保养、防护加固、现状修整、重点修复等四类工程。此外还提出原址重建是保护工程中极特殊的个别措施；环境治理是防止外力损伤，展示文物原状，保障合理利用的综合措施。

2.《中国文物古迹保护准则》(2015)❶的新要求、新理念

《中国文物古迹保护准则(2015)》吸收了中国 ICOMOS 十多年来文化遗产保护理论和实践的成果，在文化遗产价值认识、保护原则、新型文化遗产保护、合理利用等方面充分体现了当今中国文化遗产保护的认识水平，呈现出一系列新的特点和亮点，更具针对性、前瞻性、指导性和权威性。

（1）关于价值认识

新版《中国准则》在强调文物的历史、艺术和科学价值的基础上，又充分吸纳了国内外文化遗产保护理论研究成果和文物保护、利用的实践经验，进一步提出了文物的

---

❶　本节主要内容引自国际古迹遗址理事会中国国家委员会制定的《中国文物古迹保护准则》(2015)。

社会价值和文化价值。社会价值和文化价值进一步丰富了中国文化遗产的价值构成和内涵,对于构建以价值保护为核心的中国文化遗产保护理论体系,将产生积极的推动作用。

(2) 关于文物保护基本原则

新版《中国准则》在继续坚持不改变原状、最低限度干预、使用恰当的保护技术、防灾减灾等文物保护基本原则的同时,进一步强调真实性、完整性、保护文化传统等保护原则,真正体现了中国文化遗产保护基本原则丰富而深刻的内涵。真实性原则不仅强调对物质遗存的保护,而且强调相关的非物质文化遗产的保护。完整性原则强调要从空间、时间两个维度,把文化遗产的相关要素,包括体现文物价值的相关文物环境要素等加以完整保护。文化传统保护原则强调了对与物质遗产相关的文化传统的保护,这是能否实现对优秀传统文化保护的重要因素。

(3) 关于各类新型文化遗产的保护

2000 年之后,新型文化遗产保护在中国文化遗产保护中开始占有越来越重要的地位,无论工业遗产、20 世纪遗产、文化景观、遗产运河、文化线路的保护都具有传统文物保护所不具有的特点。在经过了一段时间的实践探索之后,中国在新型文化遗产保护方面积累了重要的经验。新版《中国准则》进行了系统总结,分类提出了新型文化遗产保护的基本准则,初步建立起了涵盖各种类型文化遗产、相对完整的中国文化遗产保护准则体系。

(4) 关于合理利用

随着社会对文化遗产关注程度的不断提高,加大合理利用文物古迹,已成为中国文化遗产保护面临的重要挑战。新版《中国准则》分别从功能延续和赋予新功能等角度,阐述了合理利用的原则和方法,提出应根据文物古迹的价值、特征、保存状况、环境条件,综合考虑研究、展示、延续原有功能和赋予文物古迹适宜的当代功能的各种利用方式,强调了利用的公益性和可持续性,反对和避免过度利用。2017 年 10 月,为进一步促进和规范文物建筑对社会的开放使用,国家文物局印发《文物建筑开放导则(试行)》,我国在文物古迹利用领域又迈出重要一步。

(5) 关于文物古迹的展示

新版《中国准则》将已损毁的历史建筑重建,定位为对原有建筑的展示方式,确定了重建建筑的性质和价值,回答了中国文物古迹保护中长期存在的争议。同时它强调了对历史建筑、遗址、遗迹的多种展示方式特别是数字化展示方式的运用,强调了展示必须遵守的基本原则。

3.2.3 改革开放后的历史文化名城保护

我国历史文化名城保护思想起源于 1948 年,当时梁思成先生提出将"北京城全部"作为一个项目列入《全国重要文物建筑简目》,但改革开放以前,我国的文化遗产保护基本局限在文物范畴,对历史城市的整体价值认识不足。

1978 年 4 月,为了解决"城市规划长期废弛,城市建设和管理工作薄弱、混乱"等引起的一系列问题,中共中央印发《关于加强城市建设工作的意见》(中发〔78〕13 号),要求"城市中的各项建设,都应按照城市总体规划进行安排,服从城市有关部门的统一管理",城市规划管理部门逐步恢复,城市规划编制得以重新开展。但是在"狠抓现有设施的维修养护和旧城区的改造"的过程中,由于"不注意保护文化古迹,致使一些古建筑、遗址、墓葬、碑碣、名胜遭到了不同程度的破坏";新建的"一些与城市原有格局很不协调的建筑,特别是工厂和高楼大厦,使城市和文物古迹的环境风貌进一步受到破坏"❶。

1982 年 2 月,在《国务院批转国家基本建设委员会等部门关于保护我国历史文化名城的请示的通知》中,历史文化名城的概念被首次提出,同时公布了包括南京在内的首批国家历史文化名城名单。此后,国务院又分别于 1986 年和 1994 年先后公布了第二批和第三批国家历史文化名城,2001 年之后又进行了多次增补,截至 2018 年底,我国的国家历史文化名城已达 135 座❷。

1982 年 11 月,国务院颁布《中华人民共和国文物保护法》,首次将历史文化名城保护作为一项保护制度确立,这也标志着我国的文化遗产保护从单纯的文物保护走向综合的历史文化名城保护。

1994 年 9 月,在我国前两批国家历史文化名城保护规划编制实践经验的基础上,建设部、国家文物局联合发布《历史文化名城保护规划编制要求》(建规〔1994〕533 号),提出"历史文化名城应该保护城市的文物古迹和历史地段,保护和延续古城的风貌特点,继承和发扬城市的传统文化"。

2005 年 7 月,建设部发布了国家标准《历史文化名城保护规划规范》(GB 50357—2005),第一次统一了国内历史文化名城保护规划的技术标准,要求保护规划必须遵循"保护历史真实载体的原则""保护历史环境的原则""合理利用、永续利用的原则",同时提出了与国际术语一一对应的"历史城区""历史地段""历史建筑"等概念,以及"保护""修缮""维修""改善""整修""整治"等保护对策。"规范"借鉴了国际宪章关于遗产保护的原则和方法,具体体现了我国保护历史文化名城的相关政策。但由于"规范"只是一个技术规范而不是法规文件,虽然在历史文化名城保护规划技术领域引起巨大反响,但却没有得到各地决策者的重视。

---

❶ 《国务院批转国家基本建设委员会等部门关于保护我国历史文化名城的请示的通知》(国发〔1982〕26 号)。

❷ 2018 年 5 月 2 日,国务院批复将河北省蔚县列为国家历史文化名城。至此,国家历史文化名城总数达 135 座。

2008 年,国务院颁布《历史文化名城名镇名村保护条例》(国务院令第 524 号),进一步明确了历史文化名城的申报与批准、保护规划、保护措施等,标志着我国历史文化名城保护制度走向成熟。"条例"要求历史文化名城、名镇、名村要"保持和延续其传统格局和历史风貌,维护历史文化遗产的真实性和完整性","正确处理经济社会发展和历史文化遗产保护的关系","应当整体保护","所在地的县级以上地方人民政府,根据本地实际情况安排保护资金,列入本级财政预算"。在我国多年的文化遗产保护实践经验和惨痛教训的基础上,保护历史文化遗产"真实性和完整性"、"整体保护"原则、地方政府保护工作的资金投入要求等内容第一次以法规条文的形式出现。此外,"条例"还对历史建筑和历史文化街区的概念进行了法定化,对于各地机械执行《历史文化名城保护规划规范》中历史建筑和历史文化街区相关界定标准的情况予以了纠正。

3.2.4　1990 年代开始的历史地段保护

随着改革开放的不断深入,即使是国家历史文化名城,整体风貌连续完整、遗存集中丰富的也相对有限,历史文化名城的保护需要在城市整体和单个文物之间需找新的保护立足点。当时,历史城市中仍普遍保存有较多的成片历史街区,规模超越文物保护单位,却又小于城区,具有保护的实际可操作性。在此背景下,我国历史文化名城保护开始真正重视历史地段的保护。

1986 年,《国务院批转城乡建设环境保护部、文化部关于请公布第二批国家历史文化名城名单报告的通知》(国发〔1986〕104 号)提出:"要保护文物古迹及具有历史传统特色的街区",并建议"对一些文物古迹比较集中,或能较完整地体现出某一历史时期的传统风貌和民族地方的特色的街区、建筑群、小镇、村寨等,也应予以保护。各省、自治区、直辖市或市、县人民政府可根据它们的历史、科学、艺术价值,核定公布为当地各级'历史文化保护区'"。

1995 年 3 月,建设部将屯溪老街确定为历史文化保护规划、管理的综合试点,标志着我国开始探索历史文化保护区的保护理论和实践。1996 年 6 月,在黄山市屯溪召开了"历史街区保护(国际)研讨会",明确指出"历史街区的保护已成为保护历史文化遗产的重要一环"。1997 年 8 月,《建设部转发黄山市屯溪老街历史文化保护区保护管理暂行办法》明确了历史文化保护区的特征、保护原则与方法等,成为全国各地编制历史文化保护区保护规划的重要依据。

2002 年,修订后的《中华人民共和国文物保护法》公布,在历史文化名城保护制度的基础上建立了历史文化街区、村镇保护制度,我国的历史街区保护走向成熟,我国的历史文化名城、历史文化街区(村镇)、文物保护单位三个保护层次正式确立。

2003 年 12 月,建设部发布《城市紫线管理办法》(建设部令第 119 号),首次明确提出了对历史文化街区的保护控制要求。2005 年 7 月,建设部发布《历史文化名城保护规划规范》,首次明确了历史地段和历史文化街区的概念内涵,并提出了历史文化街区的范围界定标准和保护规划编制技术要求。2008 年国务院颁布的《历史文化名城名镇名村保护条例》对历史文化街区的概念又进行了法定化,确定"历史文化街区,是指经省、自治区、直辖市人民政府核定公布的保存文物特别丰富、历史建筑集中成片、能够较完整和真实地体现传统格局和历史风貌,并具有一定规模的区域"。2017 年 4 月,住房和城乡建设部发布《关于进一步加强历史文化街区划定和历史建筑确定工作的通知》(建办规函〔2017〕270 号),对历史文化街区的划定标准进行了重新界定。国内关于历史地段保护的相关概念内涵、范围界定标准、保护控制要求、保护规划理念技术方法等日臻完善。

3.2.5 新世纪以来的多元文化遗产保护

2000 年以来,我国的文化遗产保护理念日趋成熟完善。在已经建立的历史文化名城、历史文化街区(村镇)、文物保护单位制度的基础上,又建立了历史建筑、非物质文化遗产保护制度,物质文化遗产保护的类型也日趋多元化。

3.2.5.1 历史建筑保护

国内历史建筑的保护起始于近代优秀建筑的保护。1990 年前后,南京、上海等地进行了近代优秀建筑普查,并提出"近代非文物类优秀建筑"的概念。1991 年 12 月,上海市政府发布《上海市优秀近代建筑保护管理办法》,在文物保护单位之外明确了"上海市建筑保护单位",历史建筑从文物保护单位中正式分离出来,应当是国内历史建筑保护的开端。此后一个阶段,国内历史建筑的保护基本上集中在近代优秀建筑的保护方面。

2000 年以后,随着国内历史街区保护的不断深化,历史街区内各类建筑的分类保护成为关注重点,文物保护单位之外有价值的民居商铺等的保护需要法规保障。借鉴国际上历史街区保护的成功经验,2003 年公布的《城市紫线管理办法》中首次正式使用"历史建筑"的概念,但未对其内涵做出明确界定。2005 年颁布的《历史文化名城保护规划规范》对"历史建筑"的概念做了首次界定,但与规范中"保护建筑"之间缺乏明确的区分标准。

2006 年以来,国家文物局主办的"中国文化遗产保护无锡论坛"对工业遗产、乡土建筑、20 世纪遗产等进行了探讨,历史建筑的类型逐步多元化。2008 年,《历史文化名城名镇名村保护条例》对历史建筑的含义做了明确界定,规定历史建筑"是指经城市、县人民政府确定公布的具有一定保护价值,能够反映历史风貌和地方特色,未公布为文物保护单位,也未登记为不可移动文物的建筑物、构筑物",国内历史建筑保护制度走向成熟。2016 年 7 月 18 日,住房和城乡建设部发布《历史文化街区划定和历史建筑确定工作方案》(建办规函〔2016〕681号),提出历史建筑确定标准。各地历史建筑保护的普查认定、保护修缮、展示利用工作逐步走向深入,历史建筑认定的年代标准由设置一定的年限逐步放宽,乃至不再设限。例如,2017年11月银川市人民政府《关于公布银川市历史建筑保护名录的通知》(银政发〔2017〕210号)公布的16处历史建筑,年代最早的为始建于1959年的宁夏大学"拐角楼",是宁夏大学校本部现存唯一一座建校时期的老建筑;年代最晚的则是2015年建成的宁夏国际会堂,是中阿博览会的永久会址和对外发展的窗口。2017年9月20日,住房和城乡建设部发布《关于加强历史建筑保护与利用工作的通知》(建规〔2017〕212号),要求"充分认识保护历史建筑的重要意义""加强历史建筑的保护与利用",我国的历史建筑保护真正走向全面成熟。

3.2.5.2 非物质文化遗产保护

2003年,联合国教科文组织通过《保护非物质文化遗产公约》之后,我国的非物质文化遗产保护工作也随即迅速展开,并很快建立了完备的保护体系和保护制度。

2005年3月,国务院办公厅发布《关于加强我国非物质文化遗产保护工作的意见》(国办发〔2005〕18号),要求建立我国的非物质文化遗产代表作名录体系,逐步形成非物质文化遗产保护制度。

2005年12月,国务院发布《关于加强文化遗产保护的通知》(国发〔2005〕42号),明确指出文化遗产包括物质文化遗产和非物质文化遗产,并明确提出非物质文化遗产的概念内涵是指"各种以非物质形态存在的与群众生活密切相关、世代相承的传统文化表现形式,包括口头传统、传统表演艺术、民俗活动和礼仪与节庆、有关自然界和宇宙的民间传统知识和实践、传统手工艺技能等以及与上述传统文化表现形式相关的文化空间"。同时确立了非物质文化遗产"保护为主、抢救第一、合理利用、传承发展"的保护方针,要求开展普查工作,制定保护规划,抢救珍贵遗产,建立名录体系,加强少数民族文化遗产和文化生态区的保护,我国非物质文化遗产保护的基本制度得以初步确立。此后,我国分别于2006年、2008年、2011年、2014年陆续公布了四批国家级非物质文化遗产保护名录。2011年2月,《中华人民共和国非物质文化遗产法》公布施行,标志着我国非物质遗产保护制度的正式确立。

3.2.5.3 其他文化遗产的保护

2005年12月,国务院发布《关于加强文化遗产保护的通知》,决定从2006年起,每年6月的第二个星期六为中国的"文化遗产日"。2006年开始,国家文物局连续主办的"中国文化遗产保护无锡论坛",对工业遗产、乡土建筑、20世纪遗产、文化线路遗产、文化景观、运河遗产、世界遗产等进行讨论,论坛的举办推动了国内文化遗产保护的多元化、国际化。

此外,根据国内文化遗产的特点及保存状况,中国还因地制宜地提出了"大遗址"

保护的重要概念,各地也结合大遗址保护建立了大遗址公园、考古遗址公园等。

3.3 南京历史文化名城保护理念演进

伴随着国内外文化遗产保护理念的不断演进,南京的历史文化名城保护理念不断探索,积极创新。"1984版"保护规划主要关注高等级、较为重要的文物古迹的保护,但已经考虑建立保护网络,初步尝试从整体层面保护历史文化名城。"1990版"和"2002版"保护规划,较早地在国内形成文物古迹、历史地段、历史文化名城的三个保护层次,较早地提出了历史地段、地下文物、近代优秀建筑和非物质文化遗产保护的概念,创新性地提出了与后来的"文化景观"相近的环境风貌保护区的保护概念,此外还创新性地提出了历史文化的传承和再现,建立了博物馆、标志物、雕塑系列等。"2010版"保护规划则充分借鉴国内外最新的保护理念,提出全面保护、整体保护、积极保护的总体原则,将乡土建筑、20世纪遗产、工业遗产、大遗址等纳入保护体系,并借鉴英、法、美、日等国经验建立了"指定保护、登录保护、规划控制"的保护制度体系,此外,借鉴文化景观生态学相关理论,建立了文化景观网络体系。

3.3.1 "1984版"和"1992版"保护规划理念

1982年,国家颁布首批国家历史文化名城之时,国内关于历史文化保护的重点基本上是文物古迹和风景名胜的保护。南京"1984版"保护规划在考虑历史文化名城特色的基础上,没有孤立地看待文物古迹和风景名胜,而是将其与城市空间特色网络相结合,从城市的整体层面形成了保护体系,体现出一定的整体观、战略观和发展观,在历史文化名城保护制度创立之初具有很大的创新性。"1992版"保护规划基本沿袭了"1984版"保护规划的理念,只是根据当时的实际情况和最新形势对保护内容做了必要的深化调整。

3.3.1.1 规划的观念

1. 整体观

"1984版"保护规划从彰显南京山、水、城、林交融一体的特色出发,以城墙、河道水系、丘岗山系和林荫大道为骨干,连接市区内外自然风景和文物古迹比较集中的重点保护区、重点保护的文物与重要建筑,构成一个较为完整的保护体系。南京历史文化名城保护规划的整体观在早期的历史文化名城保护规划之中实属创举。

2. 战略观

"1984版"保护规划提出为体现南京"著名古都"的城市性质,要从长远、战略上处理好城市发展与规模控制、城市现代化与古城保护的关系。并认为南京城市总体规划采用的"圈层式城镇群体"的布局方式,可以避免市区范围不断扩大、破坏古都天赋的山川形势以及单位、建筑、人口在市区的进一步集聚,从而失去古都特色。可以说,"1984版"保护规划从战略层面预见了南京历史文化名城保护规划后来面临的巨大挑战,而且指出了明确的战略对策。

3. 发展观

"1984版"保护规划在提出控制市区规模、划定保护范围、整顿和清理相关违章建设等措施的基础上,还提出了历史文化的恢复利用和开发、历史文化特色的继承和发展等措施,在保护的同时考虑利用和传承,较好地体现了发展观。

3.3.1.2 保护的重点

1. 名城风貌与重点保护区

古都南京选址建设所依托的自然山水环境与城市建设交融一体,且历史文化底蕴深厚。因此,南京从一开始就非常注重名城山水环境风貌的保护,在"1984版"保护规划中划定了市区内5片、市区外围4片"自然风景和文物古迹比较集中的重点保护区";"1992版"保护规划在"1984版"保护规划的基础上划定了明都城内6片、明都城外7片重点保护区。这一"重点保护区"的概念在"2002版"保护规划中被确定为"环境风貌保护区",并作为南京历史文化名城保护的特色对象延续至今。南京因"龙盘虎踞"的山水环境禀赋,划定了"自然风景和文物古迹比较集中的重点保护区",在国内乃至国际上较早地关注了今天成为"文化景观遗产"的保护,充分彰显了南京山水环境的历史人文价值。

2. 古都格局与明代四重城郭

"1984版"保护规划确立了城墙、河道水系和道路街巷格局形成的"市区内的保护网络",其中的城墙仅关注了现存明代都城城墙的保护。随着对南京"著名古都"认识的不断深化,"1992版"保护规划建立了三条中轴线(南唐、明代及民国时期)、明代四重城郭(外郭、京城、皇城和宫城)、道路街巷格局、河道水系共同构成的"古都格局的保护",对"1984版"保护规划的"市区内的保护网络"进行了很大的深化。但总体来看,关注的焦点仍然是古都格局要素的保护,还没能充分认识到古都历代都城格局整体的特色价值。与此同时,规划提出的保护对策没能具体落实到用地层面,也没有充分关注六朝、南唐都城格局的保护,致使南京的古都格局遭受现代化建设的破坏,建设过程中的新发现也未能得到有效保护。

3. 重要文物与历史文化保护地段

早期的历史文化名城保护更多地关注了文物古迹尤其是重要文物的保护,国务院公布第一批国家历史文化名城名单时,对历史文化名城简介的主要内容就是重要的文物古迹。"1984版"保护规划在关注重要文物古迹的同时,已经开始关注梅园新村、民国时期有代表性的新住宅区这些成片的文物古迹集中区的保护。在 1986 年国务院公布第二批国家历史文化名城名单时提出要保护"历史文化保护区"之后,国内逐渐开始重视历史地段的保护。"1992 版"保护规划"将文物古迹集中分布的重要区域,或具有独特风貌的历史地段,划为'历史文化保护地段'"。南京从保护重要文物古迹的角度出发,较早地提出了有关历史地段的保护,但对历史地段保护的认识不够深入,更多地偏重于保护概念、保护对象的梳理,并没有提出明确的保护对策。

4. 特色展示与文化再现和创新

"1992 版"保护规划特别强调了历史文化的再现和创新。规划建立了博物馆系列、标志物系列、城市雕塑系列来展示南京丰富多彩的隐性历史文化,还提出将隐性文化有形化地再现出来,建议修复、复建重要的历史文化景观,形成多层次的特色展示体系。

3.3.2 "2002 版"保护规划理念

由于"2002 版"保护规划是随南京市城市总体规划的调整工作而完成的,未能对"1992 版"保护规划进行系统全面的修编,但"2002 版"保护规划仍然在保护指导思想、内容重点等方面尽可能地进行了创新努力。

3.3.2.1 指导思想

在南京近 20 年历史文化名城保护工作实践经验的基础上,结合新世纪之初南京历史文化名城面临的新背景,"2002 版"保护规划提出:坚持"抢救、保护、继承、发展"的方针,紧急抢救濒临毁坏的珍贵文物古迹,科学保护历史文化遗存的原真性,继承城市优秀历史传统,发展历史文化名城特色。强调保护与控制、利用和展示相结合,系统保护与重点保护相结合,名城保护与城市建设发展相结合。在不能对"1992 版"保护规划进行较大幅度修改的客观情况下,希望通过指导思想层面的引导,协调现代化建设与历史文化保护之间日益严峻的冲突。但是由于规划提出的指导思想未能上升到法规政策层面,缺少了法规的庇护,规划提出的原则性要求未能在详细规划和项目设计层面得到落实,在项目建设过程中相关保护要求屡被突破。

3.3.2.2 内容重点

1. 确立了三个保护层次

"1984 版"保护规划从名城的环境风貌、城市格局、建筑风格和文物古迹等四个方面总结提炼了南京历史文化名城的特色现状,"2002 版"保护规划在此基础上建立了整体格局和风貌、历史地段、文物古迹和非物质文化遗产构成的保护体系,确立了三个保护层次。"2002 版"保护规划在"1984 版"和"1992 版"保护规划确定的重点保护区的基础上,明确提出将与古都选址建设密切相关的山水环境划定为环境风貌保护区,实属创新。

2. 强调了历史地段、地下文物的保护

根据当时国内的相关法规文件,"1992 版"保护规划在保护文物古迹的基础上,将文物古迹集中分布的重要区域,或具有独特风貌的历史地段,划为"历史文化保护地段",在国内较早地关注了历史地段的保护。"2002 版"保护规划在此基础上,借鉴其他历史文化名城经验,引入了"历史文化保护区"的概念,并进一步细分为历史街区、古遗址区、古建筑群、传统风貌保护区 4 种类型。

改革开放以来,南京城市建设日趋发展,新住宅小区和高层建筑建设过程中不断发掘出地下文物,部分有重大价值的地下文物还遭到破坏,有鉴于此,南京在国内较早地提出了地下文物的保护。"2002 版"保护规划在"1992 版"保护规划提出的 4 类"地下遗存控制区"的基础上,依据《南京市地下文物保护管理规定》,根据南京历史悠久、地下遗存丰富的特点,具体划定了 13 片地下文物重点保护区,有力地改变了南京市地下文物散失的局面,也为进一步的考古发掘提供了依据。

3.3.3 "2010 版"保护规划理念

21 世纪以来,国内外文化遗产保护交流日趋频繁和深入,相关保护理念迅速被应用于保护实践之中。与此同时,随着南京城市化进程的快速推进、全社会历史文化保护意识的不断提高,"2010 版"保护规划充分借鉴吸收了当时国内外成熟先进的保护理念,结合南京历史文化资源数量大、类型多、保有状况参差不齐的客观形势,提出了因地制宜、与时俱进的保护理念。

3.3.3.1 指导思想

"2010 版"保护规划编制过程中发生了两次"老城南事件",引起全国范围的关注。为了进一步提高南京市对历史文化保护的认识,形成正确的历史文化保护价值观,"2010 版"保护规划提出全面树立"敬畏历史、敬畏文化、敬畏先人"的保护理念,深入贯彻"整体保护、有机更新、政府主导、慎用市场"的保护方针,以期首先解决南京历史文化名城保护所面临的思想意识层面的问题。

3.3.3.2 保护原则

1. 拓展历史文化资源的保护对象,全面保护

2005 年以来,南京市规划局组织开展了全市域的历史文化资源普查建库工作,对各类历史文化资源进行了"拉网式"的全面普查,希望在快速的城市化进程中抢救性地保护现存的历史文化资源。保护对象从单纯的文物保护单位扩大到其他文物古迹,从历史文化街区拓展到一般历史地段,从物质文化遗产拓展到非物质文化遗产,并将 20世纪遗产、工业遗产、乡土建筑、古镇村、老字号、历史典故等纳入保护体系,对历史文

化资源"应保尽保"。

2. 借鉴国际上文化遗产登录制度,分级保护

南京市历史文化资源数量众多、类型多样、质量参差。南京历史文化资源的丰富性和差异性也需要与之相适应的多元化的保护手法。为此,南京借鉴英、法、美、日等国的历史文化资源保护制度,结合南京历史文化资源的现状,根据历史文化资源价值的高低和利用程度强弱的不同,建立指定保护、登录保护和规划控制三种保护控制方式,分级分类制定保护对策。

3. 统筹文化遗产及其环境的保护,整体保护

借鉴北京、苏州、西安等历史文化名城的整体保护经验,把历史文化资源及其所依托的城市作为有机整体,统筹保护历史文化资源本体和周边环境,保护老城及其所依存的自然景观和环境,保持南京特有的古都格局、历史风貌和空间尺度。宏观上突出古都格局和风貌的整体保护,合理调整老城功能,疏解老城人口容量,改善老城交通和市政设施;微观上从强调对历史文化资源"个体"保护,扩大到对历史文化资源周边环境的"整体"保护。

4. 运用文化景观生态学相关理论,积极保护

借鉴文化景观生态学相关理论,利用都城城郭、历史轴线、道路水系、开敞空间等线性要素,串联整合各类历史文化资源点和斑块,从老城、主城、市域三个层面挖掘文化线路,组织文化景观系统,形成历史文化空间网络,整体彰显历史文化风貌特色。

3.3.3.3　机制保障

"2010版"保护规划结合规划编制过程中专家学者们的意见,借鉴国内其他历史文化名城的成功经验,结合南京历史文化名城的具体实际,提出了相关机制保障对策,以期保障相关保护工作严格按照保护规划具体实施。"2010版"保护规划提出要"优化更新方式",历史文化街区和历史风貌区应采用小规模、渐进式、院落单元修缮的有机更新方式,不得大拆大建;要积极探索、鼓励居民按保护规划实施自我保护更新的方式,建立历史建筑的长期修缮机制。同时提出要"完善制度保障",避免片面追求资金就地平衡或当期平衡,建立差别化考核制度、财政转移支付制度和责任追查制度。至此,南京历史文化名城保护工作建立起相对完善的、具体可操作可落地的规划实施机制。

4 保护规划编制

1982 年以来,随着国内外交流的日益深入,国内历史文化名城保护规划技术理论借鉴国外相关经验,不断深化完善。国内众多历史文化名城也根据各自的特色实际,不断探索历史文化名城保护规划的编制技术方法。南京作为著名古都,一直十分重视历史文化名城保护规划工作,并在多年的规划实践过程中,进行了积极的探索,独树一帜。

4.1 国内历史文化名城保护规划技术理论演变❶

30 多年来,以我国历史文化名城保护规划编制相关的重要规范、文件的颁布为节点,国内历史文化名城保护规划编制大致经历四个发展阶段。1986 年 12 月,《国务院批转城乡建设环境保护部、文化部关于请公布第二批国家历史文化名城名单报告的通知》,初步确立我国历史文化名城保护规划编制体系;1994 年 9 月 5 日,建设部和国家文物局颁布《历史文化名城保护规划编制要求》,历史文化名城保护规划编制技术探索有所成就。2005 年 7 月 15 日,国家标准《历史文化名城保护规划规范》发布,我国历史文化名城保护规划技术理论走向成熟;2008 年 4 月 2 日,国务院颁布《历史文化名城名镇名村保护条例》,我国历史文化名城保护规划的规范条例终于形成;2014 年 10 月 15日,住房和城乡建设部发布《历史文化名城名镇名村街区保护规划编制审批办法》(住建部令第 20 号),我国历史文化名城保护规划的编制要求走向完善。以上法规、文件是在我国众多历史文化名城保护规划编制探索和实践基础上总结提炼形成的,对我国的历史文化名城保护规划编制影响重大。

4.1.1 1982—1986 年建立保护体系

从 1982 年首批国家历史文化名城公布,至 1986 年第二批国家历史文化名城公布,5 年间,经过积极探索,国内的历史文化名城保护规划初步确立了文物古迹、历史地段、整体格局与风貌、非物质文化等 4 个方面的保护对象,初步建立历史文化名城保护

---

❶ 王玲玲 2006 年完成的硕士学位论文《历史文化名城保护规划的发展与演变研究》对 2005 年以前国内名城保护规划技术理论演变进行过相关论述;林林 2016 年 8 月发表的文章《中国历史文化名城保护规划的体系演进与反思》,对 30 年历史文化名城保护规划的体系演进进行过相关论述。

体系,这一阶段是我国历史文化名城保护规划编制工作的探索期。

1982 年 2 月,《国务院转批国家基本建设委员会等部门关于保护我国历史文化名城的请示的通知》提出:"特别是对集中反映历史文化的老城区、古城遗址、文物古迹、名人故居、古建筑、风景名胜、古树名木等,更要采取有效措施,严加保护";保护规划成果包括"保护规划说明和图纸以及城市的重点文物、名胜古迹的保护规划说明和图纸"。

1983 年 3 月,城乡建设环境保护部印发《关于加强历史文化名城规划工作的通知》(城规字〔1983〕107 号)。"通知"提出"编制保护规划时,一般应根据保护对象的历史价值、艺术价值,确定保护项目的等级及其重点,对单独的文物古迹、古建筑或建筑群连片地段和街区、古城遗址、古墓葬区、山川水系等,按重要程度不同,以点、线、面的形式划定保护区和一定范围的建设控制地带,制定保护和控制的具体要求和措施"。

1986 年 12 月,《国务院批转城乡建设环境保护部、文化部关于请公布第二批国家历史文化名城名单报告的通知》提出:"要保护文物古迹及具有历史传统特色的街区,保护城市的传统格局和风貌,保护传统的文化、艺术、民族风情的精华和著名的传统产品"。并提出"对一些文物古迹比较集中,或能较完整地体现出某一历史时期的传统风貌和民族地方特色的街区、建筑群、小镇、村寨等,也应予以保护,各省、自治区、直辖市或市、县人民政府可根据它们的历史、科学、艺术价值,核定公布为当地各级'历史文化保护区'"。至此,我国的历史文化名城保护规划编制确立了文物古迹、历史地段、整体格局与风貌、非物质文化等 4 个方面构成的保护体系。

4.1.2　1987—1994 年规划编制探索

1986 年第二批国家历史文化名城公布后,在吸取前一阶段经验教训的基础上,全国各地的历史文化名城结合各自的实际情况编制了一大批保护规划,取得了长足的进步。1994 年,《历史文化名城保护规划编制要求》出台,标志着我国历史文化名城保护规划编制走上正轨。

1980 年代后期开始,建设部、国家文物局要求加强文物古迹中"近代优秀建筑"的保护[1]。

1990 年代开始,建设部、国家文物局又进一步强化了历史地段保护对我国历史文化名城保护的重要意义[2]。

---

[1]　详见 1991 年 7 月建设部、国家文物局《关于印发近代优秀建筑评议会纪要的通知》(建规〔1991〕585 号)。
[2]　详见 1986 年 12 月《国务院批转城乡建设环境保护部、文化部关于请公布第二批国家历史文化名城名单报告的通知》(国发〔1986〕104 号)、1992 年建设部和国家文物局发布《关于进一步加强历史文化名城保护的通知》(建规〔1992〕704 号)、1993 年 10 月建设部和国家文物局在襄樊召开的全国历史文化名城保护工作会议《会议纪要》。

1994 年 1 月,《国务院批转建设部、国家文物局关于审批第三批国家历史文化名城和加强保护管理的请示的通知》(国发〔1994〕3 号)要求:"文物古迹要抓紧定级,并明确划定保护范围和建设控制地带";"抓紧保护规划的编制与审批,历史文化名城的重点区域要做控制性详细规划"。

1994 年 9 月,建设部、国家文物局发布《历史文化名城保护规划编制要求》,要求:"历史文化名城要保护文物古迹和历史地段,保护和延续古城风貌特点,继承和发扬城市传统文化";保护规划要通过分析城市历史演变及现状特点、历史文化遗存的特点,"因地制宜地确定保护原则和工作重点";"要从城市总体上采取规划措施,为保护历史文化名城创造条件";要"注意对城市传统文化内涵的发掘与继承";"编制保护规划应当突出保护重点,即保护文物古迹、风景名胜及其环境"以及历史文化保护区;注意对"历史实物遗存的抢救和保护","不提倡重建"。

1994 年的《历史文化名城保护规划编制要求》对历史文化名城保护规划的内容深度、基础资料、成果构成等提出了系统全面的要求,对我国已经开展 10 余年的历史文化名城保护规划编制工作进行了系统总结,首次明确了我国的历史文化名城保护规划编制工作技术要求,对规范我国的历史文化名城保护规划编制工作具有里程碑意义。

4.1.3 1995—2008 年形成规范条例

1994 年《历史文化名城保护规划编制要求》出台以后,我国的历史文化名城保护规划编制开始有章可循。经过 10 年的保护规划编制积淀,保护规划编制技术方法日渐成熟,2005 年 7 月 15 日,建设部发布国家标准《历史文化名城保护规划规范》,标志着我国的历史文化名城保护规划编制技术已经走向成熟。2008 年 4 月 22 日,国务院颁布了《历史文化名城名镇名村保护条例》,标志着我国的历史文化名城保护工作进入新阶段。

1995 年 3 月,以建设部确定屯溪老街为历史文化保护规划、管理的综合试点为标志,我国开始探索历史文化保护区规划编制的理论和经验。1996 年 6 月,建设部规划司、中国城市规划学会、中国建筑学会在黄山市屯溪召开了"历史街区保护(国际)研讨会"。1997 年 8 月,《建设部转发黄山市屯溪老街历史文化保护区保护管理暂行办法》成为全国各地编制历史文化保护区保护规划的重要依据。

2004 年,建设部印发《关于加强对城市优秀近现代建筑规划保护工作的指导意见》(建规〔2004〕63 号),"意见"提出"要组织编制专门的保护规划。保护规划要对城市优秀近现代建筑提出具体的保护原则,并对保护范围界线和建设控制范围界线内的建设行为提出明确的管治措施"。

2005 年 3 月,国务院办公厅发布《关于加强我国非物质文化遗产保护工作的意见》，标志着我国非物质文化遗产保护工作开始启动。"意见"提出"非物质文化遗产是各族人民世代相承、与群众生活密切相关的各种传统文化表现形式和文化空间"。

2005年7月，建设部发布国家标准《历史文化名城保护规划规范》，这是我国第一部关于历史文化名城保护规划的技术性规范。"规范"规定"历史文化名城保护的内容应包括：历史文化名城的格局和风貌，与历史文化密切相关的自然地貌、水系、风景名胜、古树名木，反映历史风貌的建筑群、街区和村镇，各级文物保护单位，民俗精华、传统工艺、传统文化等"；"历史文化名城保护规划应建立历史文化名城、历史文化街区和文物保护单位三个层次的保护体系"；"历史文化名城保护规划应包括城市格局及传统风貌的保持与延续，历史地段和历史建筑群的维修改善与整治，文物古迹的确认"；"历史文化名城保护规划应划定历史地段、历史建筑群、文物古迹和地下文物埋藏区的保护界线，并提出相应的规划控制和建设的要求"。此外，"规范"还提出了历史文化街区保护规划的编制技术要求。"规范"是我国历史文化名城保护规划理论与经验的集中体现，充分展现了我国在历史文化名城保护规划编制领域的所取得的成就。

2005年12月，国务院发布《关于加强文化遗产保护的通知》，我国的遗产保护事业进入蓬勃发展的新时期。"通知"要求"在城镇化过程中，要切实保护好历史文化环境，把保护优秀的乡土建筑等文化遗产作为城镇化发展战略的重要内容，把历史文化名城（街区、村镇）保护规划纳入城乡规划"；"积极推进非物质文化遗产的保护"。

2006年以来，国家文物局主办的"中国文化遗产保护无锡论坛"相继围绕工业遗产、乡土建筑、20世纪遗产、文化线路遗产、文化景观、运河遗产、世界遗产等重大主题进行探讨，相关理念逐步融入我国的历史文化名城保护规划编制理论和实践之中。

2008年4月，国务院颁布《历史文化名城名镇名村保护条例》。"条例"规定保护规划应当包括"①保护原则、保护内容和保护范围；②保护措施、开发强度和建设控制要求；③传统格局和历史风貌保护要求；④历史文化街区、名镇、名村的核心保护范围和建设控制地带；⑤保护规划分期实施方案"等。"条例"还对历史文化名城保护规划的组织编制、规划期限、报送审批、公众参与、备案公布、规划修改、实施监督等方面进行了明确规定。至此，我国的历史文化名城保护规划的法规制度建设走向成熟。

4.1.4　2009年以来完善编制要求

2009年以来，我国历史文化名城保护规划编制在《历史文化名城名镇名村保护条例》的指导下，进一步创新完善，而且不断将国内外文化遗产保护领域的新理念融入规划编制之中。

2010年11月，《历史文化街区保护管理办法》《历史文化名镇名村保护管理办法》

《历史文化名城名镇名村保护规划编制办法》等三个保护管理和规划编制的相关办法草案广泛征求意见。在此次征求意见的基础上,2012 年 11 月 16 日,住房和城乡建设部、国家文物局发布《历史文化名城名镇名村保护规划编制要求》(试行)(建规〔2012〕195 号),对 2005 年 7 月建设部发布的《历史文化名城保护规划规范》进行了大幅度的深化和完善,标志着我国的历史文化名城保护规划编制技术理论已经走向完善。"要求"是对我国 30 年来历史文化名城保护规划编制理论技术方法的系统提炼总结,是对《历史文化名城名镇名村保护条例》相关要求的深化落实,对历史文化名城名镇名村保护规划提出了非常明确具体的要求。"要求"对历史文化名城名镇名村的保护内容、调研评估、技术要求、成果表达等提出了基本要求,对提高规划编制的科学性、规范性和可操作性,更好地指导保护工作开展具有深远意义。

2014 年 10 月,住房和城乡建设部发布《历史文化名城名镇名村街区保护规划编制审批办法》,对我国历史文化名城名镇名村街区保护规划的编制和审批进行了明确的规定,标志着我国历史文化名城保护规划编制从技术层面、法规层面、制度层面等走向全面成熟。

2015 年,新版《中国文物古迹保护准则》发布,对历史文化名城保护提出了更具前瞻性的保护要求。2016 年 7 月,住房和城乡建设部发布《历史文化街区和历史建筑确定工作方案》,对历史建筑的认定标准进行了界定。2017 年 1 月,《历史文化名城保护规划规范(征求意见稿)》开始征求意见。2017 年 3 月,住房和城乡建设部接连发布的《关于加强生态修复城市修补工作的指导意见》(建规〔2017〕59 号)和《城市设计管理办法》(住建部令第 35 号),对城市更新、开发建设过程中历史文化名城名镇名村保护、地域文化特色彰显、城市特色风貌塑造提出了具体要求。2017 年 4 月,住房和城乡建设部办公厅发布《关于进一步加强历史文化街区划定和历史建筑确定工作的通知》,对历史文化街区划定标准进行了界定。近年来的一系列法规、政策、文件的出台,充分反映了我国历史文化名城保护工作走向高品质、精细化发展阶段。

自从 1982 年历史文化名城制度建立以来,我国的历史文化名城保护规划技术理论在 30 多年的时间内,结合国内的具体实际,借鉴国外历史城市的保护经验,由初创发展逐步走向成熟完善。

1982—1986 年的短短 5 年间,通过积极探索,国内历史文化名城保护规划迅速建立了文物古迹、历史地段、整体格局与风貌、非物质文化构成的保护体系,奠定了保护规划的技术理论基础,并在国家公布第二批国家历史文化名城时进行了理论总结。

1987—1994 年,通过前三批国家历史文化名城保护规划的实践总结,于 1994 年出台了《历史文化名城保护规划编制要求》,明确了保护规划的原则思路、内容重点、技术深度、成果表达等,对于规范历史文化名城保护规划编制具有里程碑意义。

1995—2008 年,国内文化遗产保护领域发展迅速,与国际交流也更加频繁,积极融入国际洪流。国内历史文化名城保护规划借鉴了国际上的成熟经验,结合改革开放后我国文化遗产保护领域的具体实践经验,形成了《历史文化名城保护规划规范》,集中体现了我国历史文化名城保护规划理论、经验与成就。2008 年,国内历史文化名城以及名镇、名村保护理论经验经过提炼总结,上升到法规层面,国务院颁布了《历史文化名城名镇名村保护条例》。

2009 年以来,《历史文化名城名镇名村保护规划编制要求》(试行)、《历史文化名城名镇名村街区保护规划编制审批办法》相继出台,标志着我国的历史文化名城保护规划技术理论、法规制度已经臻于完善。2015 年以来,我国又相继颁布了一系列专项政策文件,历史文化名城保护工作走向高品质、精细化发展阶段。

4.2 国内历史文化名城保护规划编制实践解析❶

改革开放伊始,我国部分城市编制的总体规划就已经包含了历史文化保护或古城保护的内容,例如北京、西安。1982 年,首批国家历史文化名城公布以来,各历史文化名城相继编制了专门的历史文化名城保护规划,而且根据城市发展背景环境的变化,不断进行修编,例如苏州、南京等。各历史文化名城的保护规划编制实践为我国的历史文化名城保护规划技术理论的形成发展做出了贡献。不同的历史文化名城在保护规划编制的探索过程中,有交流学习,也根据自身的特色价值有所创新。本书选取西安、北京、苏州、成都、广州等有一定代表性的历史文化名城保护规划进行解析,以期对南京历史文化名城的保护规划进一步创新提供借鉴。

4.2.1 西安:整体保护古城基础上的历史文化遗产分类保护❷

西安市结合历版城市总体规划编制了 3 版历史文化名城保护规划。第一版保护规划从城市总体规划的角度提出了古(明)城的整体保护要求,历史文化名城整体保护的理念融入城市总体规划之中,为西安保护和彰显古都特色打下坚实的基础;规划还划定了传统街区和历史名胜风景区,具有前瞻性。第二版保护规划基本上是对第一版的优化和补充,明确提出了西安城墙路、城、林、河四位一体的保护要求,划定了 18 片历史文化保护区。第三版保护规划拓展了名城"八水十一塬"背景环境的保护,深化细化了古城整体保护的内容,尤其是在前两版的基础上更加强调对西安历史文化遗产的

---

❶ 为论述需要,本书部分引用了西安、北京、苏州、成都、广州等名城保护规划成果条文。
❷ 除特别注明之外,本节主要内容根据 2006 年 12 月西安市规划局、西安市文化局、西安市规划设计研究院编制的西安城市总体规划(2004—2020)附件九——西安市历史文化名城保护规划(2004—2020)整理。

分类保护,将西安历史文化名城的历史文化遗产细分为 13 个类别,分别提出保护对策。

　　因此,总体来看,西安的历史文化名城保护规划基本上是在整体保护古(明)城基础上的分类保护规划,规划并不特别强调历史文化名城保护的层次体系,而是突出历史文化名城的历史文化特色。

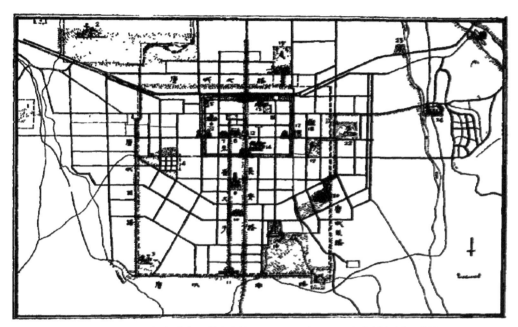

图 4.2-1　西安市城市总体规划(1980—2000)——西安古城规划示意图

1. 阿房宫　2. 未央宫　3. 木塔寺　4. 西市　5. 广仁寺　6. 西五台　7. 城隍庙　8. 鼓楼　9. 小雁塔　10. 兴善寺　11. 明德门　12. 钟楼　13. 八办　14. 碑林　15. 大明宫　16. 大雁塔　17. 网极寺　18. 八仙庵　19. 兴庆宫　20. 青龙寺　21. 曲江池　22. 庄襄王墓　23. 米家崖遗址　24. 半坡遗址

资料来源:韩骥,关镇南.西安古城保护规划[J].城市规划,1982(5):47-52

4.2.1.1　西安市总体规划(1980—2000)中的古城及明城保护规划

　　西安市总体规划(1980—2000)把历史文化名城放在西安市城市性质的首位,实行保护与建设相结合的方针,要求把保存、保护、复原、改建与新建开发密切结合,把城市的各项建设与古城的传统特色和自然特色密切结合,建设成为一座既有现代化城市功能,古都风貌又得到保护的历史文化名城。

　　古城保护规划的主要内容包括以下 5 个方面。

　　(1) 提出保护明城完整格局,显示唐城宏大规模,保护周、秦、汉、唐重大遗迹的基本原则。沿唐长安城墙遗址开辟道路和林带,显示唐城的轮廓;将大慈恩寺、青龙寺、大兴善寺、大明宫、兴庆宫、东市、西市、乐游塬、曲江芙蓉园等联结起来,反映唐长安城的历史风貌。保持明城的完整性,保护城墙四门,将钟楼、鼓楼有机地组织在市中心,显示明城严整的结构格局。

（2）对文物古迹分级分类划定保护范围。对国家、省、市三级文物保护单位划定三个保护范围，即绝对保护区、文物环境影响区、环境协调区，制定相应的保护措施。

（3）对历史传统街区划定成片保护区，把明城内北院门及碑林两片传统民居集中的地方划定为保护区。

（4）建设古遗址公园。将汉城、大明宫等遗址规划为公园，利用绿化标示其规模格局、殿宇位置。

（5）恢复市区内的乐游塬、曲江池、兴庆宫，市郊的少陵塬、十里樊川、翠华山、南五台、沣峪口等著名的历史名胜风景区。

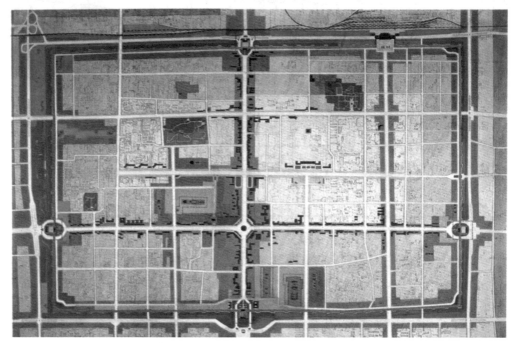

图 4.2-2　西安城市总体规划（1980—2000）——西安明城保护规划图

资料来源：李晔.西安历史名城保护历程与理念研究[D].西安：西安建筑科技大学，2012

明城保护规划的主要内容包括以下 3 个方面❶。

西安府城处于西安市中心区，是现代城市的政治、经济、文化中心所在，故采取"保护与建设""保护与利用"相结合的方针。保护的要点可归纳为：一环四门、两片三线、十八个点。

（1）"一环四门"。即以保护城墙、四城门为主，将环城林、环城河、环城干道、内环城路统一规划。

---

❶　韩骥，关镇南.西安古城保护规划[J].城市规划，1982(5)：47-52

（2）"两片三线"。划定化觉巷清真寺、碑林两片具有传统风格的旧民宅院落为保护区,按原貌保存下来。划定北院门街、书院门街、湘子庙街三条明清时代的街道加以保护。在保持旧有民宅、院落外貌的前提下,可改变结构更新内部。

（3）"十八个点"。保护革命历史文物和历史文物2类共18处文物建筑,划定保护区、影响区和协调区。

这一时期的最主要成就是确立了"保护明城完整格局,显示唐城宏大规模,保护周、秦、汉、唐重大遗迹"这一基本原则,为古城保护制定了正确的基调。

4.2.1.2　西安历史文化名城保护规划(1995—2010)

本次规划沿用上版规划"保护明城完整格局,显示唐城宏大规模,保护周、秦、汉、唐重大遗迹"的基本原则,深化了保护的要求和内容。提出保护西安各个历史发展时期完整序列的思想,保护从蓝田猿人遗址开始,包括我国和西安各个发展时期的文物遗存,直至近现代的代表性建筑。扩大历史文化名城的保护范围,结合名城外部自然环境及生态体系的保护,提出建立秦岭山地旅游区、骊山人文景观与森林生态旅游区等6个生态旅游区,丰富历史文化名城的内涵。

规划提出,西安的城市建设,必须保护地上地下的文物古迹,保护具有历史传统特色的地段,保护和延续古城格局和风貌特色,继承和发扬城市的传统文化。主要内容包括以下5个方面:

（1）以保护珍贵的文物古迹为重点。将文物保护单位的保护范围分为3个层次,即绝对保护区、协调区和文物环境影响区。

（2）严格保护丰镐、阿房宫、汉长安城和唐大明宫等大遗址,适当发展与其周围环境相协调的经济,做到保护与开发利用相结合。

（3）完善唐城金光门到延兴门林带和风景旅游路,综合开发大雁塔曲江风景区,体现唐长安城的宏大规模,将文物保护、景观建设与旅游开发结合起来。

（4）深化明城的保护与改造,完善西安城墙路、城、林、河四位一体的环城工程。严格保护钟楼、鼓楼、城墙四门等标志性古建筑及其环境,控制明城内建筑高度,总体上保持明清建筑传统风貌。严格保护明城内18个(24处)文物保护单位及其周边的环境风貌。划定北院门街、书院门街、德福巷和湘子庙街等4条传统风貌街区加以保护。划定北院门、化觉巷、书院门、三学街、大清真寺、杨虎城公馆和七贤庄等18处历史文化保护区,确定其保护和整治目标。划定传统街坊保护区,并将北院门、化觉巷、钟鼓楼广场、竹笆市、德福巷、湘子庙街、书院门和三学街相联系,组成传统文化带。

（5）借鉴北京历史文化名城保护规划经验,整体上考虑历史文化名城的保护,特别是从城市格局和宏观环境上保持古城风貌。①保护和发展以钟楼为中心的传统中轴线。②保护与西安城市历史沿革关系密切的河湖水系。③旧城改造要严格遵循有关文物保护和规划法规。④明城内严格控制建筑高度,实行分层次的梯级高度控制。⑤保护城市重要景观线,走廊内控制建筑高度。⑥保护并塑造街道对景。⑦增辟城市广场。⑧保护古树名木,增加绿地。

4.2.1.3　西安历史文化名城保护规划(2004—2020)

本次规划确立了"坚持西安历史文化名城性质,维护世界著名古都地位;树立区域理念,整合历史资源,继承传统格局,划定保护重点;突出古城精华,挖掘文化内涵,塑造城市特色,提升城市品质,重现古都辉煌"的指导思想。

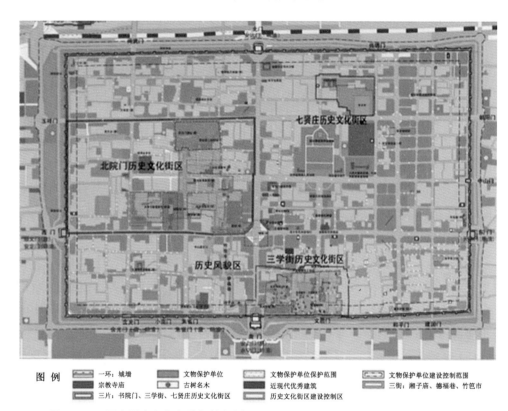

图 4.2-3　西安历史文化名城保护规划(2004—2020)——西安老城保护体系规划图
资料来源:西安市规划局网站

1. 成果框架

本次规划编制成果包括概述、历代重要文化遗产及其分布、西安历史文化名城保护回顾、规划指导思想与规划原则、保护规划框架、保护的主要内容及保护方法、城市整体历史环境保护、文化遗产标识系统、规划分期、保护管理措施等 10 个章节。

2. 规划范围

规划确定"以孕育西安都市文明的八水及十一塬中的乐游塬、龙首塬、凤栖塬、少陵塬、白鹿塬为西安历史文化名城的核心范围","以关中四塞及十大关隘所控制的关中京畿三辅地区为西安历史文化名城的影响范围"。

3. 保护框架

规划确立了市域和市区 2 个层次的保护框架。市域划分为 4 个保护带:城区历史名城保护带,中部历史地貌、河湖水系保护带,自然与人文景观保护带,及东南部古遗址、古陵墓保护带。市区范围内保持老(明)城严整格局;显示唐城宏大规模,彰显内外名胜古迹;保护大遗址,恢复八水生态环境。重新审视西安丝绸之路起点城市的世界价值,提升丝绸之路起点形象。

4. 保护内容

本次规划保护的主要内容包括都城遗址,宫殿遗址,帝王陵园,历史重要事件遗址,城市历史格局,宗教文化活动(宫观寺庙),人类活动遗迹,历史文化街区,自然生态环境及历史文化环境,近现代建筑,古镇、古街、古园林、古村落,古树名木,非物质文化遗产等 13 大类,此外还包括了地下文物。

城市历史格局的保护又分为"西安城市结构继承传统的布局模式、街巷格局保护、历史文化廊道保护、历史文化地标保护"等 4 个方面。规划要求西安城市结构继承传统的布局模式,包括隋唐长安城的棋盘式路网格局,明清西安城街—巷—院历史格局,城市的历史城郭、重要的城市历史轴线及地形地貌等。关于街巷格局保护,规划要求在隋唐长安城范围内,保证新开路采取棋盘式格局,并在密度上尽力与隋唐长安城里坊一致;在明清西安城范围内,保持原有街巷院的格局、走向、宽度、尺度和名称,新开路应与历史路网在肌理、宽度和尺度上保持一致;西安新城市建设应考虑历史街巷格局的延续和发展。规划提出保护和延续能够集中显现和体验历史城市规模和格局的 9 条历史文化廊道,分别为汉长安城城郭、汉长安城安门大街轴线、隋唐长安城城郭、隋唐长安城南北中轴线、隋唐长安城大明宫含元殿至大雁塔南北轴线、隋唐长安城东西轴线、明清西安城城郭、明清城市东西南北轴线、碑林—书院门—南门—德福巷—竹笆市—钟鼓楼—北院门廊道,主要为历史城郭及重要城市历史轴线,规划从视线、产业、建筑、绿化、交通等方面进行控制。规划将现存的秦汉、隋唐、明清时期城墙、城门、宫殿及其他重要建筑园林遗迹遗址作为历史文化地标,从视域、景观、建筑等方面提出控制要求。

规划划定北院门、三学街和七贤庄 3 处历史文化街区,并将文物古迹比较集中,并能较完整地体现西安某一历史时期城市传统风貌的街区确定为历史性街区。规划简要介绍了 3 处历史文化街区的特色价值,提出了初步的保护方法,划定了核心保护区界线和建设控制区。规划要求:制定历史文化街区保护管理条例,制定历史文化街区保护拆迁安置办法;建立历史文化街区档案;完成历史文化街区保护规划;成立专门的保护机构;有步骤地进行历史文化街区基础设施改造;保护传统产业和历史文化街区的整体环境和历史风貌。

规划要求保护历史文化名城所处的自然生态环境,编制秦岭自然与人文景观带景

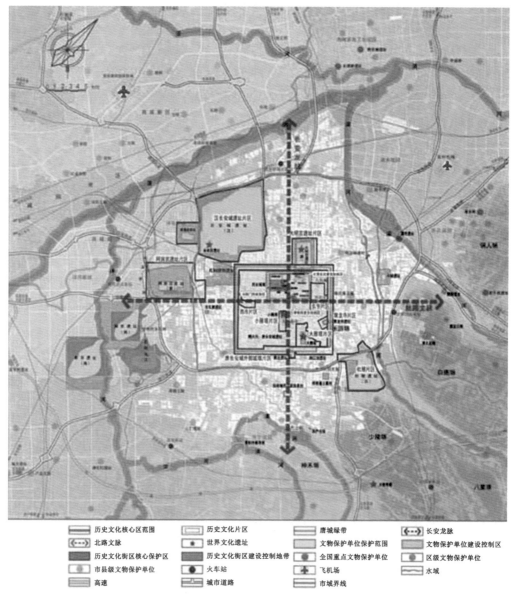

图 4.2-4 西安历史文化名城保护规划(2004—2020)——中心城区历史文化名城保护体系图

资料来源:西安市规划局网站

观控制规划,保护自然水系、台塬及山形地势:保护"八水绕长安"的自然历史环境;保护乐游塬、龙首塬、凤栖塬、少陵塬、白鹿塬、铜人塬、洪庆塬、细柳塬等台塬地形地势。

5. 其他内容

规划对保护框架中的城区历史名城保护带等 4 个保护带提出了宏观的保护措施。

规划建立了文化遗产标识系统,通过城市格局、城市街巷、重要历史建筑、重要历史场所、名人故居、名品名店、古树名木、非物质文化遗产等 8 个方面的标识,强化历史文化名城的整体性和可读性。

4.2.2　北京：三个层次的历史文化名城保护体系

北京共编制过 1991 版、2004 版两版专门的历史文化名城保护规划。北京的历史文化名城保护规划从一开始就考虑分层次保护各类历史文化资源，并逐步完善形成了三个层次的保护体系，为全国历史文化名城保护规划的规范化奠定了基础，也为历史文化名城保护规划转换成法规文件提供了规划保障。1983 年《北京城市建设总体规划方案》提出"保护古都风貌不仅要保护古建筑本身，也要保护建筑周边的环境"❶，此时历史街区保护的概念尚未明确提出，但已比早期的单纯文物点保护有了进步。北京"1991 版"保护规划在国内率先建立了三个层次的保护体系。北京"2004 版"保护规划在"1991 版"保护规划的基础上进一步完善，确立了"三个层次、一个重点和传统文化的继承"的保护规划思路。

2017 年 9 月，《北京城市总体规划（2016 年—2035 年）》公布，历史文化名城保护相关内容与城市设计、特色塑造相关内容融合，体现了历史文化名城保护规划编制的新趋向。

4.2.2.1　"1991 版"北京历史文化名城保护规划

1982 年北京被公布为首批国家历史文化名城后，未编制系统的历史文化名城保护规划，但相继公布了 4 批文物保护单位和 25 片历史文化保护区。

北京"1991 版"保护规划是当时北京城市总体规划的"历史文化名城保护与发展"章节；规划提出了文物保护单位、历史文化保护区和古城整体保护三个层次的保护体系，开国内名城保护规划先河❷；规划结合北京历史文化名城整体风貌特色，提出了 10 条保护要求，奠定了北京历史文化名城整体保护的基础。

规划从整体上考虑北京历史文化名城的保护，从城市格局、城市设计和宏观环境上保护历史文化名城，提出了 10 个方面的要求：①保护和发展传统城市中轴线。②保持明、清北京城"凸"字形城郭平面。③保护与北京城市历史沿革密切相关的河湖水系。④保持原有的棋盘式道路网骨架和街巷、胡同格局。⑤注意吸取传统民居和城市色彩特点。⑥以故宫、皇城为中心，分层次控制建筑高度。⑦保护城市重要的景观通道。⑧保护街道对景。⑨增辟城市广场。⑩保护古树名木。

4.2.2.2　"2002 版"北京历史文化名城保护规划❸

北京"2002 版"保护规划是对"1991 版"保护规划的延续和深化，保护规划范围拓

---

❶　张帆，罗仁朝.北京历史文化名城保护规划[J].城乡建设，2004(3)：44-46
❷　据王玲玲《历史文化名城保护规划的发展与演变研究》整理，三个层次的保护理念最早由王景慧于1989年在同济大学提出，北京历史文化名城保护规划最早将这一理论运用于规划实践之中。
❸　北京市规划委员会.北京历史文化名城北京皇城保护规划[M].北京：中国建筑工业出版社，2004

展到全市域。

保护规划确立了"三个层次、一个重点和传统文化的继承"的保护思路。"三个层次"指文物的保护、历史文化保护区的保护和历史文化名城的保护;"一个重点"是指旧城区;"传统文化的继承"是指传统文化、商业特色的继承和发扬,传统文化、商业和历史建筑、街区、城市的结合。

"2002 版"北京历史文化名城保护规划建立了由文物保护单位、历史文化保护区、旧城、无形文化遗产构成的保护内容框架,清晰地体现了历史文化名城保护规划的三个层次,涵盖了物质文化遗产和非物质文化遗产,内容完整,框架清晰。尤其是对旧城的保护,分为 10 个方面,体现了"整体保护"的理念。

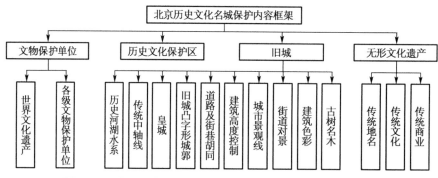

图 4.2-5 "2002 版"北京历史文化名城保护规划保护内容框架

资料来源:作者根据"2002 版"北京历史文化名城保护规划成果绘制

1. 文物保护单位的保护

保护规划将文物保护单位分为 4 个层级:世界文化遗产、全国重点文物保护单位、市级文物保护单位和区、县级文物保护单位。

2. 历史文化保护区的保护

规划确定了两批共 40 片历史文化保护区。对已经完成的北京市第一批 25 片历史文化保护区保护规划要严格执行。

3. 旧城整体格局的保护

规划提出了北京旧城的整体保护对策,具体体现在保护历史河湖水系、传统中轴线、皇城、旧城"凸"字形城郭、道路及街巷胡同、建筑高度控制、城市景观线、街道对景、建筑色彩、古树名木 10 个方面。基本延续了北京"1991 版"保护规划提出的 10 条要求,深化了保护内容,明确了保护对象并提出了具体的保护措施。

4. 旧城危改与旧城保护

将旧城危改与历史文化名城保护统一起来。历史文化保护区内的危房改造必须按相应的历史文化保护区保护规划实施,以"院落"为基本单元逐步更新,恢复历史传统风貌。保护区以外的危改地区,前期方案必须包括历史文化保护专项规划。

5．无形文化遗产的保护

主要包括对传统地名、传统文化和传统商业的保护。

4.2.2.3　《北京城市总体规划(2016 年—2035 年)》中的历史文化名城保护规划❶

2014 年 2 月和 2017 年 2 月,习近平总书记两次视察北京并发表重要讲话,为新时期首都发展指明了方向。北京市新一版城市总体规划紧紧扣住迈向"两个一百年"奋

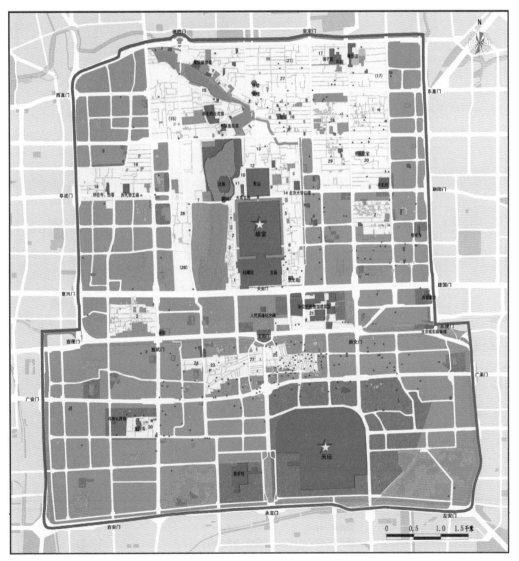

图 4.2-6　"2002 版"北京历史文化名城保护规划——旧城文物保护单位及历史文化保护区规划图

资料来源:北京市规划委员会.北京城市总体规划(2004 年—2020 年)

---

❶　整理自北京市规划和国土资源管理委员会网站。

斗目标和中华民族伟大复兴的时代使命,围绕"建设一个什么样的首都,怎样建设首都"这一重大问题,谋划首都未来可持续发展的新蓝图,并在历史文化名城保护规划方面做出了新的探索。

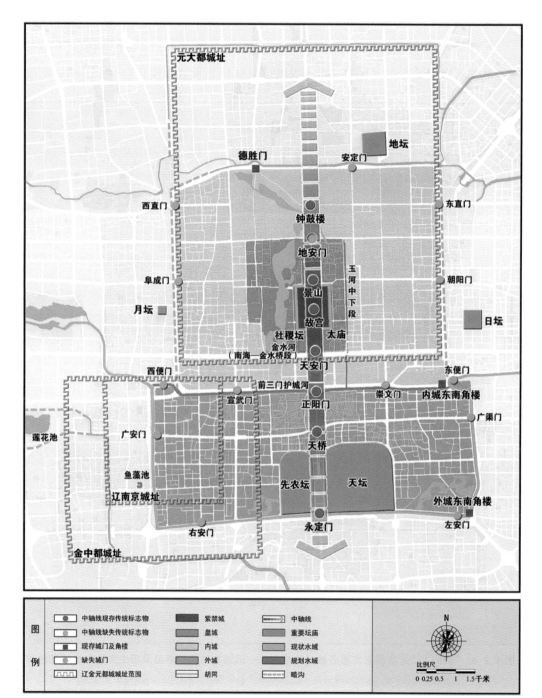

图 4.2-7　北京城市总体规划(2016 年—2035 年)——老城传统空间格局保护示意图

资料来源:北京市规划和国土资源管理委员会

北京市新一版城市总体规划第四章名为"加强历史文化名城保护,强化首都风范、古都风韵、时代风貌的城市特色"。下设五节,其中:第一节,构建全覆盖、更完善的历史文化名城保护体系;第二节,加强老城整体保护;第三节,加强三山五园地区保护;第四节,加强城市设计,塑造传统文化与现代文明交相辉映的城市特色风貌;第五节,加强文化建设,提升文化软实力。

1. 对北京历史文化名城价值进行了新的阐述

规划从全球视野对北京历史文化名城的价值进行了新的阐述:"北京是见证历史沧桑变迁的千年古都,也是不断展现国家发展新面貌的现代化城市,更是东西方文明相遇和交融的国际化大都市。北京历史文化遗产是中华文明源远流长的伟大见证,是北京建设世界文化名城的根基,要精心保护好这张金名片,凸显北京历史文化的整体价值"。

2. 提出了历史文化名城保护基础上彰显古都特色的规划思路

规划在强调提升强化历史文化名城保护的同时,以历史文化名城保护为基础,强化首都风范、古都风韵、时代风貌的城市特色塑造。"传承城市历史文脉,深入挖掘保护内涵,构建全覆盖、更完善的保护体系。依托历史文化名城保护,构建绿水青山、两轴十片多点的城市景观格局,加强对城市空间立体性、平面协调性、风貌整体性、文脉延续性等方面的规划和管控,为市民提供丰富宜人、充满活力的城市公共空间。大力推进全国文化中心建设,提升文化软实力和国际影响力"。

3. 构建了更完善的历史文化名城保护体系

规划以更开阔的视角不断挖掘历史文化内涵,扩大保护对象,构建四个层次、两大重点区域、三条文化带、九个方面的历史文化名城保护体系。

规划的视野从"老城、中心城区、市域"拓展到"京津冀";规划的重点在"皇城、老城"的基础上,补充了"三山五园地区"文化景观片区的保护;提出"推进大运河文化带、长城文化带、西山永定河文化带的保护利用",在凸显北京历史文化名城核心地位的基础上,强化北京历史文化名城文化脉络体系的区域性和辐射性。

4. 在保护的基础上更加强调历史文化资源的展示利用

规划提出要"做到在保护中发展,在发展中保护,让历史文化名城保护成果惠及更多民众"。推进大运河文化带、长城文化带、西山永定河文化带的保护利用。在加强历史建筑及工业遗产保护的基础上,创新利用方法与手段。因地制宜地探索名镇名村、传统村落保护利用新途径、新机制、新模式,科学引导社会力量参与名镇名村保护利用,在保护中实现村镇特色发展。深入挖掘北京历史文化名城的文化内涵和精神价值,讲好文化遗产背后的故事,活化文化遗产。将13片具有突出历史和文化价值的重点地段作为文化精华区,强化文化展示与传承。结合功能疏解,开展重点文物的腾退。科学复建部分反映历史格局的重要标志。在科学保护的基础上加强文物合理利用,扩大开放,引导社会资本投入,实现文化遗产保护与传承。

5. 以保护规划为基础,加强城市设计,彰显城市特色

规划提出"加强城市设计,塑造传统文化与现代文明交相辉映的城市特色风貌"。中心城区形成古都风貌区、风貌控制区、风貌引导区三类风貌区,中心城区以外地区分

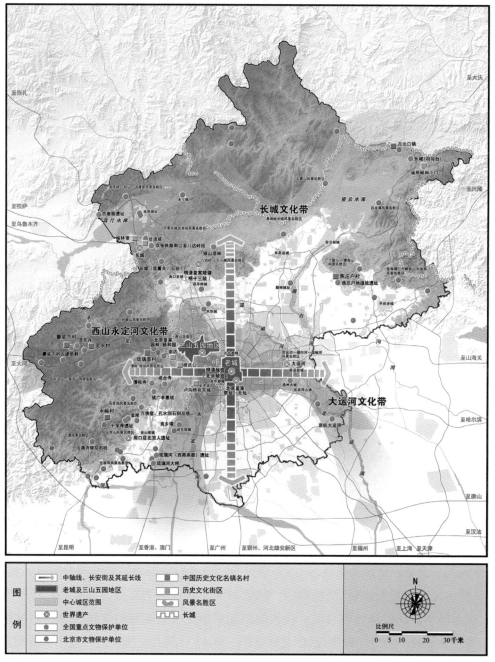

图 4.2-8 北京城市总体规划(2016 年—2035 年)——市域历史文化名城保护结构规划图

资料来源:北京市规划和国土资源管理委员会

别建设具有平原特色、山前特色与山区特色的三类风貌区。构建绿水青山、两轴十片多点的城市整体景观格局,加强建筑高度、城市天际线、城市第五立面与城市色彩管控,让人们更好地看城市、看山水、看历史、看风景。努力把传承、借鉴与创新有机结合起来,打造能够体现北京历史文脉、承载民族精神、符合首都风情、无愧于时代和人民的精品建筑。以历史文化名城保护为根基,高水平建设重大功能性文化设施,激发文化创意产业创新创造活力,形成涵盖各区、辐射京津冀、服务全国、面向世界的文化中心发展格局。不断提升文化软实力和国际影响力,推动北京向世界文化名城、世界文脉标志的目标迈进。

4.2.3 苏州:全面保护古城风貌基础上保护与彰显历史文化名城特色

1982 年以来,苏州结合城市发展实际,滚动编制了 6 版保护规划,应该是国内历史文化名城保护规划动态更新的范例。

第一版保护规划为 1983 版城市总体规划的专项规划,精准概括了苏州古城的格局和风貌特色,提出了"全面保护古城风貌"的原则,规划内容和深度在同时期的保护规划中处于领先地位,对苏州乃至国内其他历史文化名城的保护工作产生了深远影响。由于苏州"1983 版"保护规划起点较高,"1986 版""1996 版""2003 版""2007 版"保护规划❶根据国内外文化遗产保护的最新理念、法规要求以及城市发展的最新变化等进行了必要的优化调整和补充完善,总体上仍然遵循苏州"1983 版"保护规划全面保护古城风貌、彰显名城文化特色的思想。

2012 年,住房和城乡建设部批复同意建立苏州国家历史文化名城保护示范区,苏州历史文化名城保护进入新阶段。2013 年,苏州编制完成最新版历史文化名城保护规划,本次规划在历版保护规划的基础上进行了极大的提升,在传统的"三个保护层次"的基础上,建立了"分层次、分年代、分系列"的保护体系,在"全面保护古城风貌"的基础上,进一步挖掘、梳理、提炼、彰显苏州的历史文化特色。

纵观苏州历史文化名城保护规划的演进,实质上是对苏州历史文化名城价值特色认识不断深化基础上的保护规划演进,历史文化名城特色的保护与彰显水乳交融,值得其他历史文化名城借鉴。

4.2.3.1 《苏州市城市总体规划》(1983)中的历史文化名城保护规划❷

1983 年 10 月,苏州编制完成《苏州市城市总体规划》,确定苏州的城市性质为"著名的历史文化名城和风景旅游城市"。规划原则是"古城内要全面保护古城风貌,要保

---

❶ 后续章节相关内容据苏州市规划局、苏州市规划设计研究院编制的《苏州历史文化名城保护规划(2013—2030)》整理。

❷ 王玲玲.历史文化名城保护规划的发展与演变研究[D].北京:中国城市规划设计研究院,2006

持双棋盘水巷格局和水乡特色,继承和发展城市环境空间处理手法和艺术特点,新区规划要吸取地方建筑风格的特色"。总体布局则采取在古城西面开辟新区,古城以政治历史文化、商业服务、旅游为主。总体规划的用地功能调整、人口规划、工业调整、河道整治等专项规划也都充分考虑了古城保护。

1. 保护价值

苏州名城的保护价值在于城市规划布局、城市古建筑、园林、文物、古城风貌等5个方面,其中对于城市规划布局特色和古城风貌特色的总结提炼十分精准,为保护规划奠定了良好的基础。

城市规划布局特色体现在:①苏州古城建设结合自然条件,因地制宜,城址历经2 500多年未变,国内外罕见,城市格局基本未改;②苏州古城以水为中心规划建设,自然和人工结合的方格网河道、道路系统密切结合,形成水陆结合、路河平行的双棋盘格局,至今留存;③苏州古城至今仍是国内河道最长、桥梁最多的水乡城市。

古城风貌特色主要反映在:①从春秋建城开始形成的"水陆平行、河街相邻、前街后河"的双棋盘格局;②城河围绕城垣、河道纵横、桥梁众多、街道依河、民居临水,构成"小桥流水人家"的水乡城市特色;③巧夺天工、精美无比、各具特色的古典园林;④由城东、城西南、城北三座高耸的古塔,城中心玄妙观和城南文庙等古建筑群,以及城墙、城门、寺庙、署馆、楼阁、民居等文物古迹和园林名胜等,构成的古老而美丽的城市立体空间构图,形成古城的总体风貌;⑤朴素淡雅的地方风格传统民居、幽深整齐的小街小巷以及小型的庭院绿地构成的古朴宁静的居住环境。

2. 保护原则

在古城以及与之有密切历史文化景观联系的地段和园林风景名胜地区,实行全面保护古城风貌的原则。在古城范围内对历史文化名城从整体上加以保护,对古城内的城市容量、环境、建筑、建设工程等进行严格控制,使得古城整体风貌不再继续受到损害。苏州也因此成为全面保护古城风貌、整体保护古城的范例。

3. 保护措施

苏州古城的保护措施分为总体规划层面,园林、文物古迹和风景名胜层面,具有传统风貌的街道、地区和河道层面,初步显现出文物古迹、历史地段、古城三个层次。文物古迹保护范围划定可以看作当今文物紫线和城市紫线的雏形,历史性地区的保护已经体现了历史地段保护的思想,古城的全面整体保护则体现了国际上历史城市保护的理念,非常具有前瞻性、创新性,至今仍然值得我们学习借鉴。

1983版《苏州市城市总体规划》中的历史文化名城保护规划相关内容,奠定了苏州历史文化名城保护框架体系,在当时的技术条件下对探索全面保护古城风貌的方法和途径进行了有益的尝试,并且有效地规范和指引了当时的保护工作。

4.2.3.2 "1986 版"苏州历史文化名城保护规划

"1986 版"苏州历史文化名城保护规划是苏州第一版专门的历史文化名城保护规划,但其规划成果基本脱胎于 1983 版《苏州市城市总体规划》,仅做了局部的调整。

规划在"全面保护古城风貌"方针指导下,确定"一城两线三片"的历史文化名城保护范围,将古城外的山塘街、枫桥路、山塘河、上塘河、虎丘、寒山寺、留园、西园等纳入保护范围。

规划提出了"二个保持、一个保护、二个继承和发扬"的古城风貌保护总体策略。"二个保持"指保持路河平行的双棋盘格局和道路景观,保持三横三竖加一环的水系及小桥流水的水巷特色;"一个保护"指保护古典园林、文物古迹及古建筑;"二个继承和发扬"指继承和发扬古城环境空间处理手法和传统建筑艺术特色,继承和发扬优秀的传统地方文化艺术。

4.2.3.3 "1996 版"苏州历史文化名城保护规划

苏州"1996 版"保护规划在延续"1986 版"保护规划的保护方针和整体框架的基础上,配合苏州城市整体发展格局相应调整,在保护内容、保护要求和保护措施上都进行了深化,其整体保护思路一脉相承。规划在历史文化名城保护范围内,依照保存真实的历史遗存的原则,根据现有建筑、街区的历史文化艺术价值以及现状保存的完整程度,划定平江、拙政园、怡园、山塘街四个历史文化街区,若干历史地段以及观前、十全街、盘门三个传统风貌地区,作为苏州古城风貌保护的重点;此外还对古城内部的建筑高度、体量、色彩提出了具体的管控措施。

4.2.3.4 "2003 版"苏州历史文化名城保护规划

苏州"2003 版"保护规划延续上两版规划中提出的保护原则、保护目标、保护范围以及主要保护内容,增加了阊门历史文化街区,明确了 39 个历史地段,细化了历史文化名城保护范围内建筑高度控制要求;明确了拟恢复的历史河道;此外还将非物质遗产的物质载体纳入保护体系。在延续"全面保护古城风貌"方针的前提下,对相关保护对象、保护内容和保护措施进行了系统的梳理,增加了保护规划的可实施性。

4.2.3.5 苏州历史文化名城保护规划(2007—2020)

苏州"2007 版"保护规划在历版规划的基础上,结合 2000 年以来新颁布的国家法律法规相关要求,进一步拓展保护内涵,完善规划编制层次,细化相关规划措施,增加历史文化环境保护,将周边重要的自然生态资源(包括河湖水系、生态湿地以及风景名胜区等)纳入保护体系。在保护措施上强调文化遗存的全面保护与利用。

图 4.2-9 "2007 版"苏州历史文化名城保护规划——保护等级规划图

资料来源:苏州市规划局.苏州市规划设计研究院,苏州历史文化名城保护规划(2007—2020)

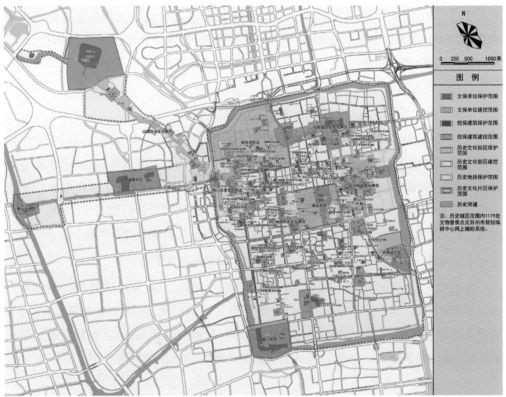

图 4.2-10 苏州历史文化名城保护规划(2013—2030)——历史城区保护规划总图

资料来源:苏州市规划局,苏州规划设计研究院.苏州历史文化名城保护规划(2013—2030)[Z],2013

4.2.3.6　苏州历史文化名城保护规划(2013—2030) ❶

苏州"2013版"保护规划在历版保护规划"全面保护古城风貌"指导思想的基础上，提出"全面的名城保护观"：保护、利用与发展三者相互协调、相辅相成，将历史文化名城保护纳入社会经济整体发展格局中，创新保护思路，拓展保护途径，使保护和利用历史文化成为一种可持续的发展方式。

规划分层次、分年代、分系列构建苏州历史文化名城的历史文化保护体系。在地域空间上分为"历史城区""城区"和"市区"三个层次。将苏州划分为隋唐前、隋唐宋元、明清、民国和1949年后几个历史年代，并提出各历史年代特色、保护内容及重点和利用策略。总结了包括园林系列、工艺美术系列、建筑系列、蚕桑丝绸系列、大运河系列、水乡古镇系列、戏曲系列、美食系列、民俗系列、名人系列、宗教系列、重大历史事件系列等苏州主题文化系列，并分别提出保护内容和保护策略。

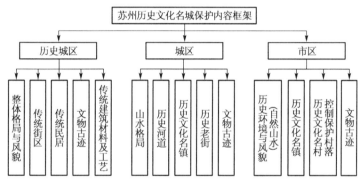

图4.2-11　"2013版"苏州历史文化名城保护规划保护内容框架
资料来源：作者根据"2013版"苏州历史文化名城保护规划成果绘制

规划对苏州传统建筑营造技艺以及传统产业等提出了详细的保护要求，在保护和利用历史文化遗产的基础上，强调了历史文化的当代传承和发展。

苏州"2013版"保护规划在"三个层次"保护的基础上，建构了分层次、分年代、分系列的保护体系，突出了苏州历史文化名城的特色价值。保护内容也在历版保护规划的基础上极大地拓展，保护的对策也结合苏州历史文化名城的一系列具体保护工作进行了极大的深化细化。

4.2.4　成都：历史文化名城的展示利用

成都是首批国家历史文化名城之一，1984年成都制定了历史文化名城保护发展规划，1986年对该规划进行了修订补充。1996年，结合城市总体规划编制了历史文化名城保护专项规划，提出了并行的历史文化名城保护体系和展示体系。2003年城市总体

❶　引自苏州市规划局,苏州规划设计研究院.苏州历史文化名城保护规划(2013—2030)

规划修编基本延续了1996年的保护与展示并重的规划思路。2011年,结合新版城市总体规划修编,成都市编制了《成都市域历史文化保护和利用体系规划》,在保护和展示历史文化的基础上,进一步突出历史文化的利用。总体来看,成都的历史文化名城保护规划一直强调保护与展示并重,在保护历史文化的基础上探索其合理利用,在国内历史文化名城保护规划中特色独具。

4.2.4.1 成都历史文化名城保护规划(1996)❶

规划提出树立历史文化名城的"发展观"与"保护观",并建立历史文化遗产的保护与展现两个体系。

1. 历史文化名城的"发展观"

"要充分估计历史文化名城保护对旧城区改造发展的制约,揭示和正视这一对矛盾";"发展的同时必须竭力保护城市历史文化遗存的精华,并将之挖掘、展现出来,发扬光大";"发展应是有成都特色的"。

2. 历史文化名城的"保护观"

"重点保护"——对具体有形(或有载体)的历史遗产的重点保护;"整体保护"——各保护要素应通过一定的空间框架构成一个给人整体印象的系统;"动态保护"——重点着眼于城市功能和城市风貌的历史性演化,而不仅仅是城市在某一历史时期或朝代的"原貌"。

3. 历史文化遗产的保护体系

规划建立了由风景名胜(区)、文物古迹(文物保护单位)、有特色的传统建筑和构筑物、历史文化保护区(历史地段)、古树名木、地下文物、传统特色文化、相关的历史文化名城镇、成都古城等9大要素构成的保护体系。涵盖了历史文化名城、历史地段、文物古迹保护的三个层次,也特别关注了后来业界逐渐重视的历史建筑、文化景观、非物质文化等内容,保护内容全面,且具有前瞻性。

4. 历史文化遗产的展现体系

包括展示主题、展示要素和展现框架三方面。

展示主题:①蜀风溯源:成都是中国极富地方特色的地域传统文化——"蜀文化"的起源地和中心,反映蜀文化深厚的历史积淀和地方民俗特色。②文华流踪:成都自古以来文风鼎盛,名人荟萃,突出展现在文学艺术、教育科技、宗教、旅游、近现代革命史等方面出现过的重要人物及其辉煌成就。③工商名郡:反映和体现成都是我国历史上相当发达的手工业城市,西南地区商品物资集散地和对外贸易商埠,我国南方丝绸之路的起点。④天府之都:反映成都物产富饶、城市繁荣,既是先秦古城,又是多次地

---

❶ 郑小明.名城成都历史文化遗产保护与展现的基本构想[A]//建筑史论文集(第13辑)[C].北京:清华大学出版社,2000

方割据政权的都城或地域的政治、经济、文化中心,城市建设发展独具特色。

图 4.2-12　成都历史文化名城保护规划(1996)——市域历史文化名城保护、展现规划图

资料来源:郑小明.名城成都历史文化遗产保护与展现的基本构想[A]//建筑史论文集(第13辑)[C].北京:清华大学出版社,2000

　　展示要素:包括现存历史文化遗产、博物馆体系、标志物体系等三个方面。博物馆体系包括现有的专业博物馆以及规划的综合历史博物馆、蜀风民俗博物馆、治水博物馆、城市史博物馆、科技发明史博物馆、传统工商业博物馆、古典文学艺术博物馆、饮食文化博物馆等。标志物体系则包括重要的古迹名胜、古城空间节点、重要的历史人物相关地、重要历史事件的发生地等。

　　展现框架:在分析历史文化名城历史空间框架的基础上,将相对稳定的历史空间要素,与现状建设和未来发展相结合,建立以展现和突出历史文化遗产及历史文化名城内涵为目的的历史文化名城展现框架。展现框架应具有整体性、易感知性、结构性和一定的发展弹性。市域展现框架为"三级七线",一级线路 2 条:成都—郫县—都江堰,成都—华阳—黄龙溪(水线);二级线路 3 条:成都—崇州—大邑—邛崃—天台山,成都—新都—城厢—金堂—云顶,成都—十陵—洛带—云顶;三级线路 2 条:成都—新繁—彭州—银厂沟,都江堰—青城山—大邑—邛崃。中心城市展现框架为"3 片 1 带 55 个节点","3 片"为:浣花溪历史文化风景区、十陵历史文化风景区和北郊风景区;"1 带"为环古城垣历史文化风光带;"55 个节点"包括:轴线节点 12 个、文物保护单位节点 35 个、历史性街道节点8个。

4.2.4.2 成都市域历史文化保护和利用体系规划(2011) ❶

1. 规划目标

通过对成都市历史文化资源的整合和文化脉络的梳理,构建充分展示和发掘成都历史文化特色的保护利用体系,建设"具有国际影响的世界文化名城、具有地域特色的历史文化名城"。

2. 规划思路

"摸清家底",发掘历史文化资源和文化脉络;"全面保护",建立全域统筹的保护利用体系;"整体保护",构建有机整合的空间网络结构;"记忆再现",重塑延续不断的城市记忆体系;"动态利用",落实保护与利用相结合的举措。

3. 内容框架

2011年成都市域历史文化保护和利用体系规划虽不是严格意义上的历史文化名

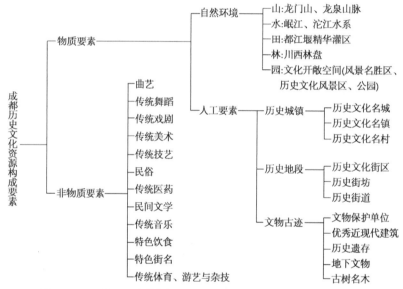

图 4.2-13 "2011版"成都历史文化名城保护规划保护内容框架

资料来源:成都市规划设计研究院. 成都市域历史文化保护和利用体系规划[Z],2012

城保护规划,但其规划理念体现了历史文化名城保护规划可能的发展方向。规划的历史文化本体要素构成涵盖物质要素和非物质要素,物质要素又分为自然环境和人工要素。自然环境包括体现成都名城自然环境特色的"山、水、田、林、园",人工要素包括历史城镇、历史地段和文物古迹,历史城镇则包含了名城、名镇、名村。

成都历史文化名城保护内容框架体现了历史文化名城保护的"三个层次",同时将

---

❶ 据2012年5月第二届全国副省级城市规划院联席会成都市规划设计研究院的相关交流材料整理。

框架拓展到市域,体现了历史文化名城保护规划的区域观。

4. 历史文脉梳理与资源发掘

成都历史文化特色:长江文明起源,巴蜀文化中心,地位突出的文化名城;历史悠久,"城址不移、城名不改"的延续性和稳定性;"青山绿水抱林盘,大城小镇嵌田园"的市域环境特色;"两江环抱,三城相重"的城市格局特色;"以蜀文化为主体,兼容南北"的文化特色。

成都历史文化脉络:4 大文化特征(农耕文明、工商文明、先导文明、复合文明);11 类特色文化(古蜀文化、三国文化、传统工商业文化、诗歌文化、革命文化、川西民俗文化、宗教文化、陵寝文化、移民文化、建筑文化、水文化);7 条纵贯全域的历史文化脉络(古蜀人迁徙路线、道教传播路线、佛教传播路线、茶马古道、丝绸之路、金牛道、移民路线)。

成都历史文化资源:结合文物部门"三普资料",从资源构成、空间分布、文化属性等方面进行评估,包括周边 5 处世界自然文化遗产、4 处国家重要大遗址、市域 2 处国家历史文化名城、5 处国家历史文化名镇、26 处全国重点文物保护单位、16 项国家级非物质文化遗产。

5. 市域保护利用体系

全方位拓展保护利用范畴:空间上,从"名城保护"拓展到"全域保护";时间上,从"古代"延伸至"近现代";对象上,从"文物古迹"扩展到物质与非物质文化遗产。

全域统筹的历史文化保护利用体系:法定保护—登录保护—规划控制的分级保护控制,文化展现—文化事业—文化产业的分类利用引导。

市域历史文化保护利用规划:运用 GIS 分析空间分布特征、自然要素关联性、文化线路耦合度,形成以"遗产廊道—天府名镇—大遗址公园"为重点的"廊道＋斑块"的结构。规划形成"一核、两带、六廊、多点"的整体格局。一核为中心城区;两带为龙门山、龙泉山文化景观带;六廊为历史文化遗产廊道;多点为历史名城与天府名镇。规划打造 26 个天府名镇,形成多处博物馆群落,开展"文化天府"系列活动;构建 6 条遗产廊道,内含生态绿廊、绿道、遗产、解说系统;建设青城山—都江堰道文化、东山客家、川西民俗 3 大文化生态保护区;打造 100 处川西林盘聚落文化景观;建设 7 处大遗址公园,遗址公园与市域绿道相连,周边发展观光农业、乡村度假。

6. 中心城历史文化保护利用规划

重塑延续不断的城市记忆体系,系统梳理"成都记忆"的线索与载体。以文脉为主题,挖掘各历史时期的记忆载体,全面彰显城市个性;以绿道为骨架,串联整合形成集中展示网络,重塑"成都记忆"。

加强古城格局保护,打造古城 12 处文化节点,打造历史地段,增加文化空间。活化 20 处历史建筑,在修缮、复原的基础上植入现代功能,发挥其记忆传承、景观展现以

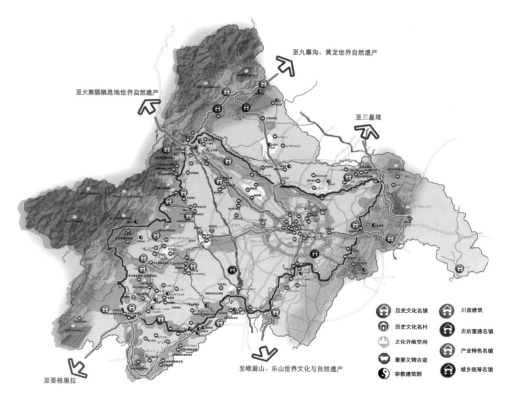

图 4.2-14　成都市域历史文化保护和利用体系规划——市域历史文化保护利用规划图
资料来源:成都市规划设计研究院.成都市域历史文化保护和利用体系规划[Z],2012

及文化产业的资源效益。打造工业遗产品牌,针对东郊工业遗产普查和评估,确定保护性与改造性要素,制定建设导则,再现"三线建设"时期的城市记忆。构筑非遗展示网络,推进非物质文化遗产国家公园的后续建设,构筑 4 级空间层次的非遗展示网络。设立人民南路天府广场—锦江段为节庆大道。开放名校人文空间,引导大学校园向城市开放。建设历史文化景观标识体系,实施"特色地名景观标识",加强"餐饮老字号"的保护与发展。

4.2.5　广州:历史文化名城保护规划的系统综合

广州市是首批国家历史文化名城之一,分别于 1983 年、1996 年、2004 年编制了三版历史文化名城保护规划❶。尤其是 2004 年开始编制的新版保护规划,历时近十年,于 2012 年审议通过❷。新版广州历史文化名城保护规划采用多专题研究的方法,将历史文化名城保护规划体系中多个层次的规划内容都纳入历史文化名城保护规划,是一

❶　李光旭,王朝晖,孙翔,等.广州市历史文化名城保护规划研究[A]//中国城市规划学会.规划 50 年:2006 中国城市规划年会论文集(历史文化保护)[C].北京:中国建筑工业出版社,2006:457-461
❷　刘一心.广州历史文化名城保护规划通过审议[N].中国建设报,2012-12-21(1)

部综合性很强的保护规划❶。

规划在全面深入调查广州历史文化遗产现状的基础上,结合历史研究对各历史文化要素进行综合分析和评价。借鉴国内外相关理论经验,采用了多学科的研究方法,涉及城乡规划学、建筑学、历史学、考古学、民俗学、地理学等,规划内容非常丰富,分为基础篇、市域篇、旧城篇和专题篇四大部分。

图 4.2-15 "2012版"广州市空间保护战略示意图

资料来源:广州市国土资源和规划委员会

基础篇研究了广州历史文化名城历史沿革、山水格局、城市特色,并提出了保护框架。规划将传统的"云山珠水"自然山水格局跃升为具有"山、水、城、田、海"特色的大山大海格局,从更广阔和更宏观的层面上保护自然要素和人文要素相互交融的城市特色。保护框架从空间体系上分为"市域、历史城区、历史文化街区(历史文化保护区)、文物古迹"四个层面。

市域篇从市域范围宏观角度对文化遗产进行分析和评价,对市域山水格局、景观

---

❶ 王玲玲.历史文化名城保护规划的发展与演变研究[D].北京:中国城市规划设计研究院,2006

环境、文物古迹、历史地段、古镇古村、旧工业区和港口的再利用等提出保护控制要求。规划确立了市域"一山、一江、一城"的整体保护空间战略,"一山"即白云山以及向北延伸的九连山脉,"一江"即珠江及其大小河涌,"一城"即历史城区。规划同时概括了广州历史文化名城八大城市特色,提出了八大保护主题,划分了莲花山自然人文主题区域、从化历史村镇主题区域、沙湾镇岭南市镇主题区域、黄埔港丝绸海路主题区域、越秀南先烈路革命史迹主题区域、三元里鸦片战争主题区域、长洲岛军校史迹主题区域、沿珠江工业旧址主题区域等八个主题区域。

旧城篇是保护规划重点。通过现状分析研究了历史文化名城的形态结构、建筑与肌理特色、文物古迹和历史建筑、历史地段和古城格局以及旧城区人口、用地、交通、绿化等诸多内容;规划提出旧城发展战略框架、古城格局、历史文化保护区、文物保护单位的保护规划等。对历史城区的范围、功能定位、职能调整、格局保护、风貌保护等提出了详细要求,尤其是对传统中轴线和骑楼街提出了专门的保护对策。

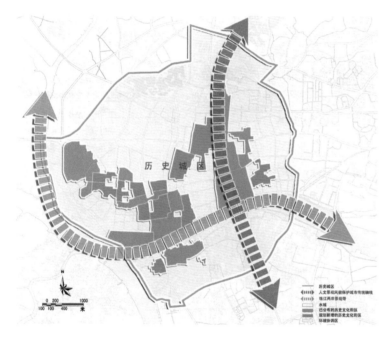

图 4.2-16 "2012 版"广州历史城区保护框架图

资料来源:广州市规划局. 广州市历史文化名城保护规划,2012

专题篇包括无形文化遗产的保护和发扬、旅游发展、骑楼街保护利用、旧城区职能人口及用地调整和交通优化、绿化系统及开放空间规划等内容。

"2012 版"广州历史文化名城保护规划的保护内容框架分为物质层面和非物质层面两个部分,物质层面包括市域、历史城区、历史地段和文物古迹四个层次。市域保护重点为景观风貌的保护;历史城区保护侧重于古城风貌的保护;历史城区内划定了历史文化街区,历史城区外划定了历史文化保护区;文物古迹的保护除文物保护单位外,还关注了"三普新发现"和重要历史建筑的保护。

总体而言,广州历史文化名城保护内容框架比较强调名城风貌的保护,历史城区保护接近于旧城保护与更新规划,保护内容框架层次相对清晰。

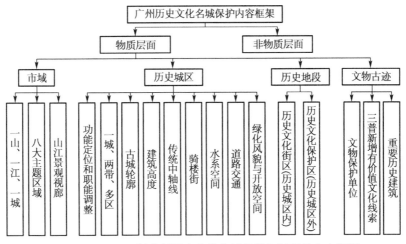

图 4.2-17 2004 版广州历史文化名城保护规划保护内容框架

资料来源:作者根据广州市历史文化名城保护规划(2012)绘制

通过上述五个代表性历史文化名城的保护规划演进解析,可以发现,国内历史文化名城保护规划编制从 1980 年代的各自探索,到 1990 年代的走向规范化,到新世纪以后尤其是 2010 年之后进行了再次创新。

西安的历史文化名城保护规划一开始就强调古城的整体保护,西安"2004 版"保护规划则在古城整体保护的基础上,更加突出西安的特色文化遗产的保护,如都城遗址、宫殿遗址、帝王陵园等。

北京的历史文化名城保护规划编制一直规范化、凝练化,北京"2004 版"保护规划还尤其强调了旧城的整体保护。"2017 版"保护规划与城市设计和空间特色塑造相结合,体现了最新的发展趋势。

苏州的历史文化名城保护规划一开始就对名城特色价值做了精准概括,并第一个提出全面保护古城风貌,此后的多轮保护规划都是在第一版保护规划基础上的深化和完善;"2013 版"苏州历史文化名城保护规划进行了全面的创新,在历版保护规划的基础上,建立了"分层次、分年代、分系列"的保护体系,挖掘、梳理、提炼、彰显苏州名城的历史文化特色。

成都的历史文化名城保护规划在 1990 年代就提出了并行的历史文化名城保护体系和展示体系,此后一直延续这一思路。成都"2011 版"保护规划在历版保护规划的基础上,更加强调了保护和利用的融合,提出了保护与利用相结合的展示框架,组织了多条与区域绿道相融合的保护线路。

广州"2012 版"保护规划采用多专题研究、多学科融合的方法,将历史文化名城保护规划体系中多个层次的规划内容都纳入历史文化名城保护规划,综合性很强。

总体而言,在历史文化名城特色文化遗产保护、文化遗产保护与利用等方面,南京应当积极学习西安、苏州、成都等的历史文化名城保护规划编制经验。

4.3 南京历版保护规划编制过程概要

1980 年代以前,文物部门已经对南京的文物古迹进行了深入研究和保护,但仅限于具体的建筑、遗迹等个案层面❶。1982 年 2 月,南京被公布为第一批国家历史文化名城之后,南京市先后编制了四版历史文化名城保护规划,2002 年还单独以南京老城为单元编制过老城保护与更新规划。前三版保护规划规划编制的过程相对简单,"2010 版"保护规划编制过程则相对曲折复杂。

4.3.1 "1984 版"和"1992 版"保护规划编制过程

4.3.1.1 早期的规划设想

1982 年 2 月,国务院公布第一批国家历史文化名城的文件中要求,提出保护规划,划定保护地带。南京市文物部门在 1982 年 6 月召开的"南京市历史文化名城保护工作会议"上,结合前期准备工作提出了南京历史文化名城保护的初步设想,制定了"一城、八区、十八个单位"的重点保护的实施方案,聚焦各类风景名胜和重要文物古迹的保护。当时,即将上报的南京城市总体规划已经在市文物管理部门的协同配合下,将文物保护规划修正补充正式纳入规划内容❷。

4.3.1.2 "1984 版"保护规划的编制

1983 年底国务院在对南京城市总体规划的批复中,明确地将"著名古都"定位为南京城市性质之一。据此,南京市规划局会同文物等有关部门,经现状调查和特色分析,于 1984 年 10 月完成《南京市历史文化名城保护规划方案》。

"1984 版"保护规划"综合考虑城市的环境风貌、城市格局、建筑风格、文物古迹四个方面","以明朝城垣、历代城壕、丘岗山系和现代林荫大道为骨干形成绿化网络",

---

❶ 引自《南京城乡规划 40 年访谈录》中《孙敬宣——历史文化名城保护的"开路人"》一文。孙敬宣,原南京市规划设计研究院院长,"1984 版"和"1992 版"保护规划的负责人之一。

❷ 出自原南京市规划局副局长麦保曾 1982 年 6 月在南京历史文化名城保护工作会议上所做"城市规划要为文物保护服务"的报告。全文收录于南京市文物管理委员会编纂的《南京市历史文化名城保护工作会议资料汇编》(1982)。

"将各类历史文化要素组合成一个完整的保护体系"❶;针对文物古迹提出划定两个层次的保护范围,提出了相关控制引导要求,并在城市总体规划的相关篇章中将其命名为"紫线",实属创新,影响至今。

4.3.1.3 "1992版"保护规划的编制

1991年初,随南京城市总体规划修订,南京市开始对历史文化名城保护规划进行修订工作,规划于1992年底完成。"1992版"保护规划在结构上延续了"1984版"保护规划的建构体系,增加了三类内容,包括中华路、御道街以及中山大道三条历史轴线;明代南京四重城郭;古河道和古桥梁❷。在此基础上还划定了一批环境风貌保护区;依据国家关于"历史文化保护区"❸的相关要求,结合南京建工学院城南民居调查成果❹,划定了一批历史文化保护地段;为了加强对地下文物的控制划定了地下遗存控制区;借鉴其他名城经验建立了博物馆体系、标志物系列和雕塑系列;此外还提出了隐形文化的再现和创新。

4.3.2 "2002版"保护规划编制过程

1990年代后期以来,南京城市框架逐步拉开,老城历史文化保护面临挑战的同时,主城外围地区的历史文化保护也面临快速城市化的冲击。

4.3.2.1 规划编制过程简述

2000年6月,南京城市总体规划调整工作全面展开,历史文化名城保护规划也相应需要调整。规划编制项目组首先对"1992版"保护规划及其实施情况进行了回顾和评价,确定了规划调整思路,并于2000年12月初步确定了保护规划框架和主要内容。2001年3—4月间,规划编制项目组专程赴北京、上海等地调研学习,就保护规划的原则、框架和内容等重大问题分别请教了国内知名专家和学者。2001年8月完成了南京城市总体规划历史文化名城专项的规划编制,随后又进行了深化和完善工作,于2002年4月完成了《南京历史文化名城保护规划》调整方案的编制工作。2002年5月规划方案通过了专家评审,同年6月向全市公开展出,广泛征求市民意见。在整理、吸收专家和市民意见的基础上,规划编制项目组又进行了修改、补充和完善,并于2002年9月完成了"南京历史文化名城保护"规划的编制工作。

总体而言,"2002版"保护规划以调整工作为主,维持了上版规划的编制体系,"主

---

❶ 引自《南京城乡规划40年访谈录》中《孙敬宣——历史文化名城保护的"开路人"》一文。

❷ 引自《南京城乡规划40年访谈录》中《孙敬宣——历史文化名城保护的"开路人"》一文。

❸ 《国务院批转城乡建设环境保护部、文化部关于请公布第二批国家历史文化名城名单报告的通知》(国发〔1986〕104号)。

❹ 南京建工学院,南京市文物管理委员会,南京古都学会.南京城南民居保护——古都风貌保护课题研究,1991

要工作是在内容上做出了一些补充和完善"❶。"2002版"保护规划将保护内容分为物质要素和非物质要素两部分,较早地提出了接近非物质文化遗产的相关概念。物质要素分为整体格局和风貌、历史文化保护区和文物古迹三个层次;整体格局风貌由明代城垣、历代轴线、道路街巷、河湖水系和环境风貌等要素组成。"2002版"保护规划还吸收多年来南京市主城分区规划关于高度控制的相关成果,首次在保护规划中划定了7条重要的景观视廊,分三个层次控制建筑高度。

4.3.2.2 关于历史文化保护区名录的制定

1986年4月,国务院公布第二批国家历史文化名城名单时提出了公布各级"历史文化保护区"的要求;1995年1月,国务院关于南京城市总体规划的批复中也要求保护好历史街区,完善和落实12片重要历史文物保护地段的各项保护规定。因此,在1990年代中期以来国内对历史街区保护认识显著提高的背景下,"2002版"保护规划在编制过程中着重进行了"历史文化保护区"的规划工作。

"2002版"保护规划编制过程中曾考虑在"1992版"保护规划划定的8片历史文化保护地段(明故宫地区、朝天宫地区、夫子庙地区、天王府梅园新村、传统居民保护区、中山东路近代建筑群、颐和路"公馆区"、杨柳村古建筑群)的基础上进行扩充,形成两类14处历史文化保护区❷。第一类为6处"文物古迹地区",包括:①明故宫遗址区;②朝天宫地区;③总统府(天王府);④中山陵;⑤明孝陵;⑥雨花台烈士陵园。第二类为8处"历史街区",包括:①夫子庙地区;②梅园新村;③城南传统民居;④南捕厅传统民居;⑤中山东路近代建筑群;⑥民国时期公馆区;⑦杨柳村古建筑群;⑧高淳淳溪老街。此外,规划编制过程中还曾提出将龙蟠里、下关大马路、慧园街列入历史文化保护区进行保护。

2002年3月,有感于"近十年大张旗鼓的破坏性'旧城改造',特别是在宁举办全国'三城会'之际,城南地区的许多古建筑、古街巷、古民居因拓宽道路或开辟新路之故而毁于一旦",南京市地方志办公室、南京市民革党员杨永泉倡议并起草的《关于建立南京古城保护区的建议》,呼吁在南京城南建立门东片、门西片、建邺区片(含甘熙故居)等三大古城保护区,得到了南京18位专家学者的签名响应。时任南京市长罗志军批示:"我们应该在城市规划建设和管理上有这种意识。"时任副市长周学柏批示:"转市规划局、房产局、秦淮、建邺区。此建议须认真研究,未定之前,先按建议立即停止三片范围拆迁活动,容论证后决定如何保护。"

---

❶ 引自《南京城乡规划40年访谈录》中《周慧——历史文化名城的"守护者"》一文。周慧,原南京市规划设计研究院副总规划师,"1992版"保护规划文字撰写人,"2002版"保护规划项目负责人,"2010版"保护规划的主要负责人之一。

❷ 南京市规划设计研究院,南京市交通规划研究所,中国城市规划设计研究院.《南京市城市总体规划(1991—2010)》(2001年调整)送审稿[R],2011

　　但最终考虑到"2002版"保护规划定位为以调整工作为主,不宜做大幅度的修编,再加上当时历史文化保护认识的不足和开发建设相关利益因素的影响,规划最终确定了明故宫遗址区、朝天宫古建筑群、民国总统府(太平天国天王府)、梅园新村历史街区、夫子庙传统文化商业区、城南传统民居风貌区、南捕厅历史街区、中山东路近代建筑群、颐和路公馆区和高淳老街历史街区等10片历史文化保护区。

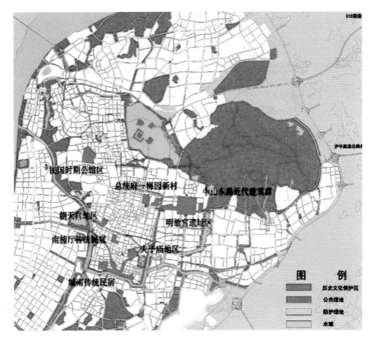

图4.3-1　"2002版"保护规划——主城历史文化保护区分布图
资料来源:南京市规划设计研究院.南京历史文化名城保护规划,2002.9

　　应当说,"2002版"保护规划在历史文化保护区方面的妥协和"城门失守",从规划层面深刻影响了此后近十年间南京老城南地区传统民居型历史地段的保护。

4.3.2.3　对专家学者相关质疑的回应

　　2001年3—4月间,在规划项目组请教国内知名专家和学者的过程中,"专家在对南京三个层次的保护体系高度认可的同时,也对环境风貌保护区和历史文化保护区的概念界定提出了质疑"❶。针对专家的质疑,规划编制项目组进行了解释说明:古都南京选址建设与"襟江带湖、龙盘虎踞"的山水形胜密不可分,南京的山水形胜也都有着非常深厚的历史文化内涵,因此将其划定为环境风貌保护区进行保护;朝天宫古建筑群作为江南地区现存建筑等级最高、规模最大、保存最完整的官式建筑群,需要将其周边的区域和环境作为整体进行保护控制,与文物保护单位的保护有所区别;夫子庙虽四毁五建,仅寥寥几座碑刻和古建筑留存,但夫子庙曾作为天下文枢、中国最大的传统街市,是南京传统文化和民俗特色的重要载体,因此也应从残存的文物古迹的保护拓

---

❶　引自《南京城乡规划40年访谈录》中《周慧——历史文化名城的"守护者"》一文。

展到夫子庙传统文化商业区的保护。

4.3.3　2002 年《南京老城保护与更新规划》编制过程

4.3.3.1　规划编制过程简述

2001 年,南京市委、市政府明确了"充满经济活力、富有文化特色、人居环境优良"的城市发展目标,进而提出了"一疏散、三集中"和"一城三区"战略,从战略高度上确定了通过建设新城、疏解老城,使历史文化保护和现代化建设各得其所、相得益彰的对策。但有了战略不等于就能实施,2002 年 3 月,有感于"建设性破坏"对南京古城造成的影响,南京市 19 位专家学者联名发出《关于建立南京古城保护区的建议》,得到市领导批复。在此背景下,2002 年 6 月,南京市规划局在"2002 版"保护规划的基础上,聚焦南京老城组织编制《南京老城保护与更新规划》。2002 年 10 月底,在完成现状调查工作的基础上提出了规划初步设想,并组织召开了"南京老城保护和更新规划国际研讨会",规划阶段成果同期还对公众进行了公示,广泛吸纳公众意见。最终成果于 2003 年 4 月修改完成,随后又立即开展了《南京老城控制性详细规划》的编制工作。

4.3.3.2　规划前期工作成果

2002 年 10 月底完成的规划初步设想首先梳理了南京老城的历史演变,在"2002 版"保护规划的基础上挖掘了包括文物保护单位、近代优秀建筑、名人故居、古树名木、古河道与古桥梁等各类历史文化资源。其次对 1949 年以后的老城变迁进行了阶段分析,从人口、建筑、功能、交通等方面进行了现状分析,对当时南京老城保护与更新面临的机遇和挑战进行了深刻的认识。然后在此基础上提出建设"文化之都、活力之城、宜人之地"的规划目标,还提出要整体思考老城问题,提供保护更新的联动政策;重视城市非物质文化氛围的创造,软硬件并举;确立"长期规划、分步实施、动态完善"的思路❶。

在提出规划初步设想的同时,南京市规划局还同时组织开展了"南京老城的历史沿革研究""南京老城空间形态优化研究""南京老城已建居住区调研和改善研究""国内外历史城市保护和更新的相关理论和实践""中外著名古都比较"等专题研究工作,大大拓展了南京老城保护与更新规划的广度和深度。

4.3.3.3　国际研讨会相关意见综述

为了解掌握关于古都保护更新发展的国际趋势、方法和手段,给南京老城保护和更新规划提供先进的理念和思路,南京市于 2002 年 10 月 28—29 日组织召开了"南京

---

❶　依据时任南京市规划局局长周岚 2002 年 10 月底在"南京老城保护和更新规划国际研讨会"上关于"南京老城保护更新规划背景情况介绍"的相关内容整理。

老城保护和更新规划国际研讨会",南京市主要领导和境内外 24 名专家出席了会议并提出了意见和建议❶。

2002 年 10 月 28—29 日,国内外 24 名专家在听取了关于老城保护与更新规划背景情况介绍和规划初步设想后,分别从不同方面进行了专题发言和广泛深入的讨论,总体上可以归纳为 6 个方面。①关于南京古都历史地位的认识。南京古都的历史是中国历史的重要组成部分,南京的古都格局在世界都城中占有独特地位。南京老城必须采取严格的措施加以保护,首先是要立足多保,其次不仅要保点、保保护区、保环境,还要保老城古都格局。②关于南京老城保护的内容。南京老城应保护好自然要素、古都格局、各级文物保护单位、历史街区、传统特色风貌区、准文物建筑、好的现代的建筑、绿化和非物质文化等内容。在此基础上突出保护具有潜在国际影响和巨大的社会经济价值的"龙头"资源,包括虎踞龙盘的山川气势、世界第一的明城墙以及民国时期的众多历史遗存。③关于保护南京老城的方式方法。大力发展新区,合理疏解老城职能和人口,是国内外保护古城的通行的也是有效的做法。根据各类历史文化资源的特色价值、区位特征和市场效益情况,保护方式可以分为原物、原貌、原风貌、环境的协调等四种模式。大部分专家认为应采取积极保护的态度,对于南京这座大尺度且大部分已改造过的老城而言,要在发展中求保护,在保护中求发展。④关于南京老城保护的规划目标。把南京老城建设成为"文化之都""活力之城""宜人之地"的目标是合适的、恰当的。但要注意把战略设想具体转化为政府在老城中的财政计划、社会计划等行动计划。⑤关于南京老城规划的工作方法。南京老城的面积较大,不可能全保,既要明确重点,还要分区、分片,对不同地段采取不同的保护方法。老城保护需要政府在近期利益和远期利益、局部利益和整体利益上做出决策和取舍,很有必要将保护的思想、原则和策略等重大问题形成规划纲要报政府批准后,再开展具体的规划设计。⑥关于老城保护规划的实施意见。历史文化保护是政府的重要责任,是政府主导的行为,政府保护的决心至关重要。市政府要协调各种复杂利益关系,统一各部门的认识,达成共同行动。要在国家相关保护法规的基础上出台相应的法规政策,保障规划的有效实施。保护的投入应由政府主导,团体和个人、政府和居民相结合;对不能就地平衡的地区,政府要制定适当的经济政策进行异地平衡。

时任江苏省委副书记、南京市委书记李源潮出席研讨会并做了重要讲话。讲话指出南京老城的整体面貌正在迅速变化,高楼四处开花,住宅楼密密麻麻,是两个主要原因。要求在南京老城保护和更新规划中应该注意:①整体性。加强整体风貌、空间轮廓、平面布局、交通流线、环境景观、人口容量的整体性规划控制。②整合性。南京十

---

❶ 专家和领导意见根据《南京老城保护和更新规划国际研讨会文件汇编》(南京市规划局,2002 年 12 月)整理。

朝都会格局屡毁屡建、层层覆盖、比较分散,要有效整合形成明确的景观轴线、旅游路线、历史街区,历史遗存要"保护好、看得见、有人去"。③可行性。要做出有经济驱动力的规划,不能只从文化的角度来考虑,保护历史文化要与走向现代化相结合。④阶段性。规划既要推动当代的城市建设,又要给后人留下发展空间。规划需要与时俱进、动态完善,经得起历史检验,经得起后人评说。⑤实施性。要编制覆盖整个老城的控制性详细规划,使之法规化。⑥公众参与。规划需要公众的监督,防止局部利益对整体利益的侵害。最后还提出要在对老城保护的基本原则、主要内容、重点建筑达成共识的基础上形成白皮书,有利于现实操作。

阮仪三教授在本次研讨会中发言评价:"这次会议是全国省会城市和大城市历史文化名城(中)领先的一次盛会,很多城市没开过,说明南京市现任领导高瞻远瞩,是有高度的历史文化保护责任感的表现,这次会议将会对全国产生影响。"本次会议的确展现了当时国内外关于古都保护与更新的最新趋势、方法和手段,也为南京带来了最为先进的理念和思路,从思想认识、保护模式、规划技术、编制方法、政策机制等多层面、全方位地为南京老城保护与更新提供了指导,也使得南京老城保护与更新规划获得国际声誉,对南京的老城保护与更新工作产生深远影响。

4.3.3.4 规划主要内容简述

规划内容分为"认识篇""保护篇""更新篇""实施篇"等4个篇章❶。

"认识篇"结合专家研讨意见在南京的规划编制历程中首次明确了南京老城的历史价值,提出南京是"世界都城建设史上巧夺天工的杰作""中国著名都城格局难得的遗存""具有全国和国际影响的历史事件发生地""我国重要的思想文化和当代科教文化基地之一";然后对老城历史变迁、现状主要问题和更新发展的动力进行了深入分析;最后提出将老城建设成为"文化之都""活力之城""宜人之地"的规划目标。

"保护篇"首先建立了老城历史文化资源保护体系,对老城历史文化资源进行了深入挖掘,并提出了保护对策,建立了保护名录。规划提出老城应"全力保护尚存的,努力发掘可现的,多方式提示曾有的"各类历史文化资源。规划要求将明城墙作为保护都城格局的重点和骨架;加强对区级文物保护单位的保护;明确了非文物的近代优秀建筑、名人居址、古树名木、历史典故发生地、历史轴线、传统街巷的保护名录;将宫城遗址、山川形胜、河湖水系列为重要的保护内容;明确了老城地下文物控制区范围;充实了环境风貌和历史文化保护区的内容。规划考虑到"2002版"保护规划确定的部分环境风貌保护区和历史文化保护区范围过大,夹杂大量已改造区,不利于提出针对性的规划对策,将其进行了细分;同时参照当时《历史文化名城保护规划规范(报批稿)》

---

❶ 南京市规划设计研究院.南京老城保护与更新规划[Z],2002

对于历史文化保护区规模的要求,将面积在1.5公顷以上、集中成片的、有突出主题的历史文化和环境风貌地段增补为保护区;充实调整后的老城环境风貌和历史文化保护区共75片,其中环境风貌保护区29片,历史文化保护区46片。

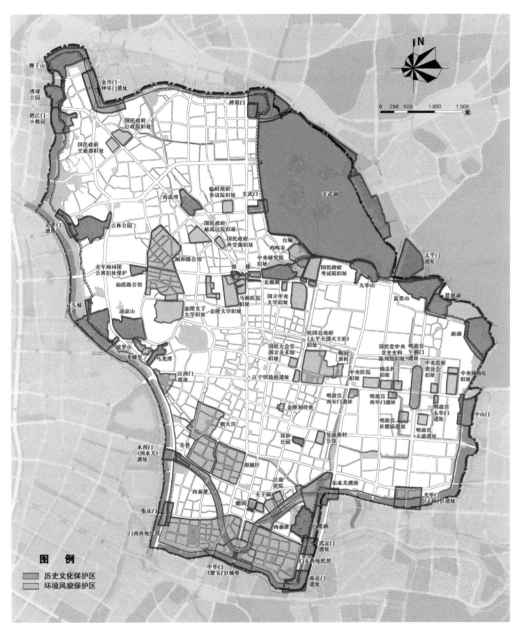

图4.3-2 南京老城保护与更新规划——老城环境风貌和历史文化保护区分布图
资料来源:南京市规划设计研究院.南京老城保护与更新规划[Z],2002

"更新篇"则从老城的功能疏散和功能提升、老城的形象塑造和环境改善、老城居住和配套设施的改善与整合、基础设施的优化和改善等四个方面提出了老城进一步发展的规划对策。规划提出重点向外围新区疏散居住、商务和工业功能,老城未来的产业主要依托商贸服务、文化旅游、科技教育和都市工业。通过凸显和加强老城地域文化特征、保护和塑造老城独特的地标体系、控制高层建筑优化城市空间形态、改善与打造老城环境等实现老城的形象塑造和环境改善。通过居住用地的整合,疏解老城过度集聚的人口。确立老城公共交通为主的交通发展政策,优先发展轨道和地面公共交通,创建宜人的自行车与步行系统。

"实施篇"则提出树立积极保护的理念、打破历史文化资源经营各自为政的局面、依法保护列入保护名录的各类历史文化资源、重视城市非物质文化氛围地创造建设文化之都,严控老城高层建筑建设,零星建设与周边地区整合开发,老城与新区联动开发,确立"长期规划、分步实施、动态完善"的思路等规划实施对策。

本次规划首次对南京老城进行了系统整体的保护规划,从文物保护拓展到全面的文化遗产保护,从消极被动保护走向积极主动保护,从历史文化资源的单一保护专项规划走向针对老城整体层面的全面的战略性的保护与更新规划,集中体现了当时国内外历史城市保护的最新趋势,在国内大型古都的保护与更新规划领域进行了开创性的实践。本次规划也在后续的"2003版""2006版"两版南京老城控制性详细规划中得到了深化和优化。

与此同时,规划也有两大缺憾。其一,由于对"整体性""整合性"保护的认识不够,对"2002版"保护规划确定的历史文化保护区进行了细分,使得南京古都格局和风貌的物质载体更加碎片化,在规划妥协过程中使得历史文化保护区面临更加直接的蚕食风险。其二,由于对南京古都"屡毁屡建、层层覆盖"的特征及其保护面临的挑战认识不足,导致虽然有"六朝古都""十朝都会"的价值判断,但却没有提出埋藏在地面以下的历代都城遗址的保护对策,以致于后续的地铁建设、用地开发规划与保护规划不够协调,开发建设过程中相关重要的发现得不到有效保护和展现。

4.3.4 "2010版"保护规划编制过程

进入2000年,南京历史文化名城保护尤其是南京老城,面临"旧城改造""土地财政"等愈来愈猛烈的冲击。《南京市城市总体规划(1991—2010)》(2001年调整)提出了"老城做减法、新区做加法"的城市发展战略,随后的"2002版"保护规划的主要工作只是在"1992版"保护规划以及相关规划基础上"在内容上做出了一些补充和完善"。因此无论是城市总体规划还是历史文化名城保护规划,并不能有效地应对经济社会快速现代化给当时南京历史文化保护带来的冲击。因此,在2004年,南京市规划局就谋划开展城市总体规划修编前期研究工作,历史文化名城保护规划作为重要专项也一并开展了修编研究。2006年8月,国内16名著名专家学者联名呼吁"保留南京历史旧城区",并得到温家宝总理批示,南京市规划局决定先期开展历史文化名城保护规划的修编工作。2007 年 12 月,明确了历史文化名城保护规划修编工作框架和思路;2008 年 3 月,规划初步方案进行专家咨询;2008 年 9 月,规划纲要成果进行专家论证;2009 年 7 月,规划报审成果进行为期一个月的社会公示;2009 年 8 月底,规划报审成果通过南京市人民代表大会常务委员会审议;2011 年 5 月,规划报审成果通过专家论证;2011 年 12 月,规划成果得到江苏省人民政府批复。

"2010 版"保护规划的编制相较于此前各版历时久长、过程曲折、矛盾复杂,可以大致分为前期研究阶段(2003 年 1 月—2006 年 12 月)、初步方案阶段(2007 年 1 月—2008 年 3 月)、纲要成果阶段(2008 年 4 月—2008 年 9 月)、草案审查阶段(2008 年 10 月—2009 年 8 月)、成果论证阶段(2009 年 9 月—2011 年 5 月)、成果报批阶段(2011 年 6 月—2011 年 12 月)等 6 个阶段,其中前期研究阶段和成果论证阶段历时较长,前期研究准备工作扎实,方案论证工作充分。在成果论证阶段的两年半间,社会各界对规划方案进行了深入的讨论。也就是在这样的"全社会参与"过程中,南京历史文化名城保护的思想认识逐步提升,价值判断逐步趋同,规划成果逐步完善,保护机制逐步建立。南京历史文化名城保护终于找到了方向,走出了"泥潭",走向了坦途。

4.3.4.1 前期研究阶段(2003 年 1 月—2006 年 12 月)

2002 年底南京老城保护与更新规划编制完成后,南京市随即开展了一系列历史文化保护相关的深化研究工作。2004 年起,南京谋划新一轮城市总体规划修编,历史文化名城保护规划作为重要专项规划也开展了相关准备工作。2007 年初,南京市规划局正式启动南京历史文化名城保护规划的修编工作。因此将两者之间的这一时段称为"2010 版"保护规划的前期阶段。需要说明的是,2007 年"2010 版"保护规划正式启动后,又补充进行了相关研究工作,本节一并论述说明。

1. 历史文化资源普查相关研究

2000 年后的南京历史文化资源的普查工作起始于 2002 年南京老城保护与更新规划编制过程中,当时对老城内包括历史典故发生地、名人居址等各类非文物类历史文化资源进行了初步调查。2004 年,南京市文物部门曾经对各类文物保护单位进行过核查。2005 年,南京市规划局相继启动了历史文化资源点、片区、线路等的普查工作,普查主体工作基本于 2007 年底完成,相比南京市第三次全国文物普查工作而言,时间上大幅领先,对象上也更为广泛❶。2007 年 5 月,为了对普查出来的各类历史文化资源进行科学评价,又开展了"南京历史文化资源评估体系建构研究",2008 年 9 月,历史文化资源普查、评价、建库工作基本全部完成。

---

❶ 据《第三次全国文物普查南京重要新发现》(杨新华主编,南京出版社 2009 年 12 月出版),南京市文物部门第三次全国文物普查工作于 2007 年 4 月启动,2009 年 9 月基本完成,关注的对象"以具有地方特色的乡土建筑,近现代建筑和工业遗产,长江、秦淮河、金川河、滁河、玄武湖等水系沿线,20 世纪遗产为重点"。

　　2003 年初,南京市规划局组织开展全面的"南京老城历史典故研究工作"❶,共整理出历史典故五大类,其中"山川城池"相关的 19 条、"桥梁街道"相关的 26 条、"府第园宅"相关的 24 条、"文人学馆"相关的 28 条、"佛寺祠庙"相关的 15 条,共计 112 条。2003 年 10 月,还组织人员对所有历史典故相关地点进行了踏勘拍照。

　　2005 年初,"南京历史文化资源调查"❷启动,田野调查从 2006 年 3 月开始,到 2007 年 9 月结束,计算机建库工作于 2007 年 11 月基本完成。"调查"对南京全域范围内 1970 年代以前的各类点状、面状、线性历史文化资源进行了普查。"调查"共普查到南京文化资源点 2 067 处,近一半位于南京老城范围内。共包括各级文物保护单位 480 处、南京市重要近现代建筑 66 处,其余历史文化资源点根据价值评估体系打分评价,分值 75 分以上(满分 100 分)的列为重要文物古迹,共计 579 处;分值 50～74 分的列为一般文物古迹,共计 811 处;分值 49 分以下的共计 131 处。"调查"共普查到风景名胜区(文化景观)、古镇、古村、街区等"面状"历史文化资源共计 74 处;河道、道路街巷等"线性"历史文化资源共计 75 条;非物质文化遗产 87 项。

　　2006 年 5 月,"历史地段调查与保护对策研究"❸启动,历时两年于 2008 年 9 月完成。"研究"整合了老城保护与更新规划和老城控制性详细规划的相关成果,并扩大范围对老城以外的历史建筑群、传统街区和古镇村进行了全面调查、梳理和评价,形成了南京市历史地段的名录和保护对策。"研究"筛选出历史地段候选对象 70 个,根据评价标准和评分结果,遴选出 57 处历史地段建议列入保护名录,并将其中的 20 处推荐为历史文化街区。

　　2006 年 8 月,"南京市古镇村历史文化资源调查及保护对策研究"❹启动,2008 年 9 月完成。"研究"实地调查了 23 个古镇和 32 个古村,经过初步筛选确定 11 个古镇和 12 个古村候选名单。经过评价打分,从中遴选出:历史文化名镇 4 个、历史文化名村 2 个;重要古镇 2 个、重要古村 7 个;一般古镇 5 个、一般古村 3 个。

　　2006 年 8 月,16 位专家联名呼吁"保留南京历史旧城区"后,"南京城南老城区历史街区调查研究"❺启动,2008 年 3 月完成。"研究"范围与 2002 年 3 月杨永泉倡议提出的《关于建立南京古城保护区的建议》中三片古城区范围大致相当。"研究"综合考虑"自然地理因素""历史街巷网络"以及"传统街坊建筑"三种因素,确定了老城南地区

---

❶　南京大学历史系承担,蒋赞初教授为研究负责人。

❷　南京大学文化与自然遗产研究所、南京市城市规划编制研究中心、南京市规划设计研究院、南京市历史文化名城研究会合作完成,贺云翱教授为研究负责人。

❸　南京市规划设计研究院承担,刘军副总建筑师为研究负责人。

❹　南京历史文化名城研究会、南京市规划设计研究院、南京工业大学合作完成,南京市规划设计研究院童本勤副院长为研究主持人,南京历史文化名城研究会孙敬宣副会长、南京工业大学汪永平教授和南京市规划设计研究院周慧副总规划师共同担任课题负责人。

❺　南京大学建筑学院承担,蒋赞初教授和潘谷西教授为顾问,赵辰教授为研究负责人。

7 片"传统城市肌理范围"❶,梳理了"传统城市肌理范围分地块"情况。"研究"认为"这些对城南老城区具有结构性意义的'传统城市肌理范围',必须在整体上受到足够的保护"。

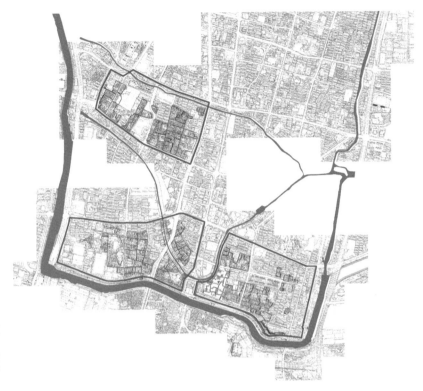

图 4.3-3 南京城南老城区历史街区调查研究

资料来源:南京大学建筑学院.南京城南老城区历史街区调查研究[R],2008

2007 年 5 月,"南京历史文化资源评估体系建构研究"❷启动,2008 年 3 月完成。"研究"在"应保尽保"的目标指引下,强调"格局优先"的理念,把点状资源、面状资源、线性历史廊道和混合遗产等各类历史文化资源放到城市空间格局的视野下,分时期、分区域、分类别、分级别进行评估,借鉴国内外相关经验,建立符合南京历史文化特征的评价体系,在此基础上确定关键遗产、重要遗产和一般遗产保护名录,相应建立法定保护、登录保护、规划控制的分级保护控制体系。

在南京面对快速现代化浪潮的冲击下,通过上述一系列历史文化资源普查工作,南京市对各类历史文化资源进行了抢救性的地毯式普查,摸清了南京各类历史文化资

---

❶ 安品街/南捕厅地块两处:(1)东西方向红土桥路至中山南路之间,南北方向升州路至泥马巷之间的地域;(2)东西方向莫愁路至辉复巷/糯米巷之间,南北方向升州路至七家湾之间的地域。门西地块三处:(1)东西方向花露岗至鸣羊街之间,南北方向花露南岗至花露北岗之间的地域;(2)东西方向鸣羊街至水斋庵/中山南路之间,南北方向陈家牌坊至蒋家苑之间的地域;(3)东西方向钓鱼台/中山南路至旋子巷/过街楼之间,南北方向六角井至新桥之间的地域。门东地块两处:(1)东西方向大油坊巷至小西湖路之间,南北方向马道街至小油坊巷/堆草巷之间的地域;(2)东西方向箍桶巷至双塘园/转龙巷之间;南北方向边营至剪子巷之间的地域。

❷ 东南大学城市规划设计研究院承担,陈薇教授为研究负责人。

源的"家底",为南京的历史文化名城保护工作打下了坚实的基础。

2. 名城保护战略对策相关研究

2002 年的南京老城保护与更新规划国际研讨会上,专家和领导们就南京老城乃至南京历史文化名城的保护目标、战略、对策等提出了高度前瞻性的建议和要求。此后为了准备南京历史文化名城保护规划的修编,又进行了一系列的补充深化研究。

2004 年初,南京市城市总体规划修编前期研究工作正式开展,历史文化保护规划作为其中一项重要内容同期开展,并于 2004 年 8 月完成"南京市历史文化资源保护与发展对策"❶。提出了"深入普查,建立完善的历史文化资源保护名录""全面保护,在新的开发建设中不再出现遗憾""严格控制,保护历史文化资源及其周边环境的整体风貌""详细规划,规范各类历史文化资源的保护与开发工作""串联整合,营造城市整体的历史文化氛围""积极展示,提高全社会的历史文化资源保护意识""完善管理,建立科学的历史文化资源管理体制""统一经营,政府成立专门的开发实体,整体运作历史文化资源的市场开发工作"等相关保护与发展对策。在此基础上,2005 年 6 月完成"南京历史文化名城保护规划 2005 年修编思路"❷。"研究"对上版保护规划进行了实施回顾,将"找出来、保下来、亮出来、用起来、串起来"❸作为规划调整的行动策略。"研究"提出要"转变保护观念,充分认识历史文化资源保护的潜在经济效益";"借鉴已有经验,积极吸收南京及其他城市相关的保护经验";"扩大保护对象,在类型、时间和空间等三方面进行延伸和拓展";"保护利用并举,在妥善保护历史文化资源的基础上加强展示利用";"突出南京特色,强化南京独特的历史文化资源的保护和利用"。"研究"还提出了新版保护规划内容框架建议和近期行动计划构想,其中的近期行动计划构想经深化补充完善后纳入《南京市近期建设规划纲要(2006—2010)》成果之中。

2004 年 10 月,"南京城市空间历史演变及复原推演研究"❹启动,2008 年 3 月完成。"研究"对南京不同历史时期的城市形状、空间布局进行复原,描绘其空间特征,并探讨其出现的历史背景、原因和构成的法则,探寻南京城市空间历史变迁的规律,传承延续历史空间的线索和传统,为建立起从局部到整体、从微观到宏观的整体保护体系奠定研究基础。"研究"认为城市建设与山水环境的良好互动是南京有别于其他北方都城的特色之处,历代的山水格局的视野也随着城市规划建设框架的拓展逐步放大到

---

❶ 南京市规划设计研究院承担,周慧副总规划师为研究负责人。
❷ 南京市规划设计研究院承担,本书作者为研究负责人。
❸ 南京市规划局将 2000 年以来南京历史文化保护实践经验,总结成为"找出来、保下来、亮出来、用起来、串起来"的行动策略。
❹ 南京大学自然与文化遗产研究所和南京市城市规划编制研究中心共同承担,贺云翱教授为研究负责人。

更大的区域;南京老城的空间历史演变是由内秦淮河两岸而起,经历了由南向北的发展过程,老城南是南京历史积淀最深厚的地区,需要给予特别的重视。

2006年8月,为了积极回应16位专家《关于保留南京历史旧城区的紧急呼吁》,南京市规划局迅速开展相关调研工作,"广泛听取国内著名专家意见,多方收集国内外有关资料,多次踏勘历史保护区现场,经过局内多轮专题讨论",形成"关于南京历史文化名城保护规划及实施对策的调研报告❶,于2006年9月提交"南京历史文化名城保护与发展专家研讨会",并得到国内历史文化名城保护界知名专家和国家建设部、国家文物局、江苏省建设厅、江苏省文化厅有关领导的赞许,由此,2006年的"老城南事件"得以化解。"报告"在"回顾南京既往历史文化保护工作成绩,分析南京历史文化保护当前面临矛盾的基础上,借鉴国内外历史文化保护成功经验",从统一认识、加大政府投入、部门联动、保护政策法规、保护技术准则、程序完善和实施制度建设等方面,提出了10类33条进一步改善和完善工作的建议",对"2010版"保护规划的编制起到了很大的促进作用。

2007年初,"25年来南京历史文化名城保护工作回顾评价"❷研究启动,2007年底基本完成。"评价"以南京市规划局"关于南京历史文化名城保护规划及实施对策的调研报告"为基础,详细回顾了25年来南京历史文化名城保护的工作历程,对前三版保护规划的实施情况,结合典型案例进行了深入分析和客观评价,并结合当时面临的形势和机遇,提出了修编工作的相关建议。

2007年初,"历史文化空间网络体系研究"❸启动,2008年3月完成。"研究"梳理出"科举文化+秦淮文化空间""民国文化空间""佛教文化空间""古代交通空间""城南文人学馆文化空间""抗日战争纪念空间"等六大文脉空间系列,对南京的历史文化资源进行了文脉整合,并在此基础上结合南京的城池格局,建立了老城、主城、市域三个层次的历史文化空间网络体系。

2007年5月,"南京历史文化名城保护定位、目标和战略研究"❹启动,2008年3月完成。"研究"建议应充分认识保护南京历史文化名城的重大历史意义、世界意义与社会意义,坚持全面保护、整体保护和积极保护的原则,正确处理南京历史文化名城保护与城市现代化建设的关系。"研究"认为南京正处于古城保护十分重要的关键时期,应努力成为特大型古都保护的典范。"研究"提出"加强市域范围的历史文化遗产保护""建立新区建设与历史城区保护有机互动机制""严格进行南京老城的整体保护""建立老城保护的交通支持策略"等保护战略。并提出健全老城保护的法规条文、技术规范、

---

❶ 南京市规划局完成。
❷ 南京市规划设计研究院承担,周慧副总规划师为研究负责人,本书作者为主要参加人。
❸ 东南大学城市规划设计研究院和南京市规划设计研究院共同承担,董卫教授为研究负责人。
❹ 东南大学城市规划设计研究院承担,阳建强教授为研究负责人。

运作机制等法规与制度;建立历史文化遗产保护管理委员会、文化遗产保护研究和专家把关等制度;建议考虑成立政府专门机构或国有公司,专门承担历史文化保护的专项工作,推行经济运作上的区域整体平衡方式。

站在 2002 年南京老城保护与更新规划的高起点上,南京市又结合当时历史文化名城保护面临的各种挑战,继续深化研究历史文化名城的保护目标定位、战略对策,从规划研究层面理清矛盾、找准方向、明确对策。但是,想清楚怎么做与决定怎么做之间仍有较大的距离,南京市规划局作为历史文化名城保护规划的职能部门,已经尽可能地提出了全面的政策建议,然而最终的决定权在市、区政府层面。回顾南京历史文化名城保护的历程后愈发能够感受和体会到:只有规划部门的研究成果真正转化为城市政府的政策文件,才能从根本上解决历史文化名城保护的机制保障问题。

4.3.4.2　初步方案阶段(2007 年 1 月—2008 年 3 月)❶

经过近五年的基础性研究工作储备,再加上 2006 年"老城南事件"后全国范围内专家学者对南京历史文化名城保护工作的热切关注,南京市规划局于 2007 年 1 月正式启动南京历史文化名城保护规划修编工作。经多次会议研讨,2007 年 7 月,南京历史文化名城保护修编工作框架和思路基本明确,并于 2007 年底最终确定修编工作方案。此后,规划方案编制工作快速推进,2008 年 3 月 29 日,南京市人民政府组织召开了"南京历史文化名城保护规划专家咨询会",就南京历史文化名城保护规划初步成果进行了研讨咨询,"2010 版"保护规划初步方案完成。初步方案阶段大致可以划分为三个小的段落:前期工作的谋划阶段、工作方案的确定阶段和初步方案的编制阶段。

1. 前期工作的谋划(2007 年 1 月—2007 年 7 月)

(1)正式启动修编工作

2007 年 1 月初,南京市规划局召开历史文化名城保护规划修编相关工作的讨论会,对修编的前期准备工作进行部署,保护规划修编工作正式启动。"会议"要求在历史文化保护的新背景下应突出工作重点:①在我国历史文化名城保护相关法律法规修订背景下,在南京历史文化名城保护规划一系列深化规划研究的基础上,保护规划修编要突出南京的特色。②保护方法要多元化。③保护内容要聚焦南京老城。④要采用先进技术,建立历史文化资源数据库。"会议"要求保护规划修编在工作组织上:①通过地方专业力量做实规划内容,借助全国专家力量提升规划层次。②成立专家咨询组,考虑由正在组建的南京历史文化名城保护专家委员会及其他全国专家组成。③强调全过程的社会互动和参与。④学习和借鉴北京等历史文化名城保护经验。"会议"

---

❶　本节内容主要根据"2010 版"保护规划相关会议记录整理。

还要求尽快拿出保护规划修编工作计划,组织修编工作前期专家座谈会。

(2) 确定规划设计单位

2007 年 1 月中,南京市规划设计研究院在 2005 年相关研究的基础上,结合近两年的最新动态,提交了"保护规划修编工作准备及初步建议",经讨论后认为理念思路、技术方法等还不够先进,对工作难度的预估不够充分❶。2007 年 3 月,为了能够引进更高水平的设计单位,规范规划编制单位,确定程序,根据"开门规划"的原则,南京市规划局发布公告对外公开征集保护规划修编设计单位,最终,共有南京市规划设计研究院、东南大学城市规划设计研究院、华南理工大学建筑设计研究院三家单位投标。2007 年 3 月底,根据询标会各家单位答辩情况,最终决定由南京市规划设计研究院联合东南大学城市规划设计研究院、南京市城市规划编制研究中心共同参与本次规划修编工作。至此,本次规划以地方专业力量为核心,正式组建了多家联合的编制技术团队。

(3) 前期研究专家研讨

2007 年 4 月中旬,南京市规划局组织召开"南京历史文化保护及城市特色塑造专家研讨会",与会专家对前期研究部分成果进行了研讨,提出了保护规划修编的建议。专家们认为:要从世界历史文化名城的高度看待南京;历史文化资源普查也要重视地下资源的挖掘,注意信息的准确性和科学性,建立动态可适时修正的信息库作为规划研究的重要平台;历史空间脉络的相关研究要相互衔接加以整合,整体展现南京的特色;规划修编成果要强调"软硬"结合,"软"是指要加强"适应保护要求的开发策略模式研究",提出操作模式、部门协调、资金保障、法律保护等具体建议,"硬"是严格按照法规规范刚性管控;应进一步整合各方力量,由规划部门牵头,统一组织协调,提高修编成果的学术价值。研讨会当晚的修编工作推进会上,南京市规划局领导提出:南京是层叠式的历史城市,可借鉴生态学的方法,依托历史文化脉络串联整合资源点和文化斑块,构建"历史资源基质点—文化斑块—文化网络",整体展示城市特色,将以前提炼形成的"找出来、保下来、亮出来、用起来、串起来"行动策略,升华到学术理论的高度。

(4) 前期工作专家咨询

2007 年 4 月召开专家咨询会后,规划项目组在补充开展相关研究工作的基础上,对规划工作方案进行了多轮修改完善,形成前期工作咨询成果。2007 年 7 月初,南京市规划局组织召开了"南京新一轮历史文化名城保护规划修编前期工作专家咨询会"。

❶ 鉴于当时南京市已经开展了多年的历史文化名城保护相关规划及研究储备工作,还召开了多次专家咨询会听取专家指导,对南京历史文化名城保护已经初步达成共识,当时提交的"建议"计划于 2008 年春节前完成规划最终成果。实际上由于此后南京市委、市政府以及市规划局领导的人事变动以及 2009 年老城南地区"危改"引发第二次"老城南事件"、审批流程复杂等各种各样的原因,规划编制历时 5 年,其过程之曲折漫长,远超所有参与人员的预期。

提交会议进行咨询的"成果"在简要介绍南京历史文化概况、保护规划情况、保护工作实践的基础上,分析面临的机遇和挑战,提出修编工作思路。提出"本轮保护规划着重在'识、保、术、法、策'等五方面同时寻求新的突破"。"识":对历史文化保护提高认识、达成共识。"保":全面保护历史文化资源,在要素上、类型上、空间上、时间上进行拓展❶。"术":进行肌理织补与整体创造,加强"斑块与廊道"的组织,形成整体风貌。"法":探索制定《南京历史文化名城保护条例》。"策":深化新城建设与老城保护联动、历史地段保护与更新相关的动迁安置以及经济补偿转移支付、公众参与等保护对策。"成果"提出实现"具有鲜明历史文化与古都风貌特色的世界级历史名城"的总体目标。"成果"确定规划修编的工作重点为:在前三轮历史文化名城保护规划基础上,进一步聚焦,强化"全面保护、肌理织补与整体创造"的空间落实;进一步明确保护对象,补充完善规划框架,串联整合历史文化资源,分类提出保护对策,传承延续文化传统。"成果"提出确立"政府组织、专家领衔、部门合作、公众参与"的规划编制组织模式。

专家认为"本次修编工作方案对当前背景理解深入,对历史文化名城认识客观正确,规划思路清晰科学,技术方案基本可行"。同时提出:要进一步回顾总结25年来南京历史文化名城保护工作的得失;进一步强化整体保护的思路,针对南京各朝文化多层叠加(即所谓"千层饼")特征,要加强城市整体格局的保护和地下文物的保护;充分重视老城历史地段、传统街巷、历史文化轴线和传统风貌的保护,尤其要尽可能多地保护城南传统民居风貌区;充分重视保护规划实施机制,提高规划可操作性;注意与即将出台的《历史文化名城名镇名村保护条例》相衔接。

2007年7月中旬,南京市规划局组织召开历史文化名城保护规划修编相关工作讨论会,在月初专家咨询意见的基础上,初步确定修编工作方案。①要进一步整合资源:整合南京与历史文化保护相关的专业技术力量,整合既有的规划研究成果。②要做实规划内容:进一步落实各类保护对象,尤其是传统民居型历史地段和非文物保护单位的历史文化资源的具体空间位置、边界。③要充分估计本次保护规划修编的难度:鉴于专家和社会各界对南京历史文化名城保护工作的关注,社会各界的不同观点在一段时间内仍然难以统一,本次保护规划修编工作要搭建平台,努力使公众和学术界大多数人基本形成共同的价值观,达到学术界肯定、社会认可的效果。④要强调"全面保护、整体保护"。⑤要搭建工作交流平台:建立工作例会制度,由南京市规划院牵头组织,东南大学规划院、规划处、编研中心参加,加强各方工作的交流和衔接。

---

❶ 保护要素:从历史遗迹拓展到自然环境、混合遗产和文化景观。保护类型:从静态遗产拓展到动态遗产、活态遗产。保护空间尺度:从单一文物拓展到历史街区和城、镇、村的整体格局,从"点""面"的保护拓展到大型文化遗产、线性文化遗产的保护。保护时间尺度:从古代文物、近代史迹拓展到20世纪遗产、当代遗产。(引自2007年7月"南京新一轮历史文化名城保护规划修编前期工作专家咨询会"会议材料《1990年代以来南京历史文化名城保护规划思路汇报》。)

2. **工作方案的确定**（2007年8月—2007年12月）

2007年8月起,修编工作的重点转向后续补充专题研究的深化完善和规划修编工作方案的最终确定上来。经过近4个月多次工作例会的深入讨论,相关专题研究成果逐步得到深化;在研究讨论的过程中,南京历史文化名城保护规划修编工作方案最终确定,并开始制定保护规划大纲内容框架,为初步方案的编制做准备。

在保护规划实施回顾评价、保护目标定位战略研究、历史文化资源评价体系、历史文化资源空间网络体系等专题研究深化讨论的过程中,又逐步明确了以下几方面的内容:①修编工作涉及面广难度大,需要"多学科、多角色参与"。②要加强历史地段和古镇村保护的普查工作。③本着"应保尽保"的目标,在历史文化资源评价的基础上建立历史文化资源分类分级保护制度。④"点"的保护对象分三类:Ⅰ类为法定保护的资源,需按法定要求进行保护,包括文物保护单位和已公布的南京市重要近现代建筑;Ⅱ类为重要的历史文化资源,对外公布,原则上不得灭失,应按照规划要求进行保护;Ⅲ类为内部控制资源,在规划管理中需要关注,可根据实际情况采取风貌延续、设置标识等方式提示其历史信息,作为规划管理内部参考。⑤增补地下文物重点保护区,适度扩大部分保护区的范围。⑥强调老城南地区的相对完整性,并适当扩展其界定范围;鉴于老城南的全部区域保护难以实现,建议借鉴"茎块"理论,可以依托历史主骨架和重点片区等历史要件,串联整合现存历史资源,形成老城南的历史文化空间网络。

2007年12月初,经过近一年的研究讨论,在2007年的最后一次项目例会上,保护规划编制工作框架最终得以确定,工作思路、工作方法和规划目标的认识得到统一。①工作思路:全面普查、科学研究、理性评价、系统整合、分级保护、多元再现、织补肌理、串联整合、探索传承、有机更新。②工作方法:多学科合作、多角色参加、全社会参与、新技术支撑。③规划目标:全面保护、整体保护、积极保护、传承创造。④统一全社会的共识,建立统一共识基础上的各司其职的保护责任机制,立法保护关键资源,政府牵头制订保护行动计划并建立资金保障体系,发动全社会全面参与。

2007年12月底,保护规划初步方案大纲框架基本成型,在2007年相关研究工作的基础上整合形成了规划说明书初稿。

3. **初步方案的编制**（2008年1月—2008年3月）

2008年1月初,规划编制项目组着手开展规划说明书的深化编制工作。与此同时,2007年启动的专题研究工作也在同步优化完善。

2008年1月上旬,南京市规划局组织召开了两次项目推进会。"会议"决定2008年保护规划修编工作要转移到做"实"规划内容上来,要将保护规划的强制性内容落实到空间上,落实到保护措施上,统一认识,形成结论。"会议"总结当前南京历史文化保护存在的主要问题:一是城市快速增长带来潜在的压力,二是城市发展重心仍有继续向中心(历史城区)集聚的惯性,三是缺乏历史文化保护的利益保障约束机制,四是规划理念方法及手段有待提升,五是缺少有效的规划实施保障机制。"会议"要求成立保护规划修编核心工作组,负责保护规划文本和说明书的编写工作;同时计划 2008 年一季度完成方案咨询工作,三季度完成评审上报工作。

2008 年 3 月初,各专题研究成果基本修改完成。2008 年 3 月底,南京市政府组织召开"南京历史文化名城保护规划专家咨询会",保护规划初步成果提交审议。

4. 初步方案成果简述

初步方案成果主要包括规划背景、技术准备、初步想法等三部分内容。规划背景相关内容主要为历版保护规划评价成果回顾;技术准备相关内容是其他相关专题研究成果的主要结论;初步想法的内容是本次保护规划修编工作开展以来首次提交的保护规划方案。

(1)规划范围

分为市域、明外郭、老城三个层次。市域重点保护古都山川形胜,明外郭重点保护历代都城格局,老城重点保护街巷格局、空间形态、建筑风貌。

(2)规划目标

提出"国际影响力(或者国际性)历史文化名城""世界级历史城市"的规划目标,侧重于强调在全球视野中的地位,对南京历史文化核心价值特色的挖掘提炼还不够充分。

(3)总体战略

提出继续推进"保老城、建新城"战略,文化优先战略,文化空间整合战略三大战略。后两个战略还不是特别明确。

(4)规划原则

引用了吴良镛先生 2007 年 6 月提出的"积极保护、整体创造"理念,进行了概念内涵的衍化。对于"积极保护",提出对各类历史文化遗产做到"应保尽保",做到"全面保护、整体保护、积极保护";对于"整体创造",提出在严格保护的前提下,将历史文化资源融入城市公共空间体系中,建立历史文化资源与周边用地、功能、景观的互动关系,使之成为现代生活的有机组成部分。

(5)保护策略

首次明确对普查评价出来的各类历史文化遗产分为"法定保护、登录保护、规划控制"三级保护控制。法定保护:国家、省、市已经颁布相关法律法规进行保护的历史文化遗产,严格按照法律法规进行保护。登录保护:法律法规没有明确保护规定的重要历史文化遗产列入保护规划的保护名录,进行登录保护,提出针对性的保护对策。规划控制:一般历史文化遗产通过各类规划设计进行控制,采用多元方式进行展示。

表 4.3-1　历史文化资源分类保护方案

资料来源:南京市规划设计研究院."2010 版"保护规划初步方案

保护等级	法定保护 （通过相关法律法规进行保护）	登录保护 （通过名城保护规划进行保护）	规划控制 （通过其他规划进行控制）
整体格局和风貌	环境风貌保护区（6片） （风景名胜区、森林公园、 地质公园）	环境风貌保护区（6片） （一般风景区）	宁镇山脉等山脉 秦淮河、石臼湖等河湖水系
		历代都城城郭 （六朝、南唐、明代、民国）	建筑风貌
		历代轴线 （南唐、明代、民国）	重要标志点
		历史街巷	重要景观视廊
历史地段 （共61片）	历史文化区（19片，建议）	重要历史地段（22片）	一般历史地段（16片）
	近现代建筑风貌区（4片，建议）		
文物古迹 （2 707处）	文物保护单位（387处）	重要文物古迹（505处）	一般文物古迹（1 007处）
	重要近现代建筑（67处，建议）		
	古树名木（726棵）		
	地下文物重点埋藏区（15片）		
非物质文化遗产	国家省市级非物质文化遗产（87项）	重要非物质文化遗产	一般非物质文化遗产

（6）古都山川形胜的保护

按照保护人文、控制环境、深化品质、突出景观、加强联系的总体要求,规划确定环境风貌保护区 12 片,对"2002 版"保护规划确定的 13 片环境风貌保护区进行了调整。将"2002 版"保护规划中确定的石城风景区、明城墙风光带纳入历代都城格局进行保护;将秦淮风光带纳入历史地段进行保护;增补六合灵岩山—瓜埠山风景区和江宁方山风景区作为环境风貌保护区。

（7）历代都城格局的保护

重点保护六朝、南唐、明代都城格局和民国历史轴线。民国历史轴线在中山大道的基础上补充了民国时期形成的中央北路、中山南路和汉中路。由于当时还未能充分

图 4.3-4　江浦老城空间格局保护图

资料来源:南京市规划设计研究院.浦口区江浦街道地区控制性详细规划[Z],2006

将近年来的相关规划研究成果进行转化,历代都城格局的保护内容和要求基本没有超出"2002版"保护规划相关要求。规划编制过程中还曾考虑将太平天国王府系列以及南京主城外围的雄州、江浦、浦子口、淳溪、在城等卫城或县城纳入城池格局进行保护,后经讨论分别根据其保存情况纳入历史地段、文物古迹进行保护,或者结合城市设计方案在控制性详细规划中予以控制。

(8)老城的总体保护对策

积极疏解城市功能,从老城向新区疏解;严格控制建设高度,控制高层建筑建设;适度控制居住容量,减少老城居住人口;交通组织疏导结合,多方解决交通问题;设施配套逐步完善,提升老城整体品质。

(9)老城整体风貌的保护

整体保护、格局优先。主要包括老城高度控制、街巷格局、空间形态、建筑风貌的保护。将老城风貌分为历史保护区、建设控制区、风貌保持区和环境协调区四类分区,其中建设控制区重点包括城南地区、明故宫地区、"龙盘虎踞"形胜区、中山大道沿线。总体来看,保护内容和要求基本没有超出2002年南京老城保护与更新规划的相关要求。

历史保护区
建设控制区
风貌保持区
环境协调区

图4.3-5　"2010版"南京历史文化名城保护规划初步方案——老城风貌分区控制图

资料来源:南京市规划设计研究院."2010版"保护规划初步方案

（10）城南历史城区的保护

考虑到 2006 年以来老城南保护受到前所未有的关注，"南京城市空间历史演变及复原推演研究"也认为"老城南是南京历史积淀最深厚的地区，需要给予特别的重视"，初步方案首次在南京提出历史城区的概念。结合老城南的历史和现状，提出老城南地区应采取以下措施进行保护控制：①文化功能主导——以文化为主导功能，彰显历史文化。②建造严格控制——建筑高度以低层为主，禁建高层，建筑形式与传统风貌协调。③空间特色鲜明——严格保护传统风貌和空间肌理，已改造地区择机修复历史风貌。④传统肌理保存——严格控制大流量交通和大尺度道路，市政设施小型分散布置。⑤实施制度保障——制定特殊经济政策，疏散人口，建立特定考核制度。⑥法律法规支撑——制定特定的消防、日照、市政、交通、绿地等规范。

图 4.3-6 "2010 版"南京历史文化名城保护规划初步方案——城南地区的用地条件分析图
资料来源：南京市规划设计研究院．"2010 版"保护规划初步方案

（11）历史地段的保护

根据近年来的相关研究成果，将历史地段的保护范围扩大到市域，保护类型增加了古村落、工业遗产等类型，保护数量从原有 10 片历史文化保护区，调整、细分、扩展为 61 片历史地段，其中 47 片为新增历史地段。依据历史地段资源打分评价，建议划定 19 片历史文化街区、4 片近现代建筑风貌区进行法定保护，划定 22 片重要历史地段进行登录保护，划定 16 片一般历史地段进行规划控制❶。

---

❶ 详见表 4.3-2。

图 4.3-7   "2010 版"南京历史文
化名城保护规划初步方案——老
城历史地段分布图

资料来源：南京市规划设计研究院.
"2010 版"保护规划初步方案

（12）文物古迹的保护

根据历史文化资源普查课题研究,将大量非文物类历史文化资源点纳入保护规划
之中。规划保护各类文物古迹 2 707 处,其中纳入法定保护的有 387 处文物保护单位、
67 处重要近现代建筑、726 棵古树名木和 15 片地下文物重点埋藏区,纳入登录保护的
有 505 处重要文物古迹,其他 1 007 处一般文物古迹进行规划控制。

（13）非物质文化遗产的保护

规划将"2002 版"保护规划中非物质要素的保护调整为非物质文化遗产的保护,聚
焦传统文化、传统工艺和民俗精华,同时还关注了南京历史典故发生地的保护。

（14）历史文化资源与城市空间的整合

规划遵循"积极保护"的原则,依据"历史文化空间网络体系研究"的相关成果,将
"2002 版"保护规划中的"历史文化遗存展示体系"独立出来并加以调整完善。规划借
鉴景观生态学的理念方法,采用"织补、延续、串联和整合"四种手段对零散的各类文化
资源进行组织和重组,创新性地组织形成市域和主城两个层次的"历史文化空间网络
体系"。

5. 专家咨询意见概述 ❶

2008年3月底,南京市人民政府组织召开"南京历史文化名城保护规划专家咨询会"。

与会专家认为:南京历史文化名城保护工作不断发展和创新,一直走在全国前列。在保护规划的指引下,南京的古都格局和关键历史文化遗产得到了持续不断的保护,成效显著。南京作为中国重要的古都型历史文化名城,有资源和条件进入世界历史城市行列。规划工作方法有所创新,开展的研究工作深入扎实、思路开阔。保护内容框架层次清晰、内涵全面,拓展了保护对象的广度和深度。在实现"应保尽保"的目标下提出的分级保护体系,与规划管理衔接较好,提高了保护规划的可操作性。历史城区概念的提出有助于加强城南地区的整体保护,对老城南地区可采用多元化的灵活保护方式进行保护与更新。历史文化资源与城市功能有机整合的思路符合城市发展的现实需求。

与会专家建议:①认真总结南京历史文化名城保护的经验和教训,客观评价历版保护规划实施的成就与不足,针对存在问题加强研究,突出修编的重点。②进一步梳理保护对象,突出保护重点;进一步明确文物保护单位、历史文化街区、历史文化名城三个层次的保护对策与方式,并补充历史风貌区、历史建筑等保护对象,明确保护要求。③针对老城南地区遗存丰富、质量一般的具体实际,深入研究保护对策和保护模式。④在全面保护的前提下,探索多种方式进行积极保护。⑤加强城市发展战略、旧城改造模式、基础设施改善、规划实施程序、公众参与要求等实施政策制度研究。

专家还建议南京市委、市政府要加强舆论宣传,努力形成全社会共同保护的氛围与格局,强调和坚持政府在保护中的主导性,坚持历史地段小规模、渐进式的有机更新模式,确保规划落到实处。

总体而言,专家们对南京历史文化名城保护规划修编的工作方法、研究成果、理念目标、内容框架等给予高度评价,同时认为需要进一步突出保护规划修编的重点,聚焦老城南地区历史地段、历史建筑等的保护,强化历史文化名城保护的实施机制研究,这些问题也正是困扰南京历史文化名城保护的核心问题。

4.3.4.3　纲要成果阶段(2008年4月—2008年9月)

1. 成果编制过程

按照2008年初制订的进度计划,2008年4月起,核心工作组工作重心转向在现有专题研究的基础上迅速形成保护规划纲要成果。保护规划纲要重点聚焦相关政策研究和老城南保护两方面,同时要求加快绘制各类保护对象准确定位的图纸。依据最新

---

❶　详见附录B。

出台的《历史文化名城名镇名村保护条例》❶以及保护规划规范编写保护规划纲要文本,考虑到老城南地区的重要性,南京市规划局又专门开展了"南京城南历史风貌区保护与复兴概念规划设计"❷,作为保护规划修编工作的专项规划支撑。同时还结合南京城市总体规划修编的"总体城市设计"专项,深化研究老城高度分区和传统风貌保护要求。2008年8月底,保护规划纲要成果提交南京市城市总体规划修编工作领导小组办公室(以下简称"市修编办")审查。2008年9月中旬,保护规划纲要成果提交专家论证。

2. 阶段工作重点

(1)老城南的保护

2008年3月底,吴良镛先生参加了"南京历史文化名城保护规划专家咨询会"之后,怀着对家乡❸的满腔热情,撰写了《历史名城的文化复萌——南京城南地区"保护与更新"试议》❹,指出:南京中华门门东、门西地区历史文化积淀深厚,同时长期衰败,在"保护与更新"过程中要保护和发展并重,两者不能割裂;要重视物质环境的保护,还应力求普通市民安居;要努力通过"积极保护,整体创造",让衰落地区复萌城市文化。

有鉴于此,南京市规划局组织开展了"南京城南历史风貌区保护与复兴概念规划设计"。"规划"提出:从国际的视野来看,世界著名的历史城市都具有其清晰可辨的历史城区或是历史风貌区,并且都在整个城市区域里扮演着具有可持续发展活力的角色。"规划"在深度挖掘南京城南历史城区的城市肌理、空间文脉的历史环境研究基础上,进一步拓展到将历史文化遗产融入未来城市空间的营造中,形成具有城市历史文化环境的、立体空间架构的整体保护与复兴体系。"规划"制定了交通、景观、建筑改造和高层建筑布局策略,还对重点地块提出了城市设计方案。

(2)老城高度分区

2002年南京老城保护与更新规划已经提出了老城高度分区控制要求,在后续的两版老城控制性详细规划之中也进行了深化和落实。但是,当时老城仍然面临人口和功能进一步集聚的态势,房地产开发和各单位大院内部的更新改造仍然持续不断地提出建设高层建筑的要求,老城整体的建筑高度仍然在"长高"。老城建筑高度的控制与老城空间形态和传统风貌的保护控制息息相关,为了保护目前仍有机会的老城空间格局和形态,需要对老城高层建筑立即进行严格控制,抢救性地保护老城整体空间尺度。

---

❶ 《历史文化名城名镇名村保护条例》于2008年4月2日国务院第3次常务会议通过,自2008年7月1日起施行。

❷ 南京大学建筑学院,南京市规划设计研究院有限责任公司,南京市城市规划编制研究中心.南京城南历史风貌区保护与复兴概念规划设计[Z],2009

❸ 吴良镛先生1922年出生于南京老城南门西地区的谢公祠18号,世居于此。吴良镛先生在此度过了他的童年和青少年时期,直至1940年外出求学,此后偶回。

❹ 吴良镛.历史名城的文化复萌[J].城市与区域规划研究,2008,1(3):1-6

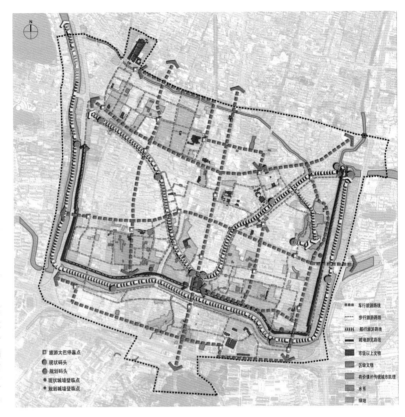

图 4.3-8　南京城南历史风貌区保护与复兴概念规划设计——旅游线路规划

资料来源:南京大学建筑学院,南京市规划设计研究院有限责任公司,南京市城市规划编制研究中心.南京城南历史风貌区保护与复兴概念规划设计[Z],2009

因此,纲要成果阶段,老城高度分区控制成为一项工作重点,要求对以往有关高度分区、高度控制的规划研究成果进行梳理,在此基础上结合当前工作形势进行调整完善。在考虑规划历史延续性的同时抢救老城风貌,明确高度分区划定的原则,重点解决老城新增高层建筑的控制问题,划定高层禁建区和一般控制区,纳入控制性详细规划之中。

(3) 历史地段划定

通过一年多的保护规划修编工作,南京市规划局和修编工作组深切体会到,2000年以来,老城南的历史地段已经成为当前保护与开发矛盾的主战场。历史地段的保护尤其是传统民居型历史地段的保护已经成为南京历史文化名城保护面临的重大挑战。通过多次工作例会讨论后,修编工作组确定:①保护规划的价值取向要综合考虑多方面因素,历史地段保护名录的确定、保护范围的划定和保护对策的制定均要考虑发展需求与实施的可操作性。②明确历史地段分级的基本原则,理清历史文化街区与文物保护单位、近现代建筑风貌区的关系,慎重增减"2002版"保护规划确定的历史文化保护区。

3. 成果内容简述

2008年9月完成的保护规划纲要成果在前三版历史文化名城保护规划的基础上,

"整合"了近年来南京已编制的大量保护规划成果,以"保"为主,做"实"了规划内容,形成了纲要成果说明文件和主要规划图纸。与初步方案咨询成果相比,纲要成果主要进行了以下优化调整和深化完善。

（1）名城特色

在历版保护规划的基础上,结合相关文献、相关研究成果,首次对南京历史文化名城的特色进行了系统总结和提炼升华,即:"龙盘虎踞、襟江带湖"的环境风貌,"依山就水、环套并置"的城市格局,"沧桑久远、精品荟萃"的文物古迹,"南北交融、承古启今"的建筑风格,"继往开来、多元包容"的历史文化。

（2）保护战略

在初步方案成果的基础上更加强调老城优化提升和名城风貌的彰显,补充了"继续实施优化提升老城的发展战略"和"整合历史文化空间,全面彰显名城风貌战略"两个新的战略。

（3）保护框架体系

建立由保护内容框架、分级控制体系和空间结构体系共同构成的总体保护框架。结合历史文化资源普查评价研究成果工作,对保护内容框架中的保护对象分类进行了优化和补充。

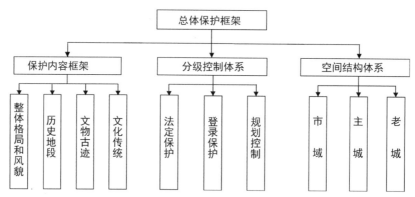

图 4.3-9　"2010 版"南京历史文化名城保护规划纲要成果——总体保护框架图

资料来源:南京市规划设计研究院."2010 版"保护规划纲要成果

（4）整体格局和风貌的保护

名城山川形胜的保护:在初步方案的基础上增补了青龙山—黄龙山环境风貌保护区。

历代都城格局的保护:提出对历代都城地下遗存"加强勘探考察,依法事先考古。一旦有所发现,即应就地严格保护,并结合城市公共空间环境进行展示利用"。在"明故宫遗址保护规划研究"的基础上,对明代都城格局保护要求进行了深化细化,提出"划定明故宫遗址区保护范围,在此范围内近期不得进行新的建设,逐步置换用地功能和清理环境,为将来明故宫遗址整体展示留有余地",对明外郭较为完好的夹岗门—燕子矶段,保护现有走向、宽度及断面,控制每侧绿带 30~50 米宽。纲要成果明确民国历史轴线为中山大道(中山码头—盐仓桥—鼓楼—新街口—中山门),要求"将中山大道两侧 100 米划为控制范围,保护沿线民国建筑,保持公共建筑的主体功能,新建建筑应延续民国风貌和氛围"。

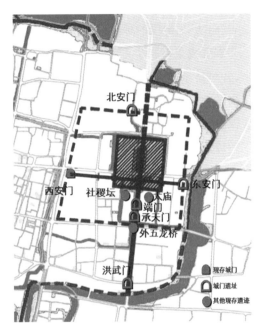

图 4.3-10 "2010 版"南京历史文化名城保护规划纲要成果——明皇城格局保护图

资料来源:南京市规划设计研究院."2010 版"保护规划纲要成果

老城整体风貌的保护:老城街巷格局的保护——提出将历史街巷分为三类进行保护。①历史风貌保存完好的街巷,严格保护街巷的格局、尺度、断面形式,保持街道两侧建筑的界面和传统风格;②历史风貌局部保存的街巷,保持街巷的走向,保留街巷名称,在合适的地点挂牌进行标识;③历史风貌已完全消失的街巷,在合适的地点挂牌进行介绍。老城空间形态的控制——将明城墙沿线、历史文化资源周边和传统风貌地段等重要地区划定为高层禁建区。其他地区作为高层建筑一般控制区,根据城市设计研究在控制性详细规划中予以落实。对高层禁建区又进一步细分:文物保护单位的建设控制范围及历史地段原则上维持现状建筑高度,按照文物古迹和历史地段规划具体划定的建设控制地带要求进行控制;中华门附近、安品街附近及长乐路、集庆路以南地区,新建建筑高度控制在 12 米以下,维持周边地区的整体传统风貌;城南地区、明城墙周边、明故宫周边、鼓楼岗—五台山沿线周边新建建筑控制在 18 米以下。

(5)整体风貌的传承延续

为了体现历史文化名城整体风貌,彰显战略,纲要成果单辟一章阐述历史文化名城整体风貌的传承延续。在老城内形成"一环、三轴、三片"历史文化空间结构性网络。

"一环"即明城墙风光带;"三轴"即中山大道、御道街、中华路三条历史轴线;"三区"即鼓楼—清凉山地区、明故宫地区、老城南地区三片历史风貌片区。将初步方案中划定的"城南历史城区"调整为历史风貌片区,并增加了体现明代皇家辉煌的明故宫历史风貌片区和展现民国历史风貌与自然山水融合的鼓楼—清凉山历史风貌片区,在此基础上提出了三片历史风貌片区的保护与发展要求。"2010版"保护规划划定的三片历史城区即是在纲要成果划定的三片历史风貌片区的基础上发展演变而来。

(6)历史地段的保护

纲要成果对初步方案中历史地段名录进行了优化调整,将其中的古镇古村单列出来,并对其余部分历史地段进行了归并和删减,最终确定42处历史地段。其中历史文化街区10处、重要近现代建筑风貌区10处(其中3处与历史文化街区重复)、历史风貌保护区25处❶。

(7)古镇古村的保护

纲要成果在此前专题研究成果的基础上,将16个古镇村分为历史文化名镇(村)、重要古镇(村)和一般古镇(村)三个等级进行保护。

(8)文物古迹的保护

初步方案咨询后,对各类文物古迹的数量进行了重新核查和分类分级,确定各类文物古迹共计3 130处。

(9)文化传统的继承和发扬

主要包括非物质文化遗产保护和历史典故、老地名、老字号商业等文化传统保护。大力宣传传统文化遗产,为传统文化传承提供空间载体,促进无形文化遗产有形化,保护和恢复传统地名、街巷名称,保护和发展老字号商业和传统工艺,增进传统文化的活力,恢复传统节日。

(10)历史文化的展示利用

突出文物古迹的展示功能和观赏功能,提高历史建筑的现代使用功能,结合自然山水资源的优势开发旅游功能,强化传统文化的产业带动功能。建设十朝博物馆系列,组织主题文化线路系列,充分利用20世纪遗产,强化标识指引系统建设。

(11)规划实施对策

在2006年"关于南京历史文化名城保护规划及实施对策的调研报告"的基础上提出了规划实施对策。

(12)近期行动计划

分老城、主城和外围地区三个层面提出了近期南京历史文化名城保护工作的重点项目建议,以期丰富老城历史文化内涵,推进主城的环境整治工作,加强外围历史文

---

❶　详见表4.3-1。

特色的彰显。

4. 市修编办意见

2008年8月底,南京市修编办听取了南京市规划局关于南京历史文化名城保护规划纲要成果的汇报后,认为保护规划纲要成果的结构较清楚,内容较全面,原则同意明故宫宫城范围内控制新增建设、对明外郭残存段进行全面保护、在老城区划定高层建筑禁止建设区、对老城南进一步强化控制等重点控制内容。同时要求:①要进一步突出整体保护,老城南地区是老城的精华,要提出老城南整体保护与复兴的要求。②六朝、南唐、明朝等历史时期地上物质遗存较少,要对这些时期的地下文物、非物质遗产进行专题研究,提出相应的保护对策。③要提出有关立法、制度建议作为历史文化名城保护的重要支撑。

5. 专家意见概述

2008年9月中旬,江苏省住房和城乡建设厅在南京组织召开《南京历史文化名城保护规划纲要》论证会。与会专家在高度肯定保护规划纲要成果的同时提出:①在保护目标、古城格局、整体风貌、高度控制、城市交通、土地利用等方面与正在修编的城市总体规划加强衔接,提出反馈性意见。②在历史研究、现状分析和保护必要性、可行性分析的基础上,进一步划定历史文化街区的保护范围,明确保护措施。③根据南京的实际,合理划定地下文物重点保护区的保护范围,切实加强地下文物的保护。④在做好文物保护单位必保的同时,对新普查出来的历史文化资源应保尽保。⑤根据古城保护的要求,提出针对性的道路交通、市政工程管线等规划要求。总的来说,专家组针对多年来南京历史文化名城保护的薄弱环节,重点对老城整体保护、历史文化街区保护、地下文物保护等内容提出了深化完善的相关意见。

4.3.4.4 草案审查阶段(2008年10月—2009年8月)

1. 成果编制过程

2008年10月起,在纲要成果修改完善的基础上,核心工作组开始编制成果文本、说明和图件,并于2008年底初步形成保护规划全套成果草案。由于南京城市总体规划修编工作晚于保护规划修编工作开展,保护规划作为城市总体规划的重要专项,必需要纳入城市总体规划之中。因此,进入2009年,保护规划修编工作重点转入与城市总体规划的衔接之中。2009年1月起,保护规划成果草案相继提交南京市规划局项目审批会、南京市各相关部门和学术团体征求意见。2009年4月底,保护规划成果草案纳入南京城市总体规划修编成果提交住房和城乡建设部、江苏省住房和城乡建设厅及其他相关部门审查。2009年7月2日—7月31日,保护规划成果草案纳入南京城市总体规划修编成果进行社会公示。2009年8月底,保护规划成果草案经修改完善后通过南京市人民代表大会常务委员会审议。

期间,由于2009年初南京城南大规模拆迁再次启动,2009年4月底,南京本地29位专家学者联名呼吁,第二次"老城南事件"爆发,再次得到国务院关注,南京市着手开展《南京市历史文化名城保护条例》拟稿工作。2009年7月,保护规划成果公示,部分内容引起公众质疑。2009年8月17日,南京市城市总体规划修编领导小组办公室召开"南京城市总体规划历史文化名城保护专项规划专家座谈会",对专家和公众关心的问题进行了专门解释,会上市政府领导指示要积极采纳专家提出的有关建议,并提出"一要把历史文化名城保护作为落实科学发展观的重大问题,二是要把历史文化名城保护工作作为考核干部的重要标准,三是要兼顾历史文化名城保护与老百姓居住生活的妥善安排,四是要积极探索新的思路和办法做好保护工作"❶,第二次"老城南事件"因此得以化解。

2. 修改完善重点

2008年10月以来,修编工作组的整体工作转向保护规划全套成果的编制,并于2008年12月底全部完成,成果的基本框架和内容体系基本延续了纲要成果。与此同时,针对保护规划纲要成果专家论证意见,重点对保护目标、保护框架、古城格局、整体风貌、高度控制、历史地段、实施机制等内容进行了优化完善。

(1) 保护目标

纲要成果确定的目标定位为"著名古都、具有国际影响的历史文化名城",分别从全国视角和国际视野提出了保护目标。修编工作组结合南京城市总体规划修编前期战略研究"南京城市发展战略研究综合报告"❷和"南京历史文化名城保护定位、目标和战略研究"❸的相关成果,对"著名古都"的定位进行了细化,提出实现"中华文化重要枢纽、南方都城杰出代表、具有国际影响的历史文化名城"的保护目标。

(2) 保护框架

本阶段对由保护内容框架、分级控制体系和空间结构体系共同构成的总体保护框架进行了优化完善,并于2009年3月底最终确定。

针对纲要成果中"历史风貌片区"和"历史风貌保护区"概念容易混淆的问题,修编工作组专门咨询了相关专家,经多次讨论,并于2008年底最终确定将"历史风貌片区"这一普通提法上升到《历史文化名城保护规划规范》(2005)中的"历史城区"的层面。一方面名称规范化、有依据;另一方面也从重点保护老城南、明故宫、鼓楼—清凉山的

---

❶　2009年8月17日下午,时任南京副市长陆冰在"南京城市总体规划历史文化名城保护专项规划专家座谈会"上转达的时任南京市委书记朱善路关于南京历史文化名城保护的相关指示。

❷　清华大学建筑与城市研究所承担,武廷海教授为研究负责人。提出"要从'中华文化枢纽工程'的战略高度,建设文化城市"。

❸　东南大学城市规划设计研究院承担,阳建强教授为研究负责人。"研究"编制过程中,陈薇教授提出"古都南京是中国南方都城的杰出代表"的观点。

历史风貌,提升到对三个片区的整体保护。需要说明的是,在修改完善过程中,修编工作组曾经提出将下关地区、老浦口地区划定为历史风貌片区,也提出过将南京老城整体作为历史城区,将老城南、明故宫、鼓楼—清凉山作为重点片区的方案。但由于《历史文化名城保护规划规范》(2005)中关于历史城区的概念"涵盖一般通称的古城区和旧城区,本规范特指历史城区中历史范围清楚、格局和风貌保存较为完整的需要保护控制的地区"。为了在保护老城的同时不给老城施加过多的约束,修编工作组最终确定划定三片独立的"历史城区"。此外,在历史地段保护划定规划工作过程中,逐步将古镇古村分离出来并与历史地段并列作为一项保护内容。

2009年3月底,修编工作组将原来提出的"法定保护"概念修改为"指定保护",以解决"登录保护"的重要近现代建筑等保护对象有相关法律法规的明确保护要求,但却列入"登录保护"的概念逻辑不自洽问题。在建立"指定保护、登录保护、规划控制"保护控制体系的同时,对保护内容框架中的各项保护内容的具体表述也进行了修改完善,区分了重要保护对象和一般保护对象,形成了保护内容对象和保护控制体系相互交融的保护内容框架。

2008年11月底,修编工作组在叠合"老城、主城、市域"3个层次历史文化空间网络的基础上,强调名城整体格局和风貌的保护,整体形成了"一城、二环、三轴、三片、三区"的空间保护结构。

(3)古城格局、整体风貌、高度控制

纲要成果论证后,修编项目组针对古城格局、整体风貌、高度控制开展了一系列深化研究工作。2009年1月起,修编工作组根据市规划局的要求重点针对"三轴三片"开展深化研究。"三轴"即三条历史轴线:中华路、御道街和中山大道;"三片"即老城南、明故宫、鼓楼—清凉山三片历史城区。进一步明确了三条历史轴线的起点和终点、三片历史城区的边界范围,以及"三轴三片"的特色价值、整体格局和风貌、新建建筑控制引导、市政交通设施布局等保护控制要求。2009年7月,成果草案向社会公示后,专家和公众质疑"老城整体保护"体现不够,修编工作组又根据专家和公众的相关具体意见,进一步强化了老城的"整体保护"要求,优化了"整体保护"原则的内涵,完善了三片历史城区的保护要求。

通过"三轴三片"及其他相关深化研究工作,对古城格局、传统风貌、高度控制等的保护控制要求进行了深化细化,强化了古都山水格局的保护,增补了环境风貌保护区;补充了对六朝建康城、南唐金陵城都城格局的保护;深化了明代皇城和宫城格局的保护;深化了街巷格局的保护,明确了历史街巷名录;补充了对老城历史风貌基底的保护;明确了老城的高度分区控制。至此,保护规划"名城整体格局和风貌的保护"章节成果基本定型,后续阶段仅进行了微调。

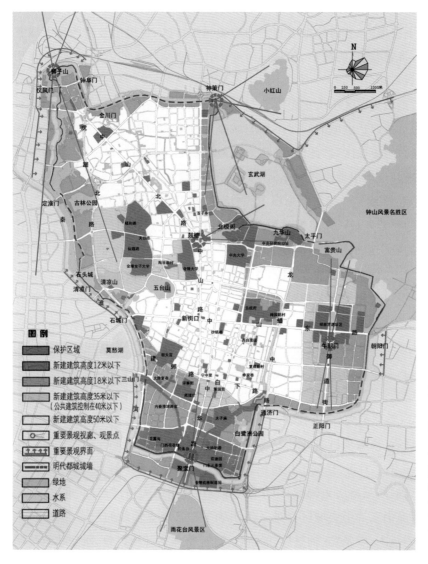

图 4.3-11
"2010版"南京
历史文化名城
保护规划——
南京老城空间
形态保护规
划图

资料来源：南京
市规划局,南京
市规划设计研究
院有限责任公
司,东南大学城
市规划设计研究
院,南京市城市
规划编制研究中
心.南京历史文
化名城保护规划
（2010—2020）
[Z],2012

（4）历史地段

可以说,"2010版"保护规划的核心工作之一就是关于历史地段保护的相关工作。
1990年代以来,南京历史文化保护与旧城改造之间的主要矛盾载体就是历史地段,尤
其是传统民居型的历史地段。在不同的阶段,由于旧城改造政策及实施手段造成的历
史地段保护问题都引起了专家和公众的质疑,矛盾的激化也分别导致了2002年、2006
年、2009年三次有关老城南的联名写信呼吁。2009年7月,在成果草案社会公示过程
中,专家和公众质疑成果草案的历史地段相较2002年编制的老城保护与更新规划中
的历史文化保护区来讲,"个数减少,保护面积偏小",由此发出南京古城保护"缩水"的
质疑。

事实上,成果草案中的"历史地段"与2002年老城保护与更新规划中的"历史文化

保护区"相比,变化的确较大。变化的原因主要有以下 3 个方面。①2000 年以来,国内有关"历史地段"的概念变化繁多,有"历史文化保护区""历史文化保护地段""历史街区""历史文化风貌区""历史文化街区""历史地段"等多种,相关概念不断变化,2002 年老城保护与更新规划中的历史文化保护区还包含了 29 片环境风貌保护区和 30 处占地面积超过 1 公顷的文物保护单位,不同时期的统计口径不尽一致。②对历史地段的概念认识不是很统一,成果草案中"老城历史地段分布图"未表达"历史文化街区"的"建设控制区域"及"环境协调范围",仅表达了"核心保护范围",图纸表达不完善。③由于 2000 年以来,老城南的不断更新改造,"2002 版"保护规划中的城南传统民居风貌区和南捕厅历史街区的相关保护要素发生了较大的变化,安品街、南门老街等部分地段被成片拆除,成果草案还去除了其中的成片旧工厂区,客观上使得保护面积减小。但按照同一口径梳理对比后发现,"历史地段"的保护数量是增加的,保护面积基本相当,然而城南地区保护面积确实有所减少。

为了进一步理清相关法律法规对"历史地段"等的相关保护要求,修编工作组专门请教了起草《城市紫线管理办法》《历史文化名城保护规划编制规范》等法规的相关专家。2009 年 8 月底,在相关研究的基础上,成果草案扩大完善了城南地区的荷花塘、三条营历史文化街区的范围,优化调整了花露岗、双塘园历史风貌区的范围。

(5)实施机制

2006 年"老城南事件"之后,南京市已经基本明确了历史文化名城保护相关实施机制,在纲要成果中也有较为深刻的体现。但是由于成果草案社会公示的展板数量有限,老城保护与更新方式及实施措施等相关内容未能展示出来,也引起了专家和公众对于南京老城保护与更新方式的质疑,提出"老城南不应采用大拆大建的更新方式"。修编工作组结合相关专家和公众意见,补充完善了历史文化名城保护的实施机制和相关措施,单独形成了"历史文化名城保护机制保障"章节。特别强调要优化更新方式,确立"整体保护、有机更新、政府主导、慎用市场"的方针;采用小规模、渐进式、院落单元修缮的有机更新方式,不得大拆大建;积极探索鼓励居民按保护规划实施自我保护更新的方式,建立历史建筑的长期修缮机制;建立差别化考核制度和财政转移支付制度,避免片面追求资金就地平衡或当期平衡。

3. 相关审查意见

成果草案编制完成后,分别提交住房和城乡建设部、江苏省和南京市相关部门审查,收到相关审查意见如下。

(1)住房和城乡建设部审查意见

2009 年 4 月 24 日—26 日,住房和城乡建设部会同江苏省建设厅,对《南京历史文化名城保护规划》进行了审查。

审查工作组提出如下意见和建议:①要妥善处理城市开发建设与历史文化遗产保护的关系,南部城区既是城市未来发展的主要方向,也是历史文化遗存分布比较集中的地区。②要深化研究历史文化名城保护的思路和办法,处理好历史文化名城整体风貌、格局、特色以及历史文化街区、各级文物保护单位和历史建筑,延续城市历史文脉。③南京老城区建筑高度与历史文化名城整体风貌保护间的冲突较大,应结合河西地区的开发和建设,将历史文化街区的保护和高层建筑的疏解结合起来,对老城区新建建筑的高度和体量进行控制。④新街口东南片区地上地下文物古迹和历史建筑集中,建议划入历史城区的范围进行保护。⑤中山路部分路段和节点可考虑划入历史文化街区或历史风貌区进行保护。

(2)江苏省文物局审查意见

纲要成果评审过程中,江苏省文物局提出:要更加突出太平天国、明故宫、抗战时期历史遗迹的保护研究,加强老城南民居展示和利用,加强对历史文化街区、明城墙保护的刚性措施。

(3)南京市相关部门审查意见概述

2009年1月14日,南京市规划局组织南京市各区县及相关部门、南京市古都学会和南京历史文化名城研究会等学术团体,召开了"南京历史文化名城保护规划部门意见征询会"。

南京市各相关部门对保护规划框架、历代都城格局保护、名城山川形胜保护、历史城区保护、文物古迹保护、历史文化资源的展示利用等内容较为认同,同时也结合自身的管理要求和学术背景,提出了相关完善的建议和意见。①关于"保护规划框架"。"希望对法定保护、登录保护和规划控制三级控制体系进一步完善,法定的概念不够准确,所有的资源都是经过登录的"。②关于"历代都城格局保护"。"民国历史轴线"只是民国都城格局的一部分,相应内容上建议做补充;中山大道沿线民国建筑中的"沿线"所指范围希望进一步明确;建议强化保护,严格控制周边建筑高度。③关于"历史城区保护"。认为三片历史城区的提出,隔离了老城,老城应该是一个整体的概念,应该在整体保护的基础上强调几个风光带、几个片区。④关于"老城街巷格局保护"。要加强与相关规划的衔接,加强与地名办的沟通,进一步突出"南京老地名",并纳入非物质文化遗产进行保护。⑤关于"老城空间形态保护"。应当结合当前实际建设需求,制定易于操作的高度分区控制要求。⑥关于"历史地段、古镇古村保护"。"重要近现代建筑风貌区"与"历史风貌保护区"的关系应清楚表述,建议对保护中的"难点"(改善居住条件、资金、交通等)及"建设性破坏"提出针对性措施;建议调整和增补部分历史地段;建议对古镇古村保护名录进行适当调整和增补。⑦关于"文物古迹保护"。建议在对文物古迹保护多年来的实践、回顾、总结基础上,肯定成功做法,找出盲点、疑点、难点,提出针对性的保护措施。⑧关于"近期行动计划"。处理好"好"与"快"的关系,打造精品项目,防止粗制滥造。

4. 公众相关意见

南京历史文化名城保护规划作为南京市城市总体规划(2007—2030)的重要专项规划,于2009年7月2日—31日期间进行了社会公示。社会各界通过新闻发布会、规划展览、网络、电话、信函、传真等等各种渠道给予了意见反馈。

(1) 历史文化名城保护是公众关注的焦点

本次规划公示意见中,历史文化名城保护的相关意见近300份,约占总量的9%,是市民关注三大热点内容之一❶。

(2) 老城保护得到高度认可

关于"历史文化名城保护规划"的意见主要涉及保护目标定位、保护战略、老城整体保护、三片历史城区、历史地段、老城高层禁建及民国建筑保护等方面,总体上得到了肯定。

规划提出的"提升老城功能、疏解老城容量、改善老城环境、优化老城交通"的保护利用策略,公众认可度达到66%。规划提出的在老城内要"控制建设高度、控制建设容量",重点保护"城南、明故宫、鼓楼—清凉山"等三片历史风貌相对完整的历史城区,控制三个历史城区的建筑高度的要求,公众认可度达到94%。

(3) 部分意见较为尖锐

在近300份意见中,有部分专家和公众认为成果草案仍然回避对历史文化名城进行"整体保护",历史文化街区更是大幅"缩水"。意见数量虽然不多,但问题比较尖锐,矛盾比较突出,影响比较广泛。2009年8月17日下午,南京市城市总体规划修编领导小组办公室专门召开"南京城市总体规划历史文化名城保护专项规划专家座谈会",对相关意见进行了详细解释说明,并提出了修改完善举措。

4.3.4.5　成果论证阶段(2009年9月—2011年5月)

1. 成果编制过程

2009年9月,经过各级部门审查和社会公示后,保护规划修编工作开始进入专家评审成果的编制阶段。在对各级部门审查意见和社会公示意见修改完善的过程中,保护规划成果还与正在编制的《南京市历史文化名城保护条例》进行了充分对接(《南京市历史文化名城保护条例》于2010年8月颁布)。2010年4月,为了深化明确老城南历史城区的保护对策,南京市规划局组织编制了《南京老城南历史城区城市设计》及《南京老城南南捕厅等地块详细设计》,按照"全面保护、应保尽保"的原则,全面梳理了老城南各类历史文化资源,提出了分类保护措施,并从功能、环境、历史文化展示架构

---

❶　名城保护、交通发展、江北垃圾焚烧发电厂建设是市民关注的三大热点。

等方面提出了系统的解决思路,重点地块的详细设计通过小规模、渐进式的分类整治模式指导具体的实施工作,得到了与会专家和领导的高度评价,切实扭转了南京历史文化名城保护工作的困局。此外,由于 2009 年 8 月起,南京市委、市政府领导又开始进行重大调整❶,有着广泛深刻社会影响的保护规划成果不可避免地受到影响。2011年 3 月,南京市委新领导就任,保护规划成果依据市委、市政府的相关意见进行了进一步的修改完善。2011 年 5 月,保护规划成果提交专家论证。

2. 修改完善重点

通过近 10 年来南京老城保护与更新的相关实践,南京的历史文化名城保护工作在争论和质疑声中逐步改善,尤其是在保护规划成果草案社会公示引起了专家和公众较为尖锐的质疑之后,南京新任市委、市政府领导审视了当时南京历史文化名城保护面临的形势,对南京历史文化名城保护提出了更高的要求,南京历史文化名城保护的认识水平提高到新的层面。保护规划成果依据专家和公众意见、领导的批示,与《南京市历史文化名城保护条例》相衔接,着重从指导思想、明故宫遗址保护、历史城区范围划定及高度控制、历史地段保护等方面进行了优化完善。

(1)指导思想

落实相关会议和领导讲话规划精神,将南京市近年来逐步探索出的保护方针和保护理念,提升成为保护规划指导思想:全面树立"敬畏历史、敬畏文化、敬畏先人"的保护理念,深入贯彻"整体保护、有机更新、政府主导、慎用市场"的保护方针,进一步提高历史文化保护意识,深入挖掘历史文化特色内涵,积极推进历史文化资源的合理利用,充分彰显南京历史文化名城的独特魅力。

(2)明故宫遗址保护

2010 年 8 月,中国民主同盟南京市委员会上报《关于明故宫遗址现状与保护的建议》。为了进一步凸显南京明代都城文化,2010 年 9 月南京市规划局组织开展明故宫遗址整体保护规划。2010 年 11 月,南京市文化广电新闻出版局组织召开"南京明故(皇)宫保护与展示利用方案专家咨询会"。2011 年 3 月,南京市决定在明故宫遗址保护规划方案的基础上提出更为严格的保护控制要求:明故宫宫城遗址及周边 100 米范围内不得新建建筑,逐步置换用地功能,为将来明故宫遗址作为大遗址保护、整体展示留有余地。

---

❶ 2007 年初南京历史文化名城保护规划修编工作启动以后,南京市委、市政府及南京市规划局领导陆续进行了多次重大调整:2008 年 1 月,南京市委书记罗志军调任江苏省省长,兼任南京市委书记;2008 年 2 月,朱善璐任南京市委书记;2008 年 4 月,南京市规划局局长周岚调任江苏省建设厅厅长;2008 年 11 月,赵晶夫任南京市规划局局长;2009 年 8 月,南京市委副书记、市长蒋宏坤调任苏州市委书记,季建业任南京市委副书记、代市长;2010年 1 月,季建业任南京市委副书记、市长;2011 年 3 月,杨卫泽任南京市委书记。

（3）历史城区范围划定及高度控制

成果草案公示后,修编项目组针对三片历史城区又开展了深化研究工作,明确划定了三片历史城区的范围,进一步深化了三片历史城区风貌特色、保护内容、保护与更新要求、新建建筑高度控制、建筑风貌控制等保护控制要求。在与《南京市历史文化名城保护条例》相衔接的基础上,最终明确了三片历史城区的高度控制要求。

图 4.3-12　"2010 版"南京历史文化名城保护规划——城南历史城区保护控制图

资料来源:南京市规划局,南京市规划设计研究院有限责任公司,东南大学城市规划设计研究院,南京市城市规划编制研究中心.南京历史文化名城保护规划(2010—2020)[Z],2012

（4）历史地段保护

针对成果草案公示过程中专家和公众对于历史文化街区保护"缩水"的质疑,修编工作组专门请教了相关专家,进一步明确了历史地段的保护对策和实施方法,对历史文化街区保护范围划定的相关表述进行了完善,提出"本次规划中初步确定历史文化街区的保护范围,具体界线应在历史文化街区的保护规划中核准划定,在历史文化街区保护规划报批后予以公布"。同时修改完善了城南地区的"门西荷花塘传统住宅区""门东三条营传统住宅区""花露岗传统住宅区""双塘园传统住宅区"等的保护范围。但由于仓巷片区大部分用地已经在多年前出让,且保护规划要求"新建建筑要延续传统风貌,建筑高度原则上控制在 4 层以下",经多次会议讨论权衡,仓巷从一般历史地

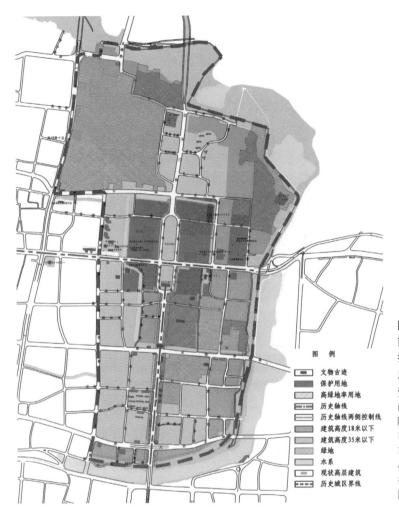

图 4.3-13 "2010 版"
南京历史文化名城保
护规划——明故宫历
史城区保护控制图

资料来源:南京市规划局,
南京市规划设计研究院有
限责任公司,东南大学城
市规划设计研究院,南京
市城市规划编制研究中
心.南京历史文化名城保
护 规 划（2010—2020）
[Z],2012

图 例

文物古迹
保护用地
高绿地率用地
历史轴线
历史轴线两侧控制线
建筑高度18米以下
建筑高度35米以下
绿地
水系
现状高层建筑
历史城区界线

段保护名录中被去除。

2010 年 3 月,为了深化历史地段保护规划工作,为保护规划修编提供基础支撑,南
京市规划局启动老城 9 片历史地段❶的保护规划工作。2012 年 3 月,南京市规划局又
启动了老城 16 片历史地段❷的保护规划工作。期间,老城外围历史地段保护规划编制
也相继启动。几年间,南京的历史地段按照《江苏省历史文化街区保护规划编制导则
(试行)》的相关要求,对历史地段的历史沿革及历史文化遗存、价值特色,现存建筑年
代、层数、质量、风貌、结构、历史功能等进行了深入分析,在此基础上提出历史地段的
保护与更新对策,南京市的历史地段保护规划基本实现全覆盖。

---

❶ 包括荷花塘、夫子庙、三条营、南捕厅等 4 处历史文化街区,内秦淮河、花露岗、天目路、复城新村、慧园里
等 5 处历史风貌区。

❷ 包括颐和路、梅园新村、总统府、朝天宫、金陵机器制造局 5 处历史文化街区,大油坊巷、双塘园、钓鱼台、
百子亭、评事街、西白菜园、宁中里、中央大学、下关滨江、金陵大学、金陵女子大学等 11 处历史风貌区。

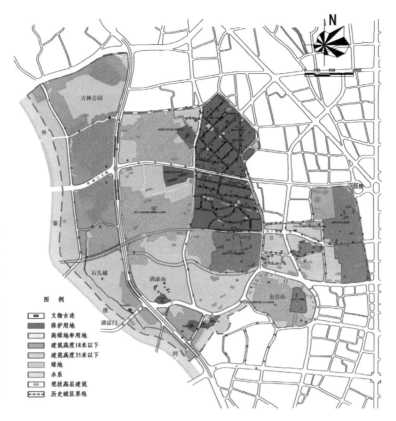

图 4.3-14　"2010 版"
南京历史文化名城保护
规划——鼓楼—清凉山
历史城区保护控制图

资料来源:南京市规划局,
南京市规划设计研究院有
限责任公司,东南大学城
市规划设计研究院,南京
市城市规划编制研究中
心.南京历史文化名城保
护规划(2010—2020)[Z],
2012

（5）近期建设重点

2009 年 9 月,新任南京市政府领导提出要"坚持科学发展,推进转型发展、创新发展、跨越发展"。在"三个发展"调研过程中,南京市规划局、南京市文化(文物)局制定了"南京历史文化名城保护近期工作方案",提出了南京历史文化名城保护近期工作的目标和思路、近期保护工作重点。修编工作组将"方案"相关结论充实到保护规划成果之中,主要内容包括:①空间上聚焦"一个历史城区",即城南历史城区复兴工程。②特色上突出"四大文化主题":六朝文化彰显工程、明朝文化彰显工程、民国文化彰显工程和山水文化彰显工程。③对象上兼顾"外围古镇古村"。④同时积极推进明城墙、民国建筑、紫金山等申报世界文化遗产和世界文化与自然双重遗产工作。

表 4.3-2　南京历版保护规划"历史地段"名录演变一览表

（带☆标记的为历史文化街区，带△标记的为历史风貌区，带○标记的为一般历史地段。）

"1992版"保护规划历史文化保护地段(12片)	"2002版"保护规划历史文化保护区(10片)	2002年老城保护与更新规划历史文化保护区(75片)	"2010版"保护规划初步方案历史地段(61片)	"2010版"保护规划纲要成果草案历史地段(42片)	"2010版"保护规划草案历史地段(42片)	"2010版"保护规划审报成果历史地段(41片)	"2010版"保护规划批复成果历史地段(41片)
朝天宫地区	朝天宫历史街区	朝天宫保护区	☆朝天宫历史建筑群	☆朝天宫历史建筑群	☆朝天宫历史建筑群	☆朝天宫历史建筑群	☆朝天宫
夫子庙地区	夫子庙传统文化商业区	夫子庙保护区	△夫子庙历史建筑群	☆夫子庙传统商贸区	☆夫子庙传统文化商业区	☆夫子庙传统文化商业区	☆夫子庙
天王府—梅园新村	民国总统府	民国总统府旧址保护区(太平天国王府)	☆总统府历史建筑群	☆总统府历史建筑群	☆总统府历史建筑群	☆总统府历史建筑群	☆总统府
	梅园新村历史街区	梅园新村保护区	☆梅园新村	☆梅园新村民国居住区	☆梅园新村民国居住区	☆梅园新村民国住宅区	☆梅园新村
门东片		门东传统民居保护区	○大油坊巷住宅区	△大油坊巷传统居住区	△大油坊巷传统居住区	△大油坊巷传统住宅区	△大油坊
			△边营住宅区			△双塘园传统住宅区	△双塘园
			△三条营居住区	☆门东三条营传统住宅区	☆门东三条营传统住宅区	☆门东三条营传统住宅区	☆门东三条营
门西片		城南传统民居风貌区	☆胡家花园住宅区	△花露岗传统居住区	△花露岗传统住宅区	△花露岗传统住宅区	△花露岗
		门西传统民居保护区	☆花露岗住宅区	☆门西荷花塘传统居住区	☆门西荷花塘传统住宅区	☆门西荷花塘传统住宅区	☆门西荷花塘
			☆钓鱼台住宅区	△钓鱼台传统居住区	△钓鱼台传统住宅区	△钓鱼台传统住宅区	△钓鱼台
大百花巷	—	—	—	—	—	—	—

"1992 版"保护规划历史文化保护地段(12 片)	"2002 版"保护规划历史文化保护区(10 片)	2002 年老城保护与新规划历史文化保护区(75 片)	"2010 版"保护规划初步方案历史地段(61 片)	"2010 版"保护规划纲要成果历史地段(42 片)	"2010 版"保护规划成果草案历史地段(42 片)	"2010 版"保护规划报审成果历史地段(41 片)	"2010 版"保护规划批复成果历史地段(41 片)
金沙井	—	—	—	—	—	—	—
南捕厅历史街区	南捕厅传统民居保护区	南捕厅传统民居保护区	☆南捕厅住宅区	☆南捕厅传统住宅区	☆南捕厅传统住宅区	☆南捕厅传统住宅区	☆南捕厅
				△评事街传统居住区	△评事街传统住宅区	△评事街传统住宅区	△评事街
公馆区	颐和路公馆保护区	颐和路公馆区	☆颐和路公馆区	☆颐和路民国公馆区	☆颐和路民国公馆区	☆颐和路民国公馆区	☆颐和路
	仙霞路公馆保护区	仙霞路公馆区	○仙霞路公馆区	△仙霞路民国居住区	○仙霞路	○仙霞路	○仙霞路
				△天目路公馆区	△天目路民国公馆区	△天目路民国公馆区	△天目路
明故宫遗址区	列入地下文物保护进行保护	列入地下文物保护进行保护	列入地下文物保护区进行保护	—	—	—	—
中山东路近代建筑群	—	—	△中山东路建筑群	—	—	—	—
杨柳村古建筑群	—	—	△杨柳村	—	列入历史文化名镇进行保护	列入古镇古村进行保护	—
高淳老街历史街区	—	—	☆淳溪老街	☆淳溪老街传统住宅区			
—	金陵女子大学旧址保护区	—	☆金陵女子大学历史建筑群	☆金陵女子大学历史建筑群	△金陵女子大学历史建筑群	△金陵女子大学历史建筑群	△金陵女子大学
—	金陵大学旧址保护区	—	○金陵大学历史建筑群	△金陵大学历史建筑群	△金陵大学历史建筑群	△金陵大学历史建筑群	△金陵大学

续表 4.3-2

"1992版"保护规划历史文化保护地段(12片)	"2002版"保护规划历史文化保护区(10片)	2002年老城保护与更新规划历史文化保护区(75片)	"2010版"保护规划初步方案历史地段(61片)	"2010版"保护规划纲要成果历史地段(42片)	"2010版"保护规划成果草案历史地段(42片)	"2010版"保护规划报审成果历史地段(41片)	"2010版"保护规划批复成果历史地段(41片)
—	—	国立中央大学旧址保护区	○中央大学历史建筑群	△中央大学历史建筑群	△中央大学历史建筑群	△中央大学历史建筑群	△中央大学
—	—	复成新村公馆保护区	☆复成新村住宅区	△复成新村民国住宅区	△复成新村民国住宅区	△复成新村民国住宅区	△复成新村
—	—	内秦淮保护区	△内秦淮河住宅区	△内秦淮河传统居住区	△内秦淮河传统住宅区	△内秦淮河传统住宅区	△内秦淮河两岸
—	—	仓巷传统民居保护区	○仓巷住宅区	—	○仓巷	—	—
—	—	龙蟠里保护区	—	—	—	—	—
—	—	29片环境风貌保护区	—	列入环境风貌保护区进行保护			
—	—	30处占地面积较大的文物保护单位	△政治学院历史建筑群 ○山西路历史建筑群 ○国民政府考试院历史建筑群 ○金陵刻经处历史建筑群	列入文物古迹进行保护			
—	—	—	☆金陵机器制造局历史建筑群	☆金陵机器制造局历史建筑群	☆金陵机器制造局历史建筑群	☆金陵机器制造局历史建筑群	☆金陵机器制造局
—	—	—	△慧园街民国住宅区	△慧园街传统住宅区	△慧园里街民国住宅区	△慧园里传统住宅群	△慧园里

续表 4.3-2

"1992版"保护规划历史文化保护地段(12片)	"2002版"保护规划历史文化保护区(10片)	2002年老坡保护与更新规划历史保护区(75片)	"2010版"保护规划初步方案历史地段(61片)	"2010版"保护规划纲要成果历史地段(42片)	"2010版"保护规划草案成果历史地段(42片)	"2010版"保护规划报审成果历史地段(41片)	"2010版"保护规划批复成果历史地段(41片)
—	—	—	△西白菜园住宅区	△西白菜园传统居住区	△西白菜园民国住宅区	△西白菜园民国住宅区	△西白菜园
—	—	—	△宁中里住宅区	△宁中里传统居住区	△宁中里民国住宅区	△宁中里民国住宅区	△宁中里
—	—	—	☆江南水泥厂建筑群	△江南水泥厂住宅区	△江南水泥厂民国住宅区	△江南水泥厂民国住宅区	△江南水泥厂
—	—	—	△百子亭住宅区	△百子亭民国居住区	△百子亭民国住宅区	△百子亭民国住宅区	△百子亭
—	—	—	☆天光里传统居住区	△天光里传统居住区	△天光里民国住宅区	△天光里民国住宅区	
—	—	—	○大马路建筑群	△大马路历史建筑群	—	—	△下关滨江
—	—	—	☆龙虎巷住宅区	△龙虎巷传统居住区	△龙虎巷传统住宅区	△龙虎巷传统住宅区	△龙虎巷
—	—	—	☆民国火车站历史建筑群	△浦口火车站历史建筑群	△浦口火车站历史建筑群	△浦口火车站历史建筑群	△浦口火车站
—	—	—	—	△浦镇机厂历史建筑群	△浦镇机厂历史建筑群	△浦镇机厂历史建筑群	△浦镇机厂
—	—	—	△左所大街	△左所大街传统居住区	△左所大街传统住宅区	△左所大街传统住宅区	△左所大街
—	—	—	☆六合文庙地区住宅区	△六合文庙传统街区	△六合文庙传统街区	△六合文庙传统街区	△六合文庙
—	—	—	○陶谷新村住宅区	○陶谷新村	○陶谷新村	○陶谷新村	○陶谷新村

续表 4.3-2

"1992版"保护规划历史文化保护地段(12片)	"2002版"保护规划历史文化保护区(10片)	2002年老城保护与更新规划历史文化保护区(75片)	"2010版"保护规划初步方案历史地段(61片)	"2010版"保护规划纲要成果历史地段(42片)	"2010版"保护规划草案成果历史地段(42片)	"2010版"保护规划报审成果历史地段(41片)	"2010版"保护规划批复成果历史地段(41片)
—	—	—	—	—	○抄纸巷	○抄纸巷	○抄纸巷
—	—	—	—	—	○公教一村	○北京东路71号中央研究院旧址	○中央研究院旧址(北京东路71号)
—	—	—	○申家巷住宅区	—	○申家巷	○申家巷	○申家巷
—	—	—	△大辉复巷住宅区	—	△大辉复巷	△大辉复巷	○大辉复巷
—	—	—	—	—	○燕子矶老镇	○燕子矶老镇	○燕子矶老街
—	—	—	○龙潭老街	☆龙潭老街传统街区	○龙潭老街	○龙潭老街	○龙潭老街
—	—	—	☆中国水泥厂旧址建筑群	△中国水泥厂历史建筑群	○中国水泥厂历史建筑群	○中国水泥厂历史建筑群	○中国水泥厂
—	—	—	○浴堂街住宅区	—	○浴堂街	○浴堂街	○浴堂街
—	—	—	△大方巷住宅区	—	—	—	—
—	—	—	△秣陵路巷住宅区	—	—	—	—
—	—	—	△竹镇老街、△湖熟老街、△东坝老街、△沧溪老街、△佘村、△仓口村、△诸家村、△漆桥村、△长丰村、△河城村、△双进村、○窦村、○杜桂村	列入古镇古村进行保护			

3．专家论证意见

2011年5月初,江苏省住房和城乡建设厅在南京主持召开了《南京历史文化名城保护规划(2010—2020)》成果论证会。与会专家给予保护规划成果高度评价,同时提出了修改完善建议:①依据相关法律法规,对指定保护、登录保护、规划控制、历史风貌区、历史建筑群、地下文物重点保护区等概念进一步梳理,加强规范表述。②按照历史文化名城保护和人居环境提升的要求,补充完善历史城区的人口、交通、市政、综合防灾等方面的针对性规划要求,进一步严格历史城区的建筑高度控制要求。③加强民国重要公共建筑利用方式开放性的研究,深化工业遗产、明外郭遗址、太平天国文化遗存等的保护要求。④加强实施机制研究,以利于保障规划严格执行。

4.3.4.6　成果报批阶段(2011年6月—2011年12月)

2011年5月底,修编工作组根据专家论证会相关意见进行了修改完善。规范了相关概念的表述;提出了"疏散老城功能、控制老城容量、优化老城交通系统、改善老城市政设施、健全老城防灾体系"等老城整体保护措施;补充了工业遗产、太平天国遗存等相关保护对象的保护要求;在"建立差别化考核制度和财政转移支付制度"后增加"责任追查制度",补充优化了实施制度保障内容。

2011年8月,时任南京市委领导在"南京向国家历史文化名城(名镇名村)保护工作检查组汇报会"上,对《南京历史文化名城保护规划》进行了批示。根据批示,修编项目组对规划成果局部进行了修改完善。①将天光里历史风貌区扩大为下关滨江历史风貌区,范围扩大,涵盖了长江大桥、大马路民国建筑等历史文化资源。②在"文物古迹的保护"一章中单辟"大遗址"一节,突出汤山猿人、阳山碑材、南朝陵墓石刻等大遗址的保护。③城南历史城区中突出城墙的保护,提出"城墙内侧形成贯通的绿化带及步行环路;城墙外,加强护城河对岸游览线路和观赏节点建设,控制明城墙—纬七路区域的建筑高度,加强明城墙—纬七路—雨花台风景区的景观视廊控制,整体彰显城墙风貌和宏伟气势"。④在"彰显南京各个历史时期的特色文化"一节,增加了"革命与建设时期"历史文化的相关内容。

2010年以后,南京历史文化名城保护工作已经基本扭转了之前的局面,历史文化保护认识水平上升到新的高度,保护工作的实施机制得到很大完善。在此基础上,2011年9月,南京下发《市政府批转市规划局关于进一步彰显古都风貌提升老城品质的若干规定》的通知;2011年10月,中共南京市委下发《关于坚持文化为魂加强文化遗产保护的意见》。在《南京市历史文化名城保护条例》的基础上,南京历史文化名城保护的相关法规制度不断完善。

2011年12月15日,南京历史文化名城保护规划(2010—2020)得到江苏省人民政府正式批复。南京历史文化名城保护规划经历新一轮的蜕变后获得新生,南京的历史文化名城保护工作也从此告别了彷徨失措的困境，走向坦途。

4.4　南京历版保护规划编制演进总结

历史文化名城不仅仅是城市的荣誉称号，更是政府的行政职责。国务院 1982 年 2 月公布第一批国家历史文化名城名单时，就要求"各级人民政府要切实加强领导，采取有效措施，并在财力、物力、人力等方面给予应有的支持，进一步做好这些城市的保护和管理工作"。通过回顾南京历版历史文化名城保护规划编制工作可以看到，要保护好历史文化名城首先要统一提升社会各界关于历史文化名城保护的思想认识，同时还要有与保护工作相匹配的考核制度。有了这两个前提，历史文化资源的价值才能得到客观的评价，才能在此基础上确定与价值特色相对应的适宜的保护对策；没有这两个前提，历史文化名城保护工作也将难以有效开展，保护规划成果也大多沦为"一纸空文"，城市的山水形胜和文化遗产也会面临形形色色的危机。再加上相关法规政策的保障、全社会的广泛参与、规划编制技术方法的支撑和规划成果的宣传推介，历史文化名城保护工作才能真正走向良性循环，不断提升。

4.4.1　保护意识与考核机制

早在 1982 年 6 月，国务院 1982 年 2 月公布第一批国家历史文化名城名单后不久召开的"南京市历史文化名城保护工作会议"上，时任南京市委领导就认识到要"正确处理保护历史文化名城与现代化城市的关系"，"认识问题解决了，规划措施跟上了，名城保护工作是可以搞好的"❶。因此，可以说历史文化名城保护制度初创之时，甚至是以当前的眼光来看，南京当时的历史文化保护认识是非常具有远见的。

但是，纵观近 40 年的南京历史文化名城保护规划历程，南京在如此之高的思想认识起点上，仍然发生了后续诸多问题。究其原因，主要是缺乏与历史文化名城保护相匹配的相关考核制度。改革开放以来，我们一手抓物质文明建设，一手抓精神文明建设，但是在后续的土地有偿使用制度、分税制、住房商品化制度改革背景下，政府的绩效考核制度出现了以 GDP 为主要导向、重短期绩效忽视长远发展等问题。绩效考核既是政府工作的"导向标"和"指挥棒"，又是达成预设战略目标的必要手段❷。在 GDP 考核导向下，分税制背景下的土地财政成为地方政府完成绩效考核的依赖途径。因而造成历史文化名城的各级主政官员一方面要彰显城市历史文化特色价值，甚至以历史

---

❶　依据原中共南京市委第二书记徐智同志在南京市历史文化名城保护工作会议上的讲话(1982 年 6 月 10 日上午)整理。全文收录于南京市文物管理委员会编纂的《南京市历史文化名城保护工作会议资料汇编》(1982)。

❷　潘星. 新型城镇化背景下政府绩效考核的变革及规划对策研究[A]//中国城市规划学会. 城市时代，协同规划——2013 中国城市规划年会论文集(06－规划实施)[C]，2013:8

文化为核心资源谋求城市的国际地位;另一方面在各自的施政范围和任期内,将古城内区位优、开发潜力大但面貌设施虽老旧、历史文化底蕴却深厚的传统民居区,纳入旧城改造、危旧房改造、棚户区改造等计划陆续成片拆除。

1990年以来,在快速现代化的大潮中,南京老城南地区格局和风貌原本完整的传统民居区陆续被新开道路、现代住宅区等切割分离。2000年后老城南地区的改造拆迁引发了专家学者和地方居民的强烈质疑。2005年上半年,秦淮区政府提出"要以十运会为契机,秦淮区将加速改造门东、门西两个片区"❶;2006年6月,秦淮区启动名为"建设新城南"的大规模旧城改造,成立了"双拆"❷指挥部,颜料坊、安品街、船板巷、门东的多片传统民居区被拆除,引发社会各界广泛关注。2006年8月,16位专家学者联名写信上书中央。2006年10月,温家宝总理批示后,老城南的拆迁停滞。据报道,2008年10月,时任秦淮区政府领导曾经发出"国内还没有一个城市,有像秦淮河这样承载如此厚重历史文化遗韵的河流。伦敦有泰晤士河,巴黎有塞纳河,维也纳有多瑙河,这些河流经之处,都凝聚着当地的文化精华,秦淮河之于南京,也是如此"❸的感言。但2009年初,金融危机后扩大内需的背景下,老城南大规模拆迁再次启动。2009年4月,南京本地29位专家学者联名呼吁,再次引起温家宝总理的批示。事件发生后,这位领导面对记者关于拆迁的问题时回答"社会的发展不能因为10%的抵制而影响90%的人的生活,这是我绝不允许的,我们在这个问题上是很强势。我的拆迁速度,我的拆迁效率,目前,在南京是我们最好"。同时还表示"我觉得要允许有人犯错……但是我们不能允许很多人反复犯这种简单的错误"❹。到了2009年5月,这位领导又表示2006年那场大拆大建"是'错误',如今,要调头",工作中有很多不对之处,要听取专家的意见❺。如果说不同的领导思想认识和实际操作之间相互矛盾还能够被认为是思想认识的差异所造成的,那么同一位施政者所表现出的这种差异性则更多的是思想认识和具体实践的两面性,可以认为,政府绩效考核的导向是造成这种两面性的关键原因之一。

为了保证历史文化保护的认识和保护工作的具体实践能够有机统一,使得施政者的思想认识和实际操作能够"知行合一",建立与历史文化名城保护制度相匹配的政府绩效考核制度是必由出路。有鉴于此,2009年7月,南京历史文化名城保护规划修编成果草案就提出"建立差别化考核制度和财政转移支付制度,避免片面追求资金就地平衡或当期平衡"。2011年8月,《中共南京市委办公厅 南京市政府办公厅印发〈关于开展郊县镇街分类考核的实施办法〉的通知》(宁委办发〔2011〕53号),提出:"以主导功

❶ 刘炎迅.落马南京城的"关键先生"[J].当代社科视野,2014(10):48
❷ 即拆除违法建筑、拆除危破房屋。
❸ 看"十里秦淮"繁华再现[N].南京日报,2008-10-29
❹ 陈统奎.我的拆迁速度,在南京是最好的——对话南京秦淮区区长冯亚军[J].南风窗,2009(6):58
❺ 蒋芳.南京:为了命悬一线的老城南[J].瞭望,2009(19):42-44

能区划分为依据,构建科学发展的考评体系,通过分类评价、差异化考核,促进镇街特色发展",将郊县镇街分为现代农业、先进制造业、现代服务业三大类实施分类考核,取消 GDP 总量考核指标,代之以居民就业和收入等民生指标为考核的主要内容。2013 年12 月10 日,中央组织部印发《关于改进地方党政领导班子和领导干部政绩考核工作的通知》(中组发〔2013〕22 号),规定"不能仅仅把地区生产总值及增长率作为政绩评价的主要指标,不能搞地区生产总值及增长率排名"。2014 年 10 月,《中共南京市委 南京市人民政府关于印发〈深化街道和社区体制改革实施方案〉的通知》(宁委发〔2014〕60 号)要求:"2015 年 1 月 1 日起,取消对玄武、秦淮、建邺、鼓楼四城区各街道和其他区建成区所在街道相关经济指标考核",街道职能转变到"统筹城市管理、指导社区建设、组织公共服务、创新社会管理和维护和谐稳定、服务经济发展"等方面。有了与历史文化名城保护制度相匹配的政绩考核制度保障,南京的历史文化名城保护工作别开生面。

4.4.2　政策保障机制的建立

解决了认识层面的问题,有了良性考核机制的建立,还需要与之相配套的一系列政策保障机制,作为施政者、管理者、专家学者、技术人员和市民在保护工作过程中相互促进、共同遵守的准则,从而引领历史文化名城保护工作更加深入完善,走向良性循环。

1982 年我国首批国家历史文化名城公布以来,各历史文化名城在保护规划的基础上,根据保护工作侧重点,陆续出台了关于文物保护单位、风景名胜、历史建筑、历史文化街区保护的相关法规,部分历史文化名城还颁布了历史文化名城保护条例(办法),为各历史文化名城的依法保护提供了法律保障。

国内历史文化名城除制定相关法规之外,还根据当前面临的形势和突出问题,由城市政府出台政策性文件,对一些历史文化名城保护的重大问题进行政策性引导❶。例如:天津和青岛为了加强历史文化名城特色风貌的保护分别出台了《天津市风貌建筑地区建设管理若干规定》(1994)、《青岛市城市风貌保护管理办法》(1996);北京和西安则为了强化古城新建建筑高度的控制分别出台了《关于北京市区建筑高度控制方案的决定》(1985)、《西安市控制市区建筑高度的规定》(1986)。这些政策性文件对于解决某一发展阶段历史文化名城保护的个别突出问题发挥了重大作用。

4.4.2.1　法制建设

1995—2006 年间,南京市相继出台了关于城墙、中山陵园风景区、雨花台风景名胜区、重要近现代建筑、地下文物保护的相关法规,其中,《南京城墙保护管理办法》《南京市地下文物保护管理规定》是我国历史文化名城首次出台关于古城墙和地下文物的专

---

❶　历史文化名城研究会秘书处.中国历史文化名城保护管理法规文件汇编[G],1997

门性保护法规。南京"前三版"历史文化名城保护规划并未能系统性地转换为法律法规,历史文化街区保护、历史城区保护等历史文化名城保护的核心层面尚缺乏法律法规的保障,仅仅依靠保护规划来进行历史文化名城保护工作的约束和引导,力度薄弱。

2006年、2009年,国内著名专家两次上书国务院反映老城南地区的历史文化保护问题,也反映了南京历史文化名城保护的法律法规保障不足,与其他首批国家历史文化名城的法律体系相比,处于落后地位。

2010年,南京市根据"2010版"保护规划,制定了《南京市历史文化名城保护条例》,对老城格局和城市风貌、历史文化名镇名村、历史文化街区、历史风貌区、历史街巷、历史建筑、古镇古村、地下文物重点保护区、非物质文化遗产等提出了保护要求。至此,从"2002版"保护规划提出制定南京历史文化名城保护条例到"2010版"保护规划成功转化为《南京市历史文化名城保护条例》,历经近10年的努力,南京市终于制定了历史文化名城保护的纲领性法规,建立了涵盖各类文化遗产保护的法规体系,南京历史文化名城保护的法律依据得到全面保障。

为了进一步强化南京城墙的保护,同时为了给南京城墙申报世界文化遗产做准备,2015年4月1日,《南京城墙保护条例》施行。"条例"所称城墙从《南京城墙保护管理办法》中的"明代都城墙,包括现存城墙(含城门)、城墙遗迹及城墙遗址"扩展到了包含南京明代都城四重城郭的"原都城城墙(含宫城、皇城、京城、外郭及其附属建筑),包括城墙(城门)、护城河、城墙遗迹和城墙遗址"。"条例"要求"市人民政府应当按照世界文化遗产相关标准进行保护,组织开展城墙系统性抢救修复、历史文化遗存整理发掘和展示利用,以及沿线环境整治和历史风貌恢复工作,通过建立博物馆、遗址公园等形式,展示城墙沿革及建造工艺等城墙文化"。并提出了城墙保护范围和建设控制地带的划定要求,规定了建设控制地带内新建建(构)筑物的高度控制要求和功能要求。

"条例"规定:"保护范围内现存建(构)筑物,不得翻建、改建或者扩建;影响城墙保护的,应当在规定期限内改造、拆除";"建设控制地带内超过城墙高度的建(构)筑物翻建、改建或者扩建的,应当降低到规定高度"。"条例"还明确规定"宫城遗址范围内及其城墙遗址外侧100米范围内,不得新建建(构)筑物。皇城城墙遗址上不得新建建(构)筑物,逐步拆除现存建(构)筑物,不能拆除的建(构)筑物及原城墙拐点处应设置永久性标志进行展示。外郭墙基(体)两侧各划定30米至50米的公共绿地,可以采用绿化景观标示城墙走向"。"2010版"保护规划关于城墙和明代都城格局保护的相关内容和《南京城墙保护规划》通过《南京城墙保护条例》进一步法定化,强化了规划控制要求的强制性。

2016年10月,为了给南京海上丝绸之路史迹申报世界文化遗产做准备,南京市还专门出台了《南京市海上丝绸之路史迹保护办法》,明确了相关史迹的保护与控制要求。

4.4.2.2　政策保障

2000年以来,南京老城面临快速现代化的冲击,专门编制了老城保护与更新规划,之后又滚动编制了两轮老城控制性详细规划,应当已经提供了坚实的规划保障。但是,老城传统风貌和历史氛围还是日渐消退。"2010 版"保护规划完成之后,为了强化南京老城的整体保护,南京印发《市政府批转市规划局关于进一步彰显古都风貌提升老城品质的若干规定的通知》宁政发〔2011〕211 号。"规定"包括"控制老城容量,促进功能转型""控制建筑高度,融合古今风貌""保护明代城墙,展现古都格局""协调建筑色彩,塑造城市特色"四个部分,对于南京古都风貌的提升做出了明确的规定。随后,南京市委又在老城保护相关"规定"的基础上,放眼全市的文化遗产保护,印发《中共南京市委关于坚持文化为魂加强文化遗产保护的意见》(宁委发〔2011〕53 号)。"意见"明确了南京"建设具有国际影响的史文化名城"的总体目标,确立了"全面性、整体性、真实性、可持续性"保护的基本原则,要求"实施历史文化名城保护规划","严格执行紫线管理和古城保护强制性规定","实施历史文化遗产保护六个行动计划"❶,"强化文化遗产保护机制建设"。"意见"的发布进一步统一了南京全市的文化遗产保护认识,为南京市文化遗产保护工作的整体完善提供了政策保障。

2013 年 8 月,为传承优秀传统文化,提升南京老字号品牌价值,南京市政府印发《市政府关于保护和促进南京老字号发展的若干意见》(宁政发〔2013〕252 号),要求"加强老字号内涵挖掘和传承发展","建立老字号名录体系","加强老字号文化和技艺的研究","加强对老字号的宣传","建立南京老字号认定体系","打造老字号特色街区","整体保护,突出重点",首次对南京的老字号保护与传承提出了政策引导要求。

2015 年 1 月,为了进一步推进"保老城、建新城"战略,加快实施"老城双控双提升战略",南京市政府印发《市政府办公厅关于控制老城范围内学校医院合理规模的指导意见的通知》(宁政办发〔2015〕18),以期控制老城范围内学校、医院规模原地扩张,引导老城教育、医疗优质资源向郊区和新区迁移,放大优质公共服务资源,提升城市功能品质,缓解主城区交通拥堵矛盾,减轻城市承载负荷,实现城市的可持续发展。

2016 年 10 月,南京市政府印发《南京市地下文物考古工作办法》(宁政规字〔2016〕13 号),将"2010 版"保护规划中关于地下文物尤其是历代都城遗址保护的相关内容转化为政策文件。"办法"规定了土地出让、土地划拨与考古勘探之间的部门协调、程序设置要求,将考古勘探工作前置,改变了以往地下文物保护的被动局面。

2017 年 3 月,历经 10 余年艰苦卓绝的探索和努力,南京市终于出台了《南京市老城建筑高度规划管理规定》(宁政规字〔2017〕3 号)。有专家提出"高度控制是老城保护的灵魂",可见老城建筑高度控制的重要性。对于南京这样的古都文化与现代功能叠

---

❶ 《中共南京市委关于坚持文化为魂加强文化遗产保护的意见》,2011 年 10 月 10 日中国共产党南京市第十二届委员会第二十三次全体会议通过。六个行动计划分别为:历史文化街区和风貌区保护计划、历史古镇村保护计划、明城墙保护计划、大遗址保护计划、非物质文化遗产保护计划、博物馆(纪念馆)建设计划。

加并置的老城来讲,建筑高度控制面临前所未有的压力。2002 年《南京老城保护与更新规划》编制完成之后,南京即着手制定关于老城建筑高度控制的法规文件。但是由于老城发展的惯性,承担着众多开发主体开发建设的压力,文件历经多年多轮修改,即使是在"2010 版"保护规划编制完成之后所面临的机遇期内,也未能完成。如今,"为了实现南京历史文化名城保护与古都风貌彰显、落实老城功能疏解和容量控制发展战略",出台《南京市老城建筑高度规划管理规定》,虽属"亡羊补牢",但"犹未为晚"。"规定"提出"市规划行政主管部门应当按照《南京历史文化名城保护规划》关于老城整体保护原则和要求,严格控制历史城区、历史地段、明城墙沿线、景观视线走廊的建筑高度","结合相关研究成果,组织编制老城空间形态保护深化图则,经法定程序和要求报批后纳入控制性详细规划"。并规定"控制性详细规划是老城建筑高度规划管理的依据。控制性详细规划确定的建筑高度未经法定程序不得修改,因公共利益确需调整的,市规划行政主管部门应当组织开展城市设计研究、景观视线影响分析、专家论证、社会公示,报市政府批准。其中涉及历史文化保护的,在报市政府批准前应当经南京市历史文化名城专家委员会、南京市历史文化名城保护委员会审议通过"。"规定"还对老城内的大型开敞空间保护、历史地段保护、地下文物保护、合理再开发等相关的建筑高度提出了管控要求。

表 4.4-1　南京市历史文化名城保护相关法规一览表

序号	名　称	施行时间或文号	施行状态
1	南京市文物古迹保护管理办法	1982.7.29	1989.4.15 废止
2	南京市文物保护条例	1989.4.15 施行 1997.10.17 修正	有效
3	南京市夫子庙地区管理规定	1994.1.1	2010.2.1 废止
4	南京城墙保护管理办法	1996.4.12	2015.4.1 废止
5	南京市中山陵园风景区管理办法	1996.8.31	1998.10.1 废止
6	南京中山陵园风景区管理条例	1998.10.1	有效
7	南京市雨花台风景名胜区管理条例	1997.1.23	1999.10.1 废止
8	南京市雨花台风景名胜区管理条例	1999.10.1	有效
9	南京市地下文物保护管理规定	2000.1.1 施行 2004.6.17 修正	2019.3.1 废止
10	南京市重要近现代建筑和近现代建筑风貌区保护条例	2006.12.1	有效
11	南京市夫子庙秦淮风光带条例	2010.2.1	有效
12	南京市玄武湖景区保护条例	2010.10.1	有效
13	南京市历史文化名城保护条例	2010.12.1	有效

序号	名　称	施行时间或文号	施行状态
14	市政府批转市规划局关于进一步彰显古都风貌提升老城品质的若干规定的通知	2011.9.28 宁政发〔2011〕211 号	有效
15	中共南京市委关于坚持文化为魂加强文化遗产保护的意见	宁委发〔2011〕53 号	有效
16	市政府关于进一步加强城市古树名木及行道大树保护的意见	宁政发〔2011〕63 号	有效
17	南京市汤山旅游资源保护条例	2013.2.1	有效
18	南京市老山景区保护条例	2013.5.1	有效
19	市政府关于保护和促进南京老字号发展的若干意见	宁政发〔2013〕252 号	有效
20	南京城墙保护条例	2015.4.1	有效
21	中共南京市委 南京市人民政府关于成立南京市历史文化名城保护委员会的通知	宁委发〔2015〕165 号	有效
22	市政府办公厅关于控制老城范围内学校医院合理规模的指导意见的通知	宁政办发〔2015〕18 号	有效
23	市政府关于成立南京市历史文化名城专家委员会的通知	宁政发〔2015〕211 号	有效
24	南京市历史文化名城保护委员会工作制度	宁政办发〔2015〕216 号	有效
25	南京市文物建筑修缮工程管理办法	2016.1.1	有效
26	南京市地下文物考古工作办法	2016.11.20 宁政规字〔2016〕13 号	有效
27	南京市海上丝绸之路史迹保护办法	2016.12.1 政府令 317 号	有效
28	南京市非物质文化遗产保护条例	2017.3.1	有效
29	南京市老城建筑高度规划管理规定	2017.5.1 宁政规字〔2017〕3 号	有效
30	南京市地下文物保护条例❶	2019.3.1 苏人发〔2018〕56 号	有效

4.4.3　价值判断与保护对策

　　有了认识层面和考核层面的保障和引导,还需要对各类文化遗产进行客观的价值判断,在此基础上才能提出科学合理的保护对策。文化遗产的价值判断是主观判断与客观存在的结合体。从静态的角度来看,文化遗产的价值在不同的观察研究者的视角下存在差异性,但这并不代表文化遗产价值本身的变化,它只能体现研究者身份的差

---

　　❶《南京市地下文物保护条例》由江苏省第十三届人大常务委员会第六次会议于 2018 年 11 月 23 日批准并公布。

异以及由其导致的评判标准的差异。从动态的角度来看，文化遗产的价值随着时间和空间的变化也是会发生变化的，可以变得更加丰富，也有可能消退甚至消失。因此，对文化遗产价值的判断应本着客观的、多视角的、整体的、发展的眼光，不能任意地夸大或缩小，否则将会导致价值判断的失衡，进而带来保护对策和保护投入的一系列问题。

以南京的历史地段保护演进为例进行分析，可以更加深入地理解价值判断在保护规划之中的关键作用。总体而言，历版南京历史文化名城保护规划以及南京老城保护与更新规划所确定的历史地段保护名录变动较大；但1990年代以来，保护名录中的各历史地段从客观存在上并没有发生大的变化，变化的主要是相关的概念内涵和划定标准的变化。

从概念内涵上来看，"1984版"保护规划中称为"重要建筑群"，其中除各类建筑群以外还包含了明故宫遗址、长江大桥、渡江纪念碑等遗址或单体建筑。"1992版"保护规划中称"历史文化保护地段"，去除了明故宫遗址，补充了杨柳村古建筑群，还增加了5片传统民居保护区。"2002版"保护规划中称"历史文化保护区"，保护对象去除了杨柳村古建筑群，增加了明故宫遗址区和高淳老街历史街区，5片传统民居保护区调整为城南传统民居保护区和南捕厅历史街区。2002年的老城保护与更新规划中称"历史文化保护区"，其中包含了环境风貌保护区、历史建筑群、古遗址区、传统街区以及占地面积较大的文物保护单位。"2010版"保护规划中称"历史地段"，又进一步细分为历史文化街区、历史风貌区和一般历史地段，具体保护对象上去除了2002年老城保护与更新规划中的环境风貌保护区、占地面积较大的文物保护单位。南京历史地段的相关概念有重要建筑群、历史文化保护地段、历史文化保护区、历史街区、传统民居保护区、历史建筑群、传统街区、历史文化街区、历史风貌区等多种称谓，几经变化，保护的对象也几经增减、调整。但变化的只是人们给历史地段戴的各种"帽子"，或者"戴帽"和"摘帽"的行为，历史地段作为一种客观存在的保护对象本身没有发生根本性的变化，"玫瑰花即使换了一个名字，还是一样芬芳"❶。

依据《历史文化名城保护规划规范》（GB 50357—2005），历史地段（historic area）本身是一个相对比较客观的概念，它是指"保留遗存较为丰富，能够比较完整、真实地反映一定历史时期传统风貌或民族、地方特色，存有较多文物古迹、近现代史迹和历史建筑，并具有一定规模的地区"。历史文化街区（Historic Conservation Area）是指"经省、自治区、直辖市人民政府核定公布应予重点保护的历史地段"。依据《历史文化名城名镇名村保护条例》，"历史文化街区，是指经省、自治区、直辖市人民政府核定公布的保存文物特别丰富、历史建筑集中成片、能够较完整和真实地体现传统格局和历史风貌，并具有一定规模的区域"。根据国内外历史地段保护的理论演进及实践经验可

---

❶ 源自莎士比亚《罗密欧与朱丽叶》。

以得知,"历史地段"是学术名词,"历史文化街区"是法定概念;也可以认为"历史文化街区"是一种称号,是政府重点保护的历史地段,其保护理念、保护措施不应有本质的差别。

《历史文化名城保护规划规范》在国内首次明确了历史文化街区的认定标准,标准比较强调物质环境要素保存的相关要求,但对历史地段在名城发展演变过程中积淀形成的丰富的社会价值、情感价值、文化价值等内在价值体现不足。各地在老城保护与更新以及保护规划实践过程中,往往看中历史地段在城市核心区的区位价值所蕴含的巨大经济价值,片面看待历史地段的物质文化遗存价值,大多忽视历史地段丰富的内在价值,机械执行"规范"关于历史文化街区的认定标准,将若干物质遗存状况不佳或者面积较小的历史地段排除在历史文化街区之外,重表象而忽视本质,与历史文化名城保护的初心相背离。以南捕厅、门东、门西的从传统民居区为例,"2010版"保护规划机械地将成片的传统民居区切分成为贴在一起的历史文化街区和历史风貌区。"2010版"保护规划划定的南捕厅历史文化街区主体是经整治修缮的甘熙宅第,其中有一部分并非历史存留的原物,而且甘熙宅第是封闭式的大户宅院,并不承载多少城市的公共生活;一路之隔切分出来的评事街历史风貌区则相反,市井生活氛围浓郁,清末、民国以及建国初期的各类建筑遗存丰富,却被划定为历史风貌区。"2010版"保护规划历史地段范围划定过程中曾经有观点认为:南捕厅和评事街整体是"一颗鸡蛋",南捕厅历史文化街区是"蛋黄",评事街历史风貌区是"蛋清",重点要保护"蛋黄"。"2010版"保护规划中老城和三片历史城区的关系也与此类似。重"蛋黄"核心而轻"鸡蛋"整体,这是成果草案公示过程中有专家学者质疑"老城整体保护体现不够"的主要原因之一。"2010版"保护规划确定历史文化街区、历史风貌区和一般历史地段的分级保护对策,其初衷是为了将一部分虽达不到"规范"中历史文化街区的认定标准但仍有一定价值的历史地段纳入保护体系,实现对历史地段的"应保尽保",但是在具体实践过程中却成为保护与开发相妥协的支撑工具。

对文化遗产价值判断的片面化、局限化,必然会导致文化遗产本身的碎片化、孤立化。因此,文化遗产的价值判断应聚焦文化遗产的价值本身,而非形形色色的各种"称号"。文化遗产的价值判断更不能囿于规范的定义,因为规范本身也并非金科玉律,是需要在具体实践的基础上不断修改完善的。只有对文化遗产价值进行客观的判断,我们才能提出真正科学合理的保护对策,才能进一步促进文化遗产价值的传承和发展。

4.4.4　规划编制的公众参与

南京是著名古都,南京历史文化名城保护规划历来受到社会各界的广泛关注。由于公众参与制度尚未完全建立,公众参与意识相对淡薄,前三版保护规划基本上只是规划成果进行了展示,公众参与程度相对较低。进入 21 世纪以来,公众参与制度逐步完善,社会各界对南京历史文化名城保护更加关注,"2010 版"保护规划编制也更加强调了规划过程的公众参与。"2010 版"保护规划工作一开始就确定了"全社会参与"的工作方法,规划编制团队涵盖本地规划设计单位、高校、学术团体及部分专家学者,规划编制过程中充分听取了各地专家、主管部门和南京市相关部门、区县、学术团体的意见,还进行了为期一个月的规划公示,基本形成了全社会共同参与南京名城保护规划的局面。

4.4.4.1 "2010 版"保护规划中的公众参与

1. 政府部门

"1984 版"和"1992 版"保护规划均是由南京市规划局会同南京市文物局(文物管理委员会)共同组织编制;"2002 版"和"2010 版"保护规划由南京市规划局单独组织编制。

"2010 版"保护规划编制过程中专门征求了南京市文物局、南京市住房和城乡建设委员会等相关部门和南京市各区县的意见,南京历史文化名城研究会和南京古都学会等学术团体也对规划方案提出过修改完善建议。

由于南京市规划局只是职能部门,是多方利益协调者,并没有决策权,保护规划方案的确定更多地取决于城市和区县政府。南京市文物部门由于在行政机构改革中被整合,级别不高,有历史文化保护的专业认识但影响决策的能力有限。在传统的政绩考核制度的引导下,其他相关部门关注点更多地在部门本身,对专业性较强的历史文化名城保护工作参与力度较弱,大多是部门项目建设涉及历史文化名城保护的相关要求时,就事论事地予以解决。

2015 年 10 月,南京历史文化名城保护委员会成立后,这一局面得到改观。《南京市历史文化名城保护委员会工作制度》明确了各职能部门和区政府的工作职责,"各司其职、部门和区县联动的保护制度"❶经过 10 年的酝酿后终于得以建立。

2. 科研院所

考虑到"2010 版"保护规划工作任务艰巨,南京市规划局在工作组织上慎之又慎,并于 2007 年 3 月发布了公开招标公告,考虑南京历史文化资源的复杂性和规划编制的周期漫长,在技术比选的基础上,最终确定由南京市规划院牵头,东南大学、南京市城市规划编制研究中心共同参与编制本次规划。与此同时,南京市规划局邀请了南京大学、南京工业大学等高校参与了部分专题研究和专项规划工作。

2015 年 7 月,为探讨历史城区的保护与复兴模式,提高公众对传统文化的保护意

---

❶ 引自 2006 年 10 月,南京市规划局《关于上报"关于南京历史文化名城保护规划及实施对策的调研报告"的请示》(宁规字〔2006〕347 号)。

识,南京市规划局邀请南京大学、东南大学、南京工业大学三所高校的研究生志愿者,就"2010版"保护规划确定的大油坊巷和双塘园历史风貌区所在的小西湖地区,开展保护规划设计社会实践,在国内也属创举。通过本次创新性的社会实践,在三所高校老师和地方专家学者的指导下,小西湖地区提出的保护与更新思路相比老门东(即"2010版"保护规划确定的三条营历史文化街区)而言有了很大的进步。

3. 专家学者

为了保证规划的前瞻性和领先性,"2010版"保护规划专门设立了顾问专家组指导规划编制工作。专家组由南京和外地的专家构成,规划编制过程中除及时请教南京本地的老专家以外,还通过项目组登门拜访、邀请专家来设计单位交流座谈以及召开专家咨询会、专家论证会等多种形式,请教北京、上海、西安等国内其他专家学者。期间,南京市政府专门召开了专家座谈会,就专家学者关心的问题进行了现场说明,会后根据专家的相关建议对规划成果进行了优化完善

值得反思的是,规划编制过程中,专家学者参与的广度不够.由于南京是著名古都,在国内外均具有重大影响,不同的专家学者因专业背景不同,对南京历史文化名城保护工作关注的角度也不甚相同.老城南地区的拆迁改造分别引起2006年16位全国各地专家学者和2009年29位南京本地专家学者的广泛关注,并上书国务院,引起了全国性的轰动。规划修编方案专家咨询会和专家论证会虽然邀请了其中的部分专家发表了建议意见,但是仍有众多专家学者不能到场发表意见,修编工作的开放程度远远不够,未被邀请的专家学者通过寻求网络、报纸、电视、广播等媒体渠道发表自己的意见,从而客观上造成了一定的"对立"局面。但客观来看,所有专家意见的出发点都是为了让南京历史文化名城保护规划更为科学合理,从这个角度来讲,规划修编过程的全程开放非常必要,有利于统一社会各界的认识,有利于规划修编方案更广泛地吸纳专家学者的意见和建议,也更加有利于规划成果的科学完善。

2015年10月,《南京市历史文化名城保护条例》颁布5年后,南京历史文化名城保护委员会和专家委员会也终于成立。其中的历史文化名城专家委员会有以下主要职责:参与历史文化名城保护方面的地方性标准、规范制定和论证工作;负责论证和评审各类历史文化名城保护名录、保护规划;负责论证保护范围内的建设项目选址意见和建设工程设计方案;负责论证拟纳入保护名录的保护对象;负责论证历史建筑为危房确需翻建的建设方案;负责论证因公共利益需要,历史建筑拆除或者迁移;论证规划控制建筑的拆除方案;涉及历史文化名城保护的其他事项❶。这意味着在有关南京历史

---

❶　引自《市政府关于成立南京市历史文化名城专家委员会的通知》(宁政发〔2015〕211号),2015年10月16日发布。

文化名城保护的行政决策中,专家意见将发挥更加关键的作用,南京的历史文化名城保护进入新阶段。

4. 新闻媒体

南京作为著名古都、国家历史文化名城,历来是新闻媒体关注的焦点。尤其是2006年"老城南事件"发生后,全国范围的新闻媒体争相对南京历史文化名城保护工作进行了持续而深入的报道。

除了被动地吸引媒体报道以外,"2010版"保护规划编制还主动邀请了媒体进行全过程的参与。规划招标通过南京市规划局官方网站对外发布,规划方案各阶段的咨询会、论证会也得到了媒体的广泛报道,规划成果批复后,专门召开了新闻发布会,通过媒体进行宣传。

5. 普通民众

长期以来,虽然南京市的普通民众中也有像盖星石❶这样的"市民规划师"踊跃就城市规划发表个人建议,但由于规划编制的开放性程度、成果草案展示的场地和形式等各方面的局限,同时也由于对城市规划的关注度不够或者难以获知参与的途径,普通民众参与规划编制的程度与其他人群相比较弱。

"2010版"保护规划方案通过规划局网站、规划展览馆、社区现场等途径进行了为期一个月的社会公示。社会各界通过新闻发布会、规划展览、网络、电话、信函、传真等等各种渠道进行了意见反馈。市民参与面广、参与积极。据统计,公示一个月间,共收到各方意见3 500多份。规划还就民众关注的焦点问题进行了书面回复,规划方案根据民众的意见进行了修改完善,修改说明纳入规划批复成果之中。

4.4.4.2　两次"老城南事件"中的公众参与

历史文化名城保护制度本质上也是一种公共政策,也必然涉及对公众利益的协调。"老城南事件"的发生,本质上是公众对政府部门预设的历史文化名城保护相关利益协调方案的再平衡、再优化,甚至可以认为是公众对保护工作过程中涉及的有关自身利益的保护和抗争。在利益优化和平衡过程中,科研院所、专家学者、政府部门、新闻媒体和普通民众各自从不同的视角发出自己的声音,在质疑、争论的过程中,南京历史文化名城保护的认识逐步统一、逐渐提升,历史文化的价值判断逐步趋同、渐进完善,相关的政策机制保障等也陆续出台,历史文化名城保护规划成果逐步完善,并得到社会各界的广泛认同。公众参与过程中,各类群体之间关于历史文化保护的价值判断

---

❶　江苏省卫生系统退休干部,长期关注南京城市规划与建设,自1992年起至今给有关方面建言信近600余封,约60余万字,建言先后获城市建设意见建议征集一等奖、公路客运主枢纽布局规划金点子征集一等奖、南京城市规划市民意见咨询金点子奖等。被评为2004年度"南京十佳市民",被媒体誉为"民间规划师"——引自《南京城乡规划40年访谈录》中《盖星石——公众参与、市民规划师》一文。

和思想认识有同有异；即使有着共同利益诉求的群体，其内部不同个体的认识也有明显的分异。

1. 政府部门

政府部门群体涉及各级政府和各职能部门官员，因级别或职能的不同，政府部门群体关于历史文化保护的认识差异相对较大。历史文化名城保护制度建立以来，中央层面一直非常重视历史文化名城的保护工作。2005年，鉴于"当前我国文化遗产保护面临着许多问题，形势严峻，不容乐观"，国务院下发《关于加强文化遗产保护的通知》，并决定从2006年起，每年6月的第二个星期六为我国的"文化遗产日"。2006年第一次"老城南事件"发生后，温家宝总理批示要求"建设部会同国家文物局、江苏省政府调查处理。法制办要抓紧制订历史文化名城保护条例，争取早日出台"，充分反映了中央层面文化遗产保护的坚决意志。

但是在分税制的背景下，为了完成政绩考核尤其是GDP考核指标，中央和地方的有关历史文化保护的利益诉求有一定的分离，中央政策在地方实践中被漠视或结合地方施政需要有意误读。两次"老城南事件"中，地方政府以"改善民生"为由进行"旧城改造"，又由于更新改造资金的压力，不得不追求改造和建设的资金平衡，从而导致历史文化以及"危旧房"内的民生成为改造开发的牺牲品。2008年《历史文化名城名镇名村保护条例》颁布实施后不久，南京市政府下发《市政府关于加快危旧房改造工作的实施意见》（宁政发〔2008〕3号）。次年初，"危旧房改造"全面启动，南捕厅、门西、门东、教敷巷等现存的几片传统民居区全部列入"危旧房改造"计划，引发2009年第二次"老城南事件"。事件发生前，时任市政府领导在秦淮区召开全市危旧房改造工作现场会，要求官员们"强化机遇意识"，并称"在当前扩内需、保增长、促转型的特殊时期，危旧房改造'一举多得'，一是改善困难群众住房条件，二是拉动内需，三是拓展城区发展空间，四是培育新的经济增长点"❶。

在地方的各职能部门中，与历史文化名城保护相关的主要有文物、城乡规划、住房和城乡建设三个部门，但由于历史文化名城保护涉及城市整体格局和风貌、历史街区、文物保护单位、历史建筑、非物质文化遗产等方方面面，无论是历史文化名城的规划、建设还是文化研究等，都需要各相关职能部门的协作，这其中有行政权力的相互制衡，也一定程度上体现了历史文化保护的责权不清。再加上地方政府在政绩考核制度的引导下，更强调绩效意识，各职能部门也不得不选择唯地方政府"马首是瞻"，为了推进项目拆迁建设而调整规划设计要点，调整拟公布的保护名录，调整文物古迹保护范围等。

---

❶ 陈统奎.南京，救市压力下的城建新高潮[J].南风窗,2009(6):54-57

2. 科研院所

科研院所人群是历史文化保护相关规划研究任务的承担主体,提供历史文化保护相关的技术咨询服务,在规划编制技术实践过程中,对保护理念、方法、策略等有着较为深刻的体会,总体上对历史文化保护的认识是相对客观的,着眼点在于历史文化保护公共利益的捍卫和相关利益方利益的协调。

但科研院所人群只是技术咨询服务的提供者,对历史文化保护相关规划研究的结论并没有最终的决定权,规划研究的最终结论要在科研院所提出的研究成果的基础上,进一步听取政府相关部门、专家学者、新闻媒体和普通民众的意见和建议后最终确定。与此同时,不同省市地域、不同专业背景的科研院所,甚至是同一家科研院所内部的不同技术团队,对历史文化保护的认知和判断也有一定差异的。

3. 专家学者

专家学者们对于历史文化保护的国际国内经验教训和发展动态有着深入的了解,更能从学术理论层面认清历史文化保护的相关规律,进而对当前历史文化保护工作中面临的相关问题提出更加具有方向性和指导性的意见和建议。在"老城南事件"中,专家学者们对于老城南地区价值、特色的认识更加深刻,总体上认为应该建立保护与发展的平衡关系,应采用小规模渐进式的更新而不能大拆大建。

专家学者价值观总体统一的同时,也有认识角度和判断标准上的差异。例如,南京大学蒋赞初教授认为"凡是具有历史、文化特色的建筑都要保留下来"[1],而南京大学赵辰教授认为"人们认识一个城市,是因为它的街巷,街巷的保留比房子更重要"[2],这体现了关于历史地段内建筑保护的两种价值观。再例如,2003 年,东南大学吴明伟教授在南捕厅地区梳理出 70 余处需保护的建筑;2009 年 9 月初,南京工业大学汪永平教授在南捕厅地区调查认定拟保护建筑 66 处;2009 年 9 月中,南京市地方志办公室专家杨永泉、南京大学教授周学鹰、南京市地方志办公室专家吴小铁、北京大学国际关系学院博士生姚远等人,共同在南捕厅地区志愿实地调研出 109 处传统民居,并提出将其认定为不可移动文物的申请[3],这充分体现了不同专家学者关于建筑保护认定标准的明显差异。

4. 新闻媒体[4]

在南京"老城南事件"中,各类新闻媒体发挥了非常重要的宣传引导和舆论监督作用。但是由于属地和主办单位的差异,媒体在报道中所持的价值立场和所发表的舆论

---

[1] 倪宁宁.一篇文章引发南京文保热议[N].现代快报,2008-04-20:B4
[2] 老南京最后的纠葛[J].瞭望新闻周刊,2006(40):18
[3] 白红义.以媒抗争:2009 年南京老城南保护运动研究[J].国际新闻界,2017,39(11):83-106
[4] 本节内容主要整理自:白红义."制造"公共事件——"南京老城南保护"的传播过程研究[J].新闻记者,2018(4):63-74

观点也有明显差异。

在 2009 年的"老城南事件"中,南京本地多家媒体进行了深入广泛的报道。作为南京市委机关报的《南京日报》在事件前期"始终为老城南的拆迁辩护","丝毫看不到老城南拆迁中的争议",直到事件后期"才以一篇深度报道《留住老南京的"魂"》回应了 4 月以来日渐高涨的反对之声";《南京日报》始终扮演着地方政府声音传递者的角色,成为南京市政府回应争议议题的主要平台"。作为江苏省委机关报的《新华日报》则在事件前期多次"用比较隐晦的方式表达意见",事件后期"报道倾向越发明朗"。此外,"市场取向的《现代快报》和《江南时报》在老城南报道中表现得更为积极主动。不仅在数量上远远超过了两家机关报,而且在报道的形式和力度上也更胜一筹"。《现代快报》在很多的时间内就老城南刊发过三次专题报道;《江南时报》则以"消息"的形式即时对老城南事件进行及时全面的报道。

关注"老城南事件"的外地媒体主要是周报和杂志,《南都周刊》《时代周刊》等多家媒体还进行了跟踪式报道。"这些媒体通过大量的采访细致地呈现了围绕老城南所发生的拆保之争",形成了很多深度报道,"一些在本地报纸被'屏蔽'的信息也出现在外地媒体报道中";《瞭望新闻周刊》《新京报》等多家媒体通过邀请专家学者、名人、媒体人就老城南议题发表评论,通过刊载时事评论参与到老城南议题之中。"外地媒体的介入很大程度上缓解了因南京本地媒体的'沉默'而导致议题被遮蔽的可能性",从而使得"地方政府不能再对中央级媒体的舆论监督带来的舆论压力无动于衷",进而对相关政策和实施工作进行优化调整。

5. 普通民众

在"老城南事件"中,涉及的普通民众可以分为拆迁片区内的民众和其他民众,拆迁片区内部的民众可以分为房主和租户,租户又因房屋产权的差异可以细分为"公房"租户、"经租房"租户和"私房"租户。但总体而言,普通民众群体更多地从自身利益的需求来看待历史文化保护。

片区以外的居民和"私房"租户由于不涉及个人利益,大多对片区的更新改造持"无所谓"的漠视态度,在"私权"还未得到绝对保障的背景下,不能过高地要求让普通人有更高的"公权"意识。

对于"公房"租户、"经租房"租户而言,大多倾向选择离开,因为拆迁改造时政府的补偿以及低收入人群的住房保障制度可以让他们大大地改善居住条件;但也有众多"公房"租户、"经租房"租户出于基本生活的考虑反对拆迁,因为一方面一旦拆迁他们就要面对市场,无力购买更好的新房,另一方面拆迁安置地远没有老城区内医疗、教育、就业以及各种生活的设施便利。

私房主们大多世居于老城南,房产承载着家族记忆,总体上是不愿意拆迁的。继承关系清晰的私房业主们希望借助政府改造的力量,让多年的经租户离开,自己拥有完全的产权和使用权,他们的倾向是保护性改造。产权关系较为错综复杂的私房业主们心态较为矛盾,一方面他们认为老宅是祖产应该传承下去,而另一方面由于产权利益难以协调,使得他们倾向于选择较易分割的补偿款。当然也有部分私房业主由于房屋年久失修而又无力承担维修费用,不得不选择拆迁安置。

通过上述"2010版"保护规划和两次"老城南事件"中的公众参与分析可以看出,在中央政府不断强化历史文化保护意识的背景下,通过优化中央和地方财政关系,转变发展方式,改变绩效考核机制,各级政府和部门的历史文化保护认识将会得到统一,中央政府的相关历史文化保护法规政策也将得到深入具体的贯彻。通过"开门规划",强化全过程的公众参与,充分发挥不同科研院所的技术特长,虚心听取不同背景专家学者的智慧意见,广泛接受新闻媒体的舆论监督,在规划编制和项目实施过程中积极听取普通民众的意见,社会各界完全可以形成历史文化保护的"合力"。

4.4.5 规划编制的技术支撑

随着历史文化保护理念的不断演进,历史文化研究也日趋呈现出多学科交叉的态势,相应的也逐渐开始采用多种技术手段支撑历史文化名城保护规划的编制工作。南京历版历史文化名城保护规划的编制充分反映了这一趋势,广州"2012版"历史文化名城保护规划也是多学科技术融汇的实例。

4.4.5.1 "前三版"保护规划:单一技术支撑

"1984版""1992版""2002版"南京历史文化名城保护规划由南京市规划局会同南京市文物局组织编制,南京市规划设计研究院独立承担规划编制。规划技术人员局限于规划建筑专业,虽然文物局参编人员具有历史考古背景,但参与程度较弱。总体来讲,前三版保护规划的技术手段相对单一。

4.4.5.2 南京老城保护与更新规划:技术融合初始

20世纪末,尤其是进入新世纪后,南京的现代化进程快速加快,南京历史文化名城的保护和发展面临新的挑战,历史文化名城保护规划也需要进一步优化完善。但是由于"2002版"保护规划是随南京市城市总体规划调整而编制的,不能对"1992版"保护规划进行大规模的修改,所以"2002版"保护规划成果未能够很好地适应南京当时的发展需求。因此"2002版"保护规划编制完成之后,南京市对南京历史文化名城保护的核心区域——南京老城,单独编制了保护与更新规划。

为了切实提升南京老城保护与更新规划的编制水平,南京市规划局专门组织了国际研讨会,并请与会部分专家进行了专题研究,具体包括:蒋赞初负责的"南京老城历史沿革研究",王建国负责的"南京老城空间形态优化研究",丁沃沃等负责的"南京老城已建居住区调研和改善研究",阳建强等负责的"国内外历史城市保护和更新的相关理论和实践",苏杰夫(Jeffery Soule)和柳元负责的"中外著名古都比较"等。从历史学、城市设计、建筑设计、城市规划等多学科进行了专题研究,其中"南京老城空间形态优化研究"采用了 GIS 技术对南京老城高度控制的相关因子进行综合分析,并模拟得出适宜的老城高度管控方案。

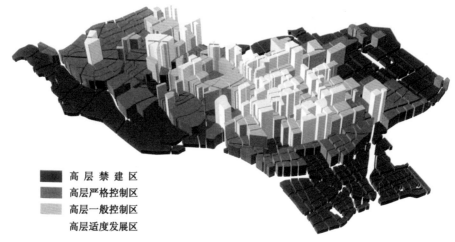

高 层 禁 建 区
高层严格控制区
高层一般控制区
高层适度发展区

图 4.4-1　南京老城空间形态高度管控图
资料来源:王建国.南京老城空间形态优化和形象特色塑造——基于高层建筑空间形态的研究[R],2002

　　南京老城保护与更新规划是南京历史文化名城保护规划领域多学科技术融合的开端,也为"2010 版"保护规划的编制奠定了坚实的技术基础。

4.4.5.3　"2010 版"保护规划:多学科融合

　　"2010 版"保护规划通过城乡规划学、建筑学、历史学、考古学、计算机科学等多学科的合作,进行了 10 余项的基础性研究工作。"25 年来南京历史文化名城保护工作回顾评价""南京历史文化名城保护定位、目标和战略研究""南京历史文化空间网络体系建构研究"主要涉及城乡规划学及历史学。"南京历史文化资源普查""南京历史文化资源评估体系建构研究""南京城市空间历史演变及复原推演研究"则涉及城乡规划学、建筑学、历史学、考古学、计算机科学等众多学科。

　　"2010 版"保护规划在历史文化资源普查建库和评估、城市空间历史演变、历史城区空间形态控制等方面运用了"3S"、ArcGIS、虚拟现实技术等进行了支撑分析。南京历史文化资源普查工作基于 ArcGIS 平台,采用了"3S"技术;南京城市空间历史演变及推演复原研究则运用了"3S"、三维动画等技术;历史城区空间形态控制运用了 ArcGIS 技术进行了多方案比较分析。

　　通过多学科的融合和新技术的运用,"2010 版"保护规划结出了丰硕的成果。先于第三次全国文物普查工作建立了南京历史文化资源数据库,首次建立了南京历史文化资源评估体系,首次从文化的视角理清南京城市空间演变脉络及其文化内涵,在国内应属创举。

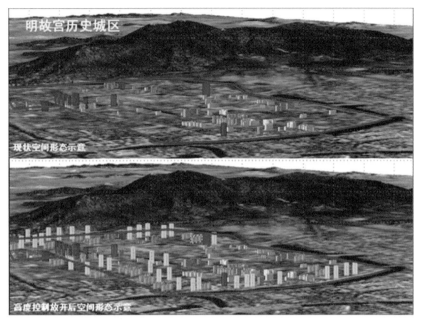

图 4.4-2　明故宫历史城区空间形态控制模拟

资料来源:南京市规划局,南京市规划设计研究院,东南大学城市规划设计研究院,
南京市城市规划编制研究中心.南京历史文化名城保护规划(2010—2020)[Z],2012

　　历史文化名城保护规划本身的特殊性,决定了其跨学科的特性,因此,保护规划也从最初的单一技术支撑逐步走向了多学科的技术融合。只有通过跨学科的基础研究工作,才能深入解读名城的特色价值,方可找到适宜的保护与发展对策。跨学科的研究必然需要与之相适应的技术手段,运用多种技术手段解决历史文化名城保护的相关问题显得十分必要。但总体来看,南京乃至于国内历史文化名城保护规划中的技术融合基本处于初始阶段,只是运用了多种技术手段解决了若干孤立的问题,尚需要加强技术支撑的整合,从不同的学科视角,运用不同的技术手段,系统综合地解决问题,寻找未来的发展可能。因此,规划技术的融合仍然是未来历史文化名城保护规划需要不断探索、积极创新的重要主题。

4.5　规划深化及基础研究

4.5.1　保护规划的深化

　　南京历版历史文化名城保护规划编制完成以后,都进行了相应的保护规划深化工作。由于社会经济发展阶段的不同,保护规划深化工作的重点也有所差异:1980 年代,深化工作相对较少,主要涉及重要文物和风景名胜的保护规划;1990 年代,城市现代化步伐加快,老城内的历史地段及重要文物、历史建筑、风景名胜相关规划成为重点;2000 年后,老城保护与发展面临更加复杂的状况,重点针对南京老城编制了一系列相关规划;"2010 版"保护规划完成后,随即编制了一系列历史地段、古镇古村、历史建筑等的保护规划,逐渐形成了南京的历史文化名城保护规划体系。

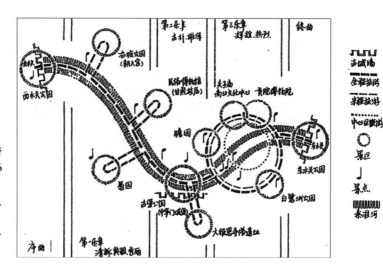

图 4.5-1　秦淮风光带规划设想(1986 年)——旅游规划图

资料来源:南京市规划局,南京市规划设计研究院.秦淮风光带规划设想[R],1986

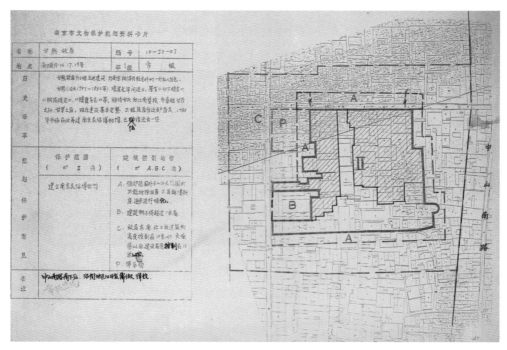

图 4.5-2　甘熙故居"紫线"规划图(1983 年)

资料来源:南京市文物管理委员会,南京市规划局.南京市区文物保护单位保护规划图集[Z],1983

4.5.1.1　1982—1991年以风景名胜规划为主体,率先划定文物紫线

1980年代,依托文物古迹发展旅游成为城市发展的热点,各地陆续复建"仿古街"等景观。1981年10月,南京市政府批转南京市建委《关于加强古迹名胜、古建筑和古树名木保护管理的意见》,要求旅游开发的同时保护好文物古迹和风景名胜。"1984版"保护规划尤为关注重要文物建筑与重要风景名胜的保护,依据规划,南京市组织编制了《夫子庙地区改建规划》《南京市夫子庙文化商业中心规划设计》,为夫子庙地区的复兴打下规划基础;此外陆续编制了《秦淮风光带规划设想》《老山森林风景区规划》《汤山风景区规划》《牛首—祖堂风景区规划》《栖霞山风景区总体规划》等风景名胜相关规划,为"1992版"保护规划中"环境风貌保护区"概念的提出奠定了规划基础。

此外,为加强文物古迹的保护,南京市在1981年南京市规划局制定的名胜古迹紫线的基础上,分别于1983年制定《南京市区文保单位保护规划图集》,1989年制定《南京主城区文物古迹保护规划图集》。之后,南京市于2001年制定《南京主城文物保护单位紫线规划》,2006年制定《南京主城外围文物紫线规划》,2010年、2014年分别根据文物保护单位公布情况进行了必要的修改和划定工作。总体来讲,南京在全国率先提出了"紫线"的概念,文物紫线划定工作多年来持续不断地在深化完善。

图4.5-3　甘熙故居"紫线"规划图(2001年)

资料来源:南京市规划设计研究院.南京主城文物保护单位紫线规划[Z],2001

图 4.5-4　甘熙故居"紫线"规划图(2010 年)

资料来源:南京市规划设计研究院. 南京市第一至六批资料　省级以上和第一至二批市级以上文物保护单位保护范围及建设地带规划[Z],2010

4.5.1.2　1992—2001 年以风景名胜、历史地段规划为主体,规划类型日趋多元

"1992 版"保护规划已经基本建立"三个层次"的保护体系,保护规划的深化规划工作则主要以风景名胜、历史地段规划为主体,并开始关注重要格局要素、历史建筑的相关规划工作。

1992—2001 年的 10 年间,南京市陆续编制了《南京钟山风景名胜区总体规划》《汤山文化旅游区总体规划》《南京牛首山文化风景区及主题公园"世界佛教文化景观苑"总体规划》《雨花台纪念风景名胜区规划》《栖霞山风景区总体规划》等风景名胜相关规划。

与此同时,随着历史地段保护逐步成为国内历史文化名城保护的工作重点,南京陆续开展了一批历史地段的保护规划工作。1997 年开始编制《颐和路公馆区历史风貌保护规划》,2001 年 1 月—2002 年 10 月,又对该规划进行调整与修编。1997—2002 年,陆续滚动完成《中华门门东地区控制详细规划》《南京中华门门东门西地区保护与更新综合规划研究》《秦淮区门东地区控制性详细规划》《南京市秦淮区门东地区规划设计方案》《南京中华门门西地区保护与更新规划研究》等门东门西地区相关规划;此外,陆续进行了《朝天宫地区保护更新规划设计》《中共代表团办事处旧址(梅园新村)保护规划》《中国近代史博物馆规划》《夫子庙地区调整规划》《南捕厅历史街区保护规划》《高淳老街历史街区保护与整治规划》等一系列历史地段保护规划工作。

本阶段,南京市开始关注古都格局保护的相关规划深化工作,重点是南京城墙保护。1992 年,南京市编制了《南京城墙保护规划》,1997—1998 年,又编制了《南京明城墙风光带规划》,从此,南京城墙相关规划成为历史文化名城保护规划的深化重点之一。

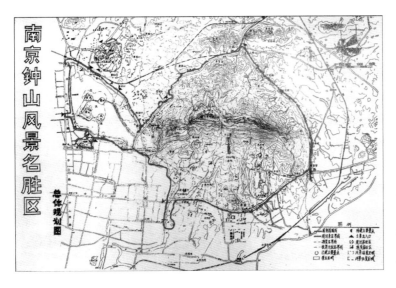

图 4.5-5 南京钟山风景名胜区总体规划(1993年)——总体规划图

资料来源:钟山风景名胜区规划委员会.南京钟山风景名胜区总体规划[Z],1993

此外,为加强明故宫地区保护,2001年南京市规划局组织编制了《明故宫遗址保护规划研究》,规划确立整体保护的新思路,整体展现历史上明故宫的格局、规模和氛围。

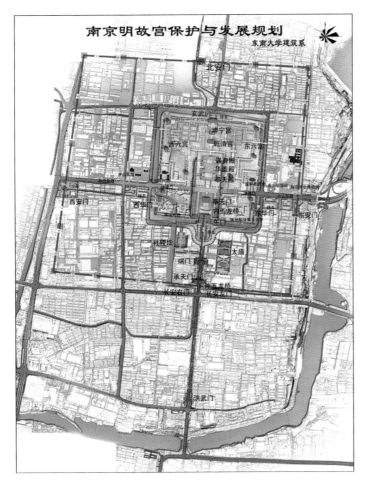

图 4.5-6 明故宫遗址保护规划研究(2002年)——明故宫保护与发展规划图

资料来源:南京市规划局,东南大学建筑系.明故宫遗址保护规划研究[R],2002

图 4.5-7   南捕厅历史街区保护规划

资料来源:南京市规划设计研究院.南捕厅历史街区保护规划[Z],2000

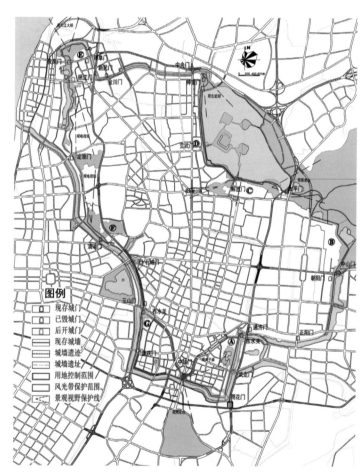

图 4.5-8   南京明城墙风光带规划(1997年)——保护与控制规划总图

资料来源:南京市规划设计研究院

图 4.5-9　南京近代优秀建筑保护规划(2001 年)

资料来源:南京市规划局,南京市规划设计研究院.南京近代优秀建筑保护规划[Z],2001

随着"两岸关系"的改善,南京市开始强调南京作为民国首都而留存至今的民国建筑的保护。1998 年,南京市开始进行南京优秀近现代建筑评定工作,编制了《南京近代优秀建筑保护规划》(2001 年东南大学建筑系编制),同期还编制了《颐和路公馆区历史风貌保护规划》(2002 年南京市规划设计研究院编制),开启南京民国建筑保护的序幕。

为配合明孝陵申报世界文化遗产工作,南京市编制了《明孝陵及明功臣墓大遗址保护规划》《明孝陵景区详细规划》,"大遗址"保护开始成为一种保护规划类型出现。

4.5.1.3　2002—2010 年聚焦南京老城保护与更新相关规划

由于"2002 版"保护规划随南京城市总体规划调整编制而成,未对"1992 版"保护规划进行大的修编,所以,保护规划并未能够对南京历史文化名城尤其是南京老城面对的保护与发展问题做出充足的规划应对。故此,在历史文化名城保护规划深化规划日趋多元的同时,南京特别关注了老城保护与更新规划的编制。

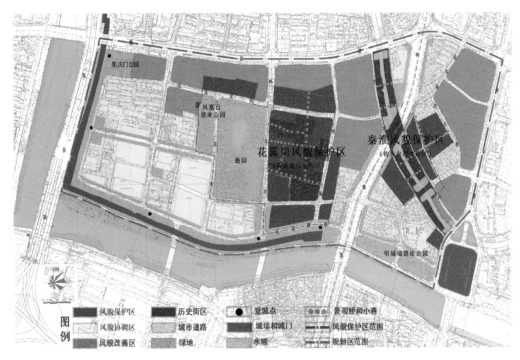

图 4.5-10   南京门西地区保护与更新规划(2006 年)——总体构思图

资料来源:南京市规划局

图 4.5-11   南京城南历史风貌区保护与复兴概念规划研究(2009 年)——总体规划意象图

南京大学建筑学院,南京市规划设计研究院有限责任公司,南京市城市规划编制研究中心.南京城南历史风貌
区保护与复兴概念规划设计[Z],2009

2002 年,南京编制了《南京老城保护与更新规划》,内容主要包括历史文化资源保护、功能疏散和功能提升、特色空间塑造整合空间、居住和交通市政的改善等四个方面。

2003 年,为妥善处理保护和发展的关系,促进土地资源合理利用,优化城市空间结构,完善城市功能,南京市以下关、山西路、新街口、明故宫、秦淮五个分区为单位开展南京老城控制性详细规划编制工作。

2006 年,针对规划管理过程中面临的诸多现实问题,南京市以行政区划为基础,分为鼓楼—下关、玄武、秦淮、白下四个分区编制《南京老城控制性详细规划》(深化版)。通过老城一系列规划奠定了南京老城整体保护的规划基础。同期,还编制了《南京门西地区保护与更新规划》,为门西地区的历史文化保护工作进行了很多创新性的探索。

2006 和 2009 年,专家学者上书国务院呼吁保护南京老城南之后,南京市专门组织编制了《南京城南历史风貌区保护与复兴概念规划研究》,对南京老城南的各类历史文化资源进行了深入普查,提出了历史文化保护、功能完善提升、交通市政改善等规划对策,为后来的老城南历史城区保护规划奠定了规划基础。

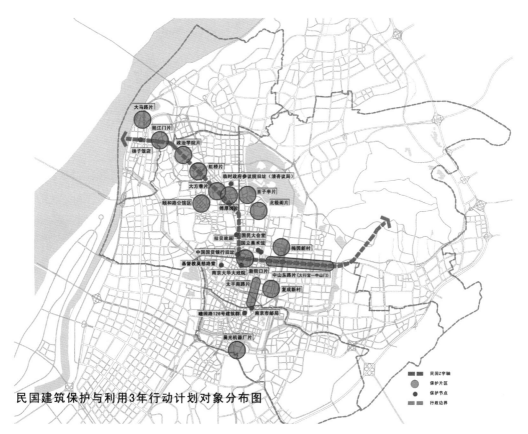

图 4.5-12 民国建筑保护与利用三年行动计划对象分布图(2006 年)

资料来源:南京市规划局,南京市城市规划编制研究中心.南京市 2006—2008 年民国建筑保护与利用 3 年行动计划[R],2006

此外,本阶段,民国建筑保护逐渐成为重要的规划主题。南京市于 2016 年出台了《南京市重要近现代建筑和近现代建筑风貌区保护条例》(2016 年 12 月 1 日施行),继而开展了重要近现代建筑及风貌区的普查认定,滚动编制了《南京市民国建筑保护与展示利用三年实施计划》,南京的民国建筑保护规划进入实施层面,逐步走向深化。

4.5.1.4 2010 年以来初步建立历史文化名城保护规划体系

"2010 版"保护规划的准备工作早在 2005 年已经开始,2007 年开始正式组织编制,2010 年编制完成,2011 年 12 月得到批复。"2010 版"保护规划编制过程中,其深化规划工作已经逐步展开。至今,南京市已经初步建立了相对完整的历史文化名城保护规划体系。

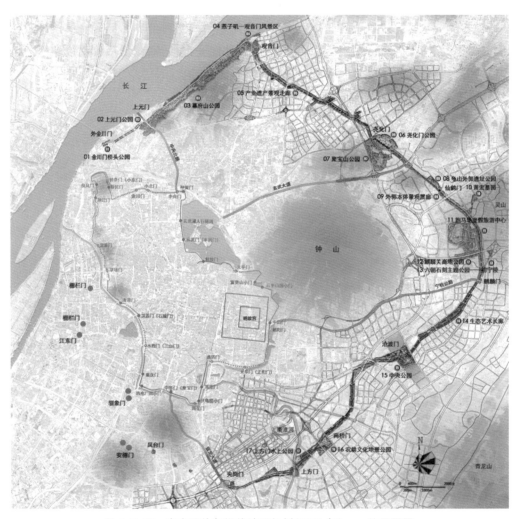

图 4.5-13 南京明外郭沿线地区规划(2010 年)——总平面图

资料来源:南京市规划局,东南大学城市规划设计研究院,东南大学建筑学院.南京明外郭沿线地区规划[Z],2010

1. "整体格局和风貌"相关规划

关于名城山水环境保护,南京市组织编制了 13 片环境风貌保护区中紫金山—玄武湖、雨花台—菊花台、幕府山—燕子矶、栖霞山、牛首山—祖堂山、老山—珍珠泉、方山、青龙山—黄龙山、桂子山—金牛湖、灵岩山—瓜埠山等环境风貌保护区的相关规划设计。

关于历代都城格局的保护,南京市组织编制了南京明故宫遗址、南京城墙、南京明外郭保护相关规划设计。

关于老城整体保护,南京市组织编制了新一轮《南京老城控制性详细规划》,对老城南历史城区单独编制了《南京老城南历史城区保护规划与城市设计》。

图 4.5-14　南京老城南历史城区城市设计(2010 年)——整治更新措施规划图

资料来源:南京市规划局

　　总体来说,2010年以来,南京市对于"整体格局和风貌"保护的规划深化工作主要集中在环境风貌保护区、明代都城格局要素、老城整体保护和老城南历史城区保护方面,反映了南京历史文化名城近年来的工作重点。但应当看到,南京对历代都城格局

图 4.5-15　荷花塘历史文化街区保护规划(2012 年)——总平面图

资料来源:南京市规划局,南京市规划设计研究院.荷花塘历史文化街区保护规划[Z],2012

保护尤其是六朝、南唐、民国时期都城(首都)格局的保护规划工作尚未能提上日程,南京作为六朝古都、民国首都的地位在规划编制层面未能得到充分关注。

2.“历史地段”相关规划

2010 年以来,南京市已经分批编制了“2010 版”保护规划确定的 9 片历史文化街区、22 片历史风貌区的保护规划以及 10 片一般历史地段中陶谷新村、燕子矶老街的保护规划。南京市已经基本实现了历史地段保护规划的全覆盖工作。

3.“古镇古村”相关规划

“2010 版”保护规划确定了 3 个历史文化名镇、3 个重要古镇和 6 个一般古镇;确定了 2 个历史文化名村、7 个重要古村和 3 个一般古村。目前已经编制完成了淳溪镇、竹镇、湖熟镇、杨柳村、漆桥村等 5 个名镇名村和瓜埠镇重要古镇的保护规划。

2010 年以来,南京市开始关注城乡统筹规划,部分古镇古村被纳入新市镇、新社区之中编制了相应的规划,但与专门的保护规划相比,内容重点、规划深度等仍有一定的差异。

图 4.5-16 竹镇历史文化区名镇保护规划(2011年)——历史镇区历史文化保护规划图

资料来源:南京市规划局,南京市规划设计研究院.竹镇历史文化区名镇保护规划[Z],2011

4. "文物古迹"相关规划

2010年以来,南京市文物局会同南京市规划局划定了各批次南京市市级以上文物保护单位的紫线,保障了文物保护单位规划控制的全覆盖。此外,南京市针对明城墙、明外郭、明故宫、南朝陵墓石刻等重点文物保护单位编制了专项保护规划,针对汤山猿人史前遗址、大报恩寺遗址、天生桥—胭脂河等大遗址编制了专项保护规划,针对民国建筑滚动编制了"三年行动计划"。南京市各类特色文物古迹的深化保护规划工作拉开序幕。

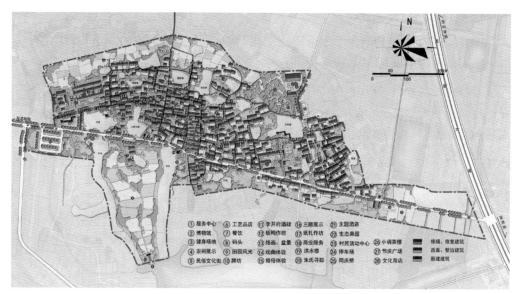

图 4.5-17 南京市江宁区杨柳历史文化名村(保护)规划(2014年)——总平面图

资料来源:南京市规划局

5. "非物质文化遗产"相关规划

2011年,南京市专门编制了《南京市非物质文化遗产保护规划(2011—2015)》,从项目保护和传承人保护两条主线入手,构建合理有序的非物质文化遗产保护体系,南京的非物质文化遗产保护规划工作基本框架形成。

总之,1980年代,南京市主要关注了风景名胜的保护规划深化工作,同时在全国创新性地划定了文物紫线。1990年代,除了继续深化完善风景名胜规划工作以外,尤其强调了历史地段的保护规划工作,并开始关注古都格局要素和近代优秀建筑的保护规划。21世纪以来的前十年,南京聚焦南京老城进行了保护规划,民国建筑的保护规划逐步成熟。2010年以来,南京已经初步按照历史文化名城保护规划的保护内容框架,建立了覆盖整体格局和风貌、历史地段、古镇古村、文物古迹、非物质文化遗产的保护规划体系,已经基本实现历史地段和古镇古村保护规划的全覆盖。

纵观30余年的保护规划工作,南京在文物紫线划定、环境风貌保护区保护规划、民国建筑保护规划、老城保护与更新规划等方面进行了诸多创新和探索;但相比其他

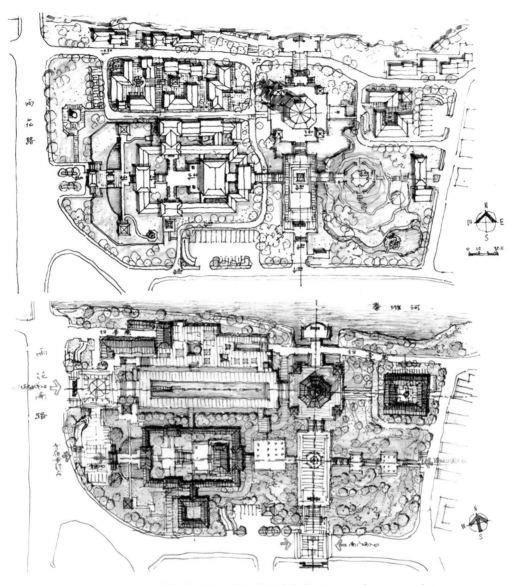

图 4.5-18　大报恩寺遗址公园规划设计方案(上:2007 年;下 2010 年)
资料来源:陈薇.历史如此流动[J].建筑学报,2017(1):1-7

名城,在历史地段、古镇古村保护规划方面则有所不及。历史文化名城保护规划体系虽已经初步建立,但古都格局和文化景观网络相关规划工作则需要加快深化完善。

4.5.2　与相关规划的衔接

南京作为著名古都,历史文化名城保护规划是各类规划的基底,影响到南京城市规划编制的方方面面。本节着重探讨南京历史文化名城保护规划与城市总体规划、分区规划、专项规划以及老城控制性详细规划之间的关系,侧重于保护规划与其他相关规划的衔接。南京历史文化名城保护规划与项目规划、项目设计等之间的关系将在后续章节"保护规划的深化"之中论述,侧重于保护规划体系内部的深化细化。

4.5.2.1　与总体规划之间的衔接

南京"1984版"保护规划在国务院批复南京城市总体规划之后开始编制;"1992版""2002版"和"2010版"保护规划则分别结合南京城市总体规划修订、调整和修编同期编制。

1981年南京城市总体规划报批成果中对历史文化保护内容有所涉及,但主要是绿化系统及相关的名胜古迹的保护和利用,以及旅游价值。1983年底,国务院在对南京城市总体规划的批复中,明确地将"著名古都"定为南京的城市性质之一。1984年10月,在总体规划的指导下,南京市完成了《南京历史文化名城保护规划方案》。"1984版"保护规划在"前言"之中界定了历史文化名城保护规划与城市总体规划的关系:"我们认为,历史名城保护规划也是一种多层次的规划。首先需要比较宏观地做出带有体系性的规划,作为城市总体规划的重要组成部分。以后还有待在分区规划、详细规划、环境设计和单项设计中逐层次地具体化"。"1984版"保护规划的这一认识在当时应当是非常深刻的,即便放到今天的规划框架体系之中考察也是非常合宜的,国内历史文化名城保护领域的规划编制体系没有超出这个认识范畴。但是,从规划衔接层面来讲,由于"1984版"保护规划是在城市总体规划批复之后编制完成,没有与城市总体规划编制互动,可以说是对城市总体规划关于"著名古都"定位的深化和补充规划。"1984版"保护规划上报南京市政府后虽未按程序上报单独批准,但对历史文化名城保护起了重要的指导作用。

"1984版"保护规划实施以来,南京对历史文化名城保护的认识逐步深化。"1992版"保护规划是在南京城市总体规划全面修订的基础上展开的,保护规划随城市总体规划将规划的范围拓展到市域,在全市范围内划定了"自然风景和文物古迹比较集中的重点保护区""历史文化保护地段和地下遗址控制区"。"1992版"保护规划在"保护规划的实施措施"章节中再次重申:"名城保护规划是从总体上提出保护古都南京的原则和目标,这些都应通过分区规划、详细规划和城市设计层层深化,逐步实施"。"2002版"保护规划则是随同南京城市总体规划的优化调整而同步优化调整的。2007年初,为通过历史文化保护来引领城市总体规划的修编,充分体现南京作为国家历史文化名城的重要地位,南京在城市总体规划修编工作之前,先期开展了一系列的历史文化名城保护规划专题研究、专项规划工作,为南京城市总体规划修编打下了坚实的基础。

总体而言,南京"1992版""2002版"保护规划是城市总体规划的有机组成部分;"2010版"保护规划先于城市总体规划启动,还先于城市总体规划得到正式批复,编制过程中进行了全面深入的互动反馈,一定程度上引领了城市总体规划的编制。

4.5.2.2　与分区规划之间的衔接

1980年代以来,我国部分城市借鉴国外的"区划"(Zoning)开展了分区规划编制工作探索。南京市依据 1983 年和 1995 年国务院批准的城市总体规划,分别于 1986 年、1995 年、2000 年相继编制完成了三版分区规划。

　　1986 年完成的主城分区规划,分为 14 个分区❶,较为零散。规划的重点在于用地性质、用地建筑适建规定、"五线"(道路红线、河道蓝线、高压黑线、绿化绿线、文物紫线)控制、建筑容量控制和配套设施安排等。本次规划还提出主城的建筑高度控制规定:以明城墙为界,贯彻城墙内"中间高、四周低;北面高、南面低"和城墙外"近墙低、远墙高;景区低、江边高"的原则,影响至今。

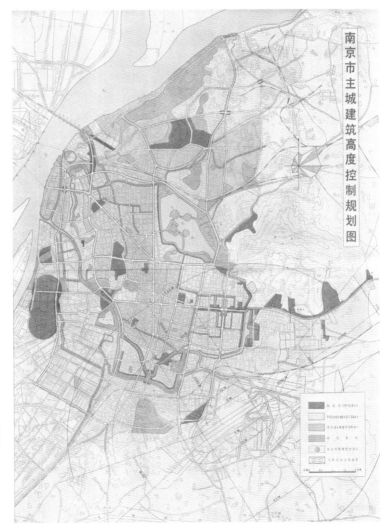

图 4.5-19　南京市主城建筑高度控制规划图 (1986 年)

资料来源:南京市规划局,南京市规划设计研究院.南京市主城分区规划[Z],1986

　　1995 年、2000 年两版分区规划单独将南京老城作为一个完整片区进行了规划控制,

❶　燕子矶、上元门、迈皋桥、中保、莫愁、下关、鼓楼、玄武、建邺、白下、秦淮、板仓、孝陵卫、雨花台等 14 个分区。

还编制了历史文化名城保护专项内容,但与南京历史文化名城保护规划内容深度没有根本差异。以今天的眼光来看,当年的中片范围基本涵盖了南京作为"六朝古都""十朝都会"的主要历史遗存、遗迹以及遗址,可以作为"历史城区"进行整体控制。但由于认识的局限,两版规划又将中片细分为下关、山西路、新街口、明故宫、秦淮等5个分区,中片的整体规划控制较为薄弱,下关片区也在后来逐步与南京老城分离成为两个相对独立的规划片区。

图 4.5-20 南京主城分区规划调整（2000年）——中片土地利用规划拼合图

资料来源:南京市规划局

进入新世纪后,由于多年的现代化开发建设在老城内持续集聚,给老城带来繁荣的同时,也改变着老城的传统风貌和历史韵味。为妥善处理好保护和发展的关系,彰显南京老城作为古都南京核心的地位价值,南京市组织编制了《南京老城保护与更新规划》,2002年底编制完成。

历版南京主城分区规划对南京历史文化名城保护规划进行了深化和补充,划定了主城文物紫线,确定了主城建筑高度控制规定。南京老城保护与更新规划则首次将规划视野聚焦于南京作为著名古都的核心——南京老城,明确了老城价值特色,分析了南京老城当时面临的问题和机遇,建立了系统完整、对象全面的保护名录体系,并在此

图 4.5-21 南京老城保护与更新规划——保护区区划图

资料来源：南京市规划局

基础上建立了南京老城的特色空间体系，提出了功能提升、设施完善、特色塑造的更新对策，在国内老城保护与更新规划领域进行了开创性的探索。

4.5.2.3 与其他专项规划的衔接

南京市历年编制的各类专项规划中，与历史文化名城保护规划关联度较大的主要有绿地系统规划、空间特色规划两类。

1. 城市绿地系统规划

南京，钟灵毓秀，山川秀丽，素擅园林之胜❶。从民国《首都计划》开始就十分重视绿地系统的规划，且尤为关注绿地与古迹的有机融合。

《南京市园林绿化系统和风景区规划》为 1979 年编制的《南京城市总体规划》专项规划之一，1980 年 9 月完成。规划以中山陵、玄武湖、雨花台、清凉山等块状绿地或名胜为基点，通过带形绿地分别组成城东、城西、城南、城北 4 大绿化片。整体形成以钟

---

❶ 南京市地方志编纂委员会.南京城市规划志[M].南京:江苏人民出版社,2008

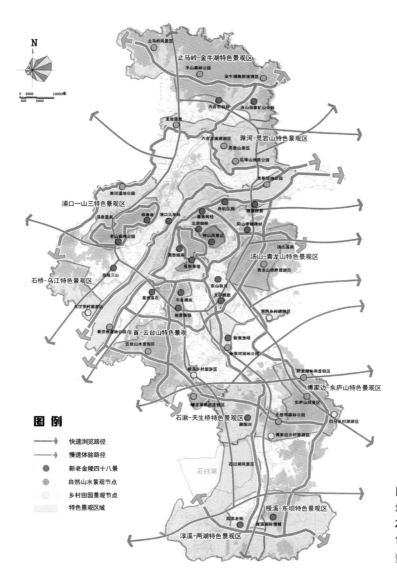

图 4. 5－22　南京市绿地系统规划（2013—2020）——市域绿地特色景观风貌规划图
资料来源：南京市规划局

山为碧玉、两湖（玄武、莫愁）为明珠、城郭为骨架、公园为精髓、居住区小块绿地为基本、市区街道绿化为脉络、专用绿地为借景的城市绿化环网系统。本次规划极大影响了"1984"版保护规划，绿地系统骨架奠定了历史文化名城保护规划的结构框架，充分体现了南京古都与山水交融的环境风貌特色，规划提出的风景区基本构成了此后南京历版历史文化名城保护规划中"环境风貌保护区"的本底，较早地体现了文化景观保护的理念。

　　1992 年编制完成的《南京市绿地系统规划》是南京城市总体规划修订的专项规划之一。规划提出要"充分利用和发掘南京的历史文化优势，提高城市绿化的内涵"，立意高远。主城绿地系统"着重突出山、水、城、林交融一体的历史文化内涵的特色。以明城墙串联主城内各风景区及沿城墙、城河的各个公园，形成环城公园；以风景区为主体,以中小公园、街头绿地以及居住区绿地、专用绿地为基本,以纵横分布的滨河滨江绿地、道路绿化、防护林带为纽带,形成主城点线面结合的绿化系统"。本次规划与"1992版"保护规划同期编制,期间进行了全面系统的融合协调。

"2010版"保护规划与城市总体规划修编同期完成以后,南京市开展了《南京市绿地系统规划(2013—2020)》编制工作。规划提出要突出南京的文化内涵,充分体现南京"山水城林"融于一体的城市空间特色。规划整合城市自然山水、历史文化、旅游休闲、体育健身等特色要素,通过有序的组织和串联,形成"文化引领、特色彰显、功能复合"的文化特色景观脉络体系,体现南京"山水城林、人文绿都"的绿地特色。规划结合水系格局、山林格局、交通格局、城镇格局、古都格局、绿道格局等,形成"一江两河"❶展锦带、"四环六楔"❷显格局、"九道十八射"❸秀景观的市域绿地系统结构。并在市域范围内形成15条约1 500公里展现南京人文绿都内涵的生态休闲绿道,串联整合自然山水、历史人文资源,引导开展休闲旅游、体育健身活动,彰显市域绿地特色风貌。

总体而言,历史文化名城保护规划和绿地系统规划犹如南京各类城市专项规划中的一对"双子星",在不同的历史阶段相互影响交融,共同体现了南京"山水城林"有机融合的城市特色,也影响了南京城市空间特色规划的编制。

2. 城市空间特色规划

南京对于城市特色的关注由来已久,但单独编制的城市空间特色规划则起始于2000年的《城市特色专项规划》。2004年,南京市又启动编制了《南京市空间特色专项规划》,后演变为《南京市空间景观特色意图区规划研究》。2009年,随城市总体规划修编,又编制了与城市空间特色紧密相连的《南京总体城市设计专题》。2011年,在江苏省住房和城乡建设厅的统一组织下,南京市依托2004年、2009年的两版规划进行深化优化,形成了《南京市城市空间特色规划》。南京作为著名古都,历史文化特色始终是城市空间特色关注的焦点。

2000年的《城市特色专项规划》将南京的城市空间特色概括为"山水聚势,城林守形,文化荟萃,居所怡然";规划原则为"保护山水,发展城林。构筑系统,强化标志"。主城应保持与强化"山水城林,融为一体"的空间特色,从自然、历史、现代文明的角度塑造有机协调的空间特色系统,按区域、边缘、轴线、节点、标志对主城的重要特色区段提出不同的实施对策。规划将历史文化名城保护规划中确定的钟山风景区等环境风

---

❶ "一江"指长江;"两河"指秦淮河、滁河。

❷ "四环"指城墙风光带、明外郭—秦淮新河风光带以及绕城公路、绕越公路沿线绿地形成的四个绿色环带;"六楔"指老山—亭子山—长江、六合方山—灵岩山—八卦洲、滁河湿地—大厂隔离绿地—八卦洲、云台山—牛首祖堂山—雨花台风景区、秦淮河湿地—方山、青龙山—紫金山楔型绿地。

❸ "九道"指南京市域沿江沿河沿山的9条区域性绿道;"十八射"为以南京主城为核心向外放射的18条高等级公路沿线绿带。

貌保护区列入"自然风貌保护区",明故宫地区等历史文化保护区列入"历史风貌再现区",明城墙风光带、紫金山南北界面、雨花台风景区绿色界面、玄武湖北界面等列入"边缘界面",历代历史轴线列入"特色轴线",城中各山体及重要古迹列入"空间节点",还将城中各山及鼓楼、鸡鸣寺列为"景观标志"。规划提出应设立特别意图区,集中建设与保护,为后续的城市空间特色意图区规划研究埋下伏笔。规划还提出"旧城改造采用小区域改造的方式,对非文物单位允许房屋所有者按规划条件进行适当改造,维持原有的尺度与特色",与南京"2010 版"保护规划提出的"小规模、渐进式"更新遥相呼应,可惜在 21 世纪初的 10 年间,南京缺乏相应的实践。

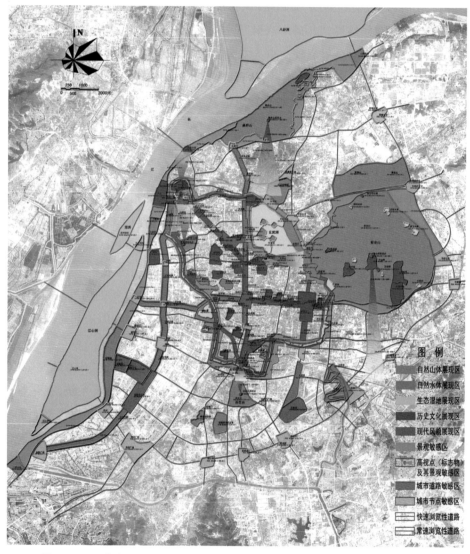

图 4.5-23   南京市空间景观特点意图区规划研究——主城特色意图区规划图

资料来源:南京市规划局

2004年,南京市为了更有效地指导和规范城市空间景观特色塑造工作,将城市空间景观特色塑造具体落实到城市用地上,提出在南京市开展特色意图区规划研究工作,《南京市空间景观特色意图区规划研究》应运而生。规划将"2002版"保护规划确定的各类历史文化资源分别列入特色山水资源、历史文化资源、特色轴线、标志物、观景点及重要视线走廊等进行保护控制,并划定了特色展现区和特色敏感区的具体边界。规划确定钟山风景区、明城墙风光带、滨江风光带形成的"一区、一环、一带"为南京主城也是整个南京市最重要的景观主构架,中山大道、秦淮风光带、明故宫遗址区作为次一级的特色景观框架,形成南京市特色鲜明、层次丰富的特色景观体系。本次规划虽属总体规划层面的专项规划,但却首次创新性地对包括各类历史文化资源在内的特色资源划定了保护和控制边界,并在南京市各个规划管理单元的控制性详细规划之中进行了深化和落实,对历史文化名城保护规划的深化落实做出了积极探索。

2009年编制的《南京总体城市设计专题》、2011年编制的《南京市城市空间特色规划》充分吸收借鉴了2000年的《城市特色专项规划》《南京老城保护与更新规划》关于空间形态控制的专题研究以及《南京市空间景观特色意图区规划研究》的成果,与历史文化名城保护规划之间的衔接基本没有超出2000年、2004年两次空间特色规划的内容。

4.5.2.4 与老城控制性详细规划之间的衔接

南京早在1989年就开展了控制性详细规划编制理论与方法的研究工作,但与历史文化名城保护规划直接相关的控制性详细规划工作,还是在2002年《南京老城保护与更新规划》之后开展的几版南京老城控制性详细规划(以下简称"老城控详")实践。2002年底编制完成的《南京老城保护与更新规划》,是分区规划层面的规划研究,为了直接指导南京老城的相关规划管理工作,在《南京老城保护与更新规划》的基础上,编制了"2003版"老城控详,之后又在2006年进行了深化。"2010版"南京历史文化名城保护规划编制完成后,南京市又开展了新一轮的老城控详编制工作。

"2003版"老城控详工作重点包括以下5方面:①建立老城历史文化资源保护名录,划定保护范围,制定保护措施和开发利用的策略。②对近期改造用地及其周边地区进行全面分析,从整体发展的角度确定改造用地的控制指标。③整合老城功能,调整用地结构,提高综合服务能力,增强南京对区域的辐射能力,提高老城的文化品位,促进旅游事业发展。④确定"五线",完善配套,特别是教育设施的整合和交通市政设施的完善。⑤塑造景观特色,规划老城地标系统,划定老城建筑高度分区。"2003版"老城控详是将老城保护与更新规划向控制性详细规划的转化,并提出了老城待改造用地开发策略及居住用地调整策略,核实了保护名录并深化补充了历史文化保护要求,划定了"五线",深化调整了建筑高度控制分区等。

图 4.5-24 "2006 版"
南京老城控制性详细规
划——历史文化资源保
护规划图

资料来源:南京市规划局

　　2006 年,为了进一步提高规划的可操作性,针对相关法定性内容,又对"2003 版"
老城控详进行了深化、细化和整合工作。具体包括:①分类分级对历史文化资源建立
了保护档案。具体落实了区级以下各类历史文化资源保护名录,划定保护范围,并建
立保护档案,探索了一条区别于市级以上文物保护单位保护的有关政策、保护方式和
利用途径。②重点加强为居民日常生活服务的配套设施的整合,制定了符合老城特点
的配套标准和布局原则。③优化用地布局。充分利用老城现有资源,重点提升商贸服
务功能,强化文化旅游功能,促进都市产业功能,保持老城的经济活力。④完善道路市
政基础设施规划,加大老城与新区的联系,重点增加城市支路和停车设施。⑤保持老
城不同地域文化特色和空间特色,对高层建筑、住宅开发和大单位的开发提出了严格
的控制要求。

　　2011 年,南京"2010 版"保护规划公布之后,南京市规划局组织对城中片区❶控详
进行修编。南京老城既是南京历史文化最集中的区域,又是城市现代化功能最发达的

---

　　❶　大致为南京绕城公路、秦淮新河、长江围合的范围。

区域,人口、功能、空间的"疏散"仍然是南京老城面临的首要问题,历史文化保护、展示和利用仍然是规划的重要内容❶。①通过用地调整控制居住人口的增长,逐步搬迁居住环境较差的居住人群,可改造用地优先转换为公服用地或绿地,严控"公寓"类建筑建设,进一步控制由居住用地的增加而导致的居住人口增长。②老城历史文化的保护。规划进一步明确和深化了历史文化名城保护规划中关于整体格局和风貌、历史地段的保护要求,对各级文物保护单位和历史建筑划定了紫线,在控规图则中明确控制要求。规划将9米以下的贯穿性街巷以及历史街巷单独表达,并强调在其周边地块改造时,应尽可能保留传统街巷,延续老城历史空间的肌理。③公共服务的标准化和均等化。明确老城街道和社区(居委会)两个级别的公共设施配建标准,鼓励多元配建方式。④建筑高度及开发量控制。规划贯彻落实历史文化名城保护规划的要求,对老城历史空间格局的重要构成要素提出严格的保护要求,确定了明城墙沿线的新建建筑高度分段控制要求。老城控详通过对新建建筑高度的严格控制,发挥了对老城内开发建设总量的控制作用。

总体而言,三版老城控详尤其是"2011版"老城控制性详细规划较为系统完整地贯彻落实、深化细化乃至优化了"2002版"和"2010版"保护规划关于老城保护的相关要求。对老城范围内各类古都格局要素、历史地段、文物古迹、非物质文化遗产,以及老城整体保护的相关要求,在控制性详细规划阶段进行了边界划定、功能安排、开发强度控制、"六线控制"。

30多年来,南京历史文化名城保护规划已经作为南京城市规划不可或缺的基本构成,融入各类规划编制之中。从一开始在总体规划指导下编制,到"2010版"保护规划先于城市总体规划编制,并与城市总体规划互动融合,充分体现了名城保护规划在南京城市规划体系中的引领作用。名城保护规划中的老城整体保护相关内容,通过主城分区规划尤其是老城保护与更新规划进行了深化细化和补充,并通过多版老城控详进行法定化,直接指导了日常的规划管理工作。历史文化名城保护规划与绿地系统规划共同奠定了南京"山水城林"特色保护与彰显的规划基础,不同的历史阶段中相伴相生,相互融合;城市空间特色规划则充分吸收借鉴历史文化名城保护规划与绿地系统规划的成果,并通过划定特色意图区将各类保护控制要素落实到用地层面,提出了相应的控制引导要求,最终传导到控制性详细规划之中进行刚性控制。

---

❶ 沈洁,郑晓华,王青.老城控规到底控什么?——以南京老城控制性详细规划为例[J].城市规划,2013,37(9):88-93

5　保护规划实施

　　30余年来,南京历史文化名城保护规划实施成效显著,保护战略已经转化为城市政策和地方法规,整体格局和风貌保持较好,历史地段和古镇古村等历史文化集中片区得到有效保护和控制,文物古迹保护和非物质文化遗产保护总体上处于领先地位,重要的历史文化景观得到审慎再现,标识系列和博物馆系列建设成果丰硕。但与此同时,南京的历代都城格局需要结合城市公共空间环境进行创造性展示,展现古都风采;传统民居型历史地段和历史建筑的保护仍然需要进一步明确适宜的保护与更新方式,保护和延续传统风貌;地下文物重点保护区需要进一步优化保护界线;文化景观空间网络也需要结合绿道、生态廊道等积极进行深化落实,付诸实践。

5.1　关于历史文化名城保护战略的贯彻

5.1.1　"新区做加法"与"老城做减法"

　　为保护南京历史文化名城,"1984版"保护规划提出了"控制市区规模",从长远的战略的观点处理好保护与发展的关系。"2002版"保护规划明确提出了保护老城、疏解人口、控制主城建筑高度、发展新区等一系列的总体战略。《南京城市总体规划(1991—2010)》(2001年调整)吸纳了南京历史文化名城保护规划疏解老城的思路,明确了"新区做加法"与"老城做减法"的发展战略。

　　在"2002版"保护规划和城市总体规划的建议下,南京市委、市政府更加明确了"疏散老城、建设新区"的城市建设与发展方针,确定了"一疏散、三集中"(即疏散老城人口与功能,建设项目向新区集中,工业向工业园区集中,大学向大学城集中)和"一城三区"("一城"指河西新城,"三区"分别为仙林、东山、江北新市区)城市发展战略,确立了"充满经济活力、富有文化特色、人居环境优良"的城市发展目标,把城市新开发建设重点逐步转移到新区,将新的建设和功能向河西新城区、仙林新市区、东山新市区、江北新市区等新区引导,以减轻老城历史文化保护的压力。老城侧重于展现历史,改善环境,以保证老城文化品位和环境品质的提升。通过城市空间布局结构的调整,逐渐拉开了城市发展框架。这一战略在2005年以后被总结为"保老城、建新城"战略。

5.1.2 "保老城、建新城"与"双控双提升"

2006年,《南京老城控制性详细规划(2006深化版)》针对南京老城提出"双控双提升战略":双控是严格控制老城高层建筑,严格控制老城开发总量;双提升是指着力提升老城历史文化内涵和风貌,着力提升老城中心城区的服务功能。

"2010版"保护规划明确提出要继续推行"保老城,建新城"战略,实施老城"双控双提升"战略。

2011年,《关于进一步彰显古都风貌提升老城品质的若干规定》再次提出贯彻市委、市政府关于城市建设实施"一疏散、三集中"和"双控双提升"的老城保护战略。

2015年,南京市政府印发《关于控制老城范围内学校医院合理规模的指导意见》,要求通过进一步控制老城范围内学校、医院规模原地扩张,引导老城教育、医疗优质资源向郊区和新区迁移,放大优质公共服务资源,提升城市功能品质,缓解主城区交通拥堵矛盾,减轻城市承载负荷,实现城市的可持续发展。

21世纪以来,在"保老城、建新城"和"双控双提升"城市发展战略的指引下,南京城市建设的重心第一次真正跳出了明城墙的范围,城市建设重心向新区转移,新区建设对疏解老城保护压力的作用开始显现。

但是,由于"保老城、建新城"和"双控双提升"城市发展战略提出的时机相对于南京的城市发展进程显得过晚,历史文化名城保护战略在一段较长的时期内未能深化细化为具体可操作的对策。南京老城的历史文化保护已经错失了最佳的时机,虽然当前老城内高层建筑建设和人口功能进一步集聚的态势已经趋于缓慢,但已经不可避免地产生了诸多遗憾。

总体来看,历史文化名城保护规划提出的总体保护战略影响了城市发展政策,目前南京老城功能疏解初见成效,新区建设框架已经拉开。虽时机稍晚,仍取得了一定的成绩。今后应当在"保老城、建新城"和"双控双提升"战略的指引下,积极实现历史文化名城保护与发展之间的战略平衡。

5.2 关于历史文化名城整体格局和风貌的保护

5.2.1 山水环境

南京龙盘虎踞、襟江带湖,山水城林交融一体,所处的山水环境一直是南京历版历史文化名城保护规划的重要内容,南京创造性地在全国率先提出将历史文化积淀深厚的山水资源集中区划定为环境风貌保护区,这一概念与今天的"文化景观"概念有异曲同工之处。

历版保护规划提出需要重点保护的环境风貌保护区涉及十余处：紫金山—玄武湖、明城墙风光带(清凉山—石头城)、大江风貌(含幕府山—燕子矶)、雨花台—菊花台、秦淮风光带、栖霞山、牛首—祖堂山、汤山温泉—阳山碑材、老山、桂子山—金牛湖、天生桥—无想寺、固城湖、灵岩山—瓜埠山、江宁方山、青龙山—黄龙山等。山水环境保护的视野涵盖南京市域，基本包含了南京重要的山水资源。

在历史文化名城保护规划的指导下，南京市持续开展、滚动编制、逐步深化了环境风貌保护区规划，环境风貌保护区规划已经实现全覆盖，而且部分环境风貌保护区已经按照规划进行了保护整治，有效保护和展示了南京的山水格局。2012年，南京市还专门针对废弃露采矿山进行了开发利用研究，为山水环境的修复奠定了基础。

如今，中山陵风景区已经成为国家首批"AAAAA级风景区"，夫子庙秦淮风光带被评为中国旅游胜地，明城墙风光带也于2014年基本环通，南京滨江风光带江南主城段也基本建成。

但同时也应看到，部分环境风貌保护区内的开发建设、开山采石等现象对环境风貌保护区造成一定影响；部分住宅、高层建筑的建设影响山水视线关系，一定程度上影响了南京的整体环境风貌。南京山水环境格局保护成就巨大，但山水环境品质内涵仍然需要加大挖掘、加快提升。

5.2.2　古都格局

南京号称"六朝古都""十朝都会"。从"1984版"保护规划开始，南京就十分注重古都整体格局的保护，之后历版保护规划不断深化完善，而且经过多年持续不断的保护和展示工作，南京古都格局仍然基本清晰可寻。

5.2.2.1　城池格局

南京历代都城的建设依山就水，历代城池环套并置、多层叠加，历代居住区基本集中在城南地区。由于南京历史上战乱频仍，越城、金陵邑已经难觅踪迹，六朝建康城遗址随城市建设和考古发掘有所发现；南唐都城、宫城尚存遗迹；明都城大部分尚存，明外郭、皇城和宫城仅存遗迹；民国中山大道部分风貌尚存。

南京历代都城另辟新址、各具形制，历代城市建设也呈现多朝并置、环套叠加的特点。"十朝都会"留下了三条主要轴线；明代形成四重环套的城郭，明都城基本将历代都城包容在内。

1. 六朝都城

隋文帝开皇九年(589年)灭陈，建康城邑宫室荡平耕垦，六朝繁华化为云烟，使得后世至今难觅六朝都城格局踪迹。也正因为此，南京前三版历史文化名城保护规划对六朝都城格局的保护基本未做考虑，仅大致划定了相关的地下文物重点保护区。

2000年以来,南京市文物考古部门结合众多城市建设项目进行了多年的抢救性发掘,陆续发现了六朝建康城的道路、排水沟、涵闸等部分遗存,初步判断出六朝建康城轴线走向为南偏西25度左右,宫城的大体位置在今大行宫一带,具体四至范围有待进一步考证。从已发现的六朝时期道路走向分析,中山东路以南、太平南路沿线应为当时建康城内重要的道路及建筑遗迹分布区域。但由于尚未整体探明,学术界仍存争议。

遗憾的是,由于南京地下文物保护相关制度约束力不足,六朝都城的相关重大考古发现未能得到充分的保护和展示,目前只是在南京图书馆、六朝博物馆和游府西街小学等地进行了一定程度的展示。

"2010版"保护规划明确提出,对于考古、施工中发现的重要遗址遗存应当原址保护,并作为城市公共空间向公众展示。相信随着对南京古都价值认识的提高,结合今后地块再开发、地铁等地下工程建设,六朝都城遗址将会逐步被揭示,串点成线,六朝都城格局也将逐步结合城市公共空间的营造得以显现。

图5.2-1　南京图书馆新馆六朝遗址展示区（2016年）　　图5.2-2　南京六朝博物馆建康城夯土城墙遗迹（2016年）

资料来源:作者自摄(本书照片除特殊注明外均为作者自摄)

2. 南唐格局

南唐是南京历史上最为重要的历史时期之一,给南京的城市发展留下了深深的烙印。南唐都城格局目前基本清晰,南唐都城界址和御道线形基本明确,虹桥(今内桥)和护龙河等部分宫城遗迹清晰。

南唐都城城墙东、南、西三面为留存至今的明代都城城墙(通济门—汉西门段)的墙基或墙芯,北半段城墙已毁,今天的中华门、北门桥所在地分别为南唐都城的南、北门。南唐都城护城河为今外秦淮河、秦淮河东支、北支(干河沿)。但南唐都城北缘西段(洪武北路以西)护城河现已被盖板或填埋。

南唐宫城则可以通过内桥和宫城护龙河遗址判定其南沿位置。宫城城壕南段为今建邺路南侧的秦淮河中支,宫城城墙南段大致位于建邺路与河道之间。宫城城墙城壕的东、西、北三面地面已经难觅痕迹。1980年代张府园小区开发建设,曾挖出具有地标性的南唐宫城西护城河,可惜被毁❶。

南唐时期宫城的御道今为中华路,北起内桥,南至中华门瓮城,全长约 1.7 千米。中华路以中华门瓮城为对景,沿街两侧建有仿古元素的建筑。

南京市分别于 1987 年、1994 年、2011 年和 2017 年对中华路进行过保护性整治改造。南唐都城城墙城河南段一直以来均纳入明城墙风光带进行保护,北段以及南唐宫城相关格局要素的保护需要择机开展。

图 5.2-3
中华路(2018 年)

3. 明代格局

明代南京都城的营建创造了中国古代城市规划的杰出范例。首创宫城—皇城—都城—外郭四重城郭的都城形制,宏大而完备,堪称世界之最。明代皇城、宫城城墙以及宫殿已不复存在,只留有内外五龙桥、午朝门、东华门、西华门、西安门等遗迹,以及玉带河、明御河等部分护城河遗迹。明代御道为今御道街,北起午朝门,经外五龙桥至正阳门遗址(护城河北岸),全长约 1.8 千米。御道街以午朝门为对景,道路两侧植以高大茂盛的雪松,传统轴线氛围尚存。明代都城城墙是体现道家"因天材、就地利"规划思想的典范。明都城城墙周长 35.3 千米,现存长度 22.4 千米,另有城墙遗迹 2.7千米,遗址 10.2 千米。现存明代城门 4 座(中华门、神策门、清凉门、汉中门)和水门 1座(东水关)。明城墙的护城河基本完好,现仍是南京水系的重要组成部分。明代外郭遗址(俗称土城头)的东段观音门至夹岗门大部分保存完好,并作为城市道路使用,局部被改造或人为破坏;南段夹岗门至驯象门因地形地貌的改变已难觅踪迹;河西地区20 世纪末从仅存的水系仍隐约可见当年外郭的格局,但现已随河西地区开发建设湮没不清。

"1984 版"保护规划已经认识到"明朝城垣"、明故宫遗址的重大价值,"1992 版"保护规划专门提出规划建设"明城垣保护带",并对明代四重城郭提出明确保护要求,此后南京对明代都城格局要素的保护不断深化完善,取得了巨大成就,目前南京明城墙

❶ 奚永华,裘行洁,王桂圆.南京历史文化名城保护的过去与未来[J].南京社会科学,2004(5):156-166

已经纳入中国申报世界文化遗产储备名录。

　　明代皇城、宫城遗迹作为文物保护单位长期进行严格保护,明故宫遗址和午朝门被开辟为遗址公园对公众开放。2002年,南京市曾经专门做过《南京明故宫保护与发展规划》,之后对西安门、西华门、东华门周边环境进行了整治改造,建设了广场游园。2012年,又开展了明故宫遗址公园概念性规划设计方案国际竞赛,在此基础上形成了《南京明故宫遗址保护总体规划》。在此规划的指导下,南京准备在当今明故宫遗址公园的基础上建设明皇宫遗址公园,深度展示明代皇城、宫城的文化内涵。明代皇城、宫城是南京作为古都的关键要素,现存遗迹遗址基本上得到了较好的展示。但城市建设过程中的重大发现(如太庙、社稷坛遗址等)未能得到较好的保护展示,明代皇城宫城的整体格局意向淡薄,皇城宫城内建设量依然在不断增加,高层建筑仍有增加。御道街沿线绿化氛围得到较好的保持,但沿线用地功能控制、建筑高度和界面控制仍然十分不足。明代皇城、宫城遗迹遗址的整体保护和展示是南京名城必须积极面对的一个重大问题。

图 5.2-4　御道街(2018 年)

图 5.2-5　明故宫大遗址(2018 年)

图 5.2-6　西安门(2018 年)

图 5.2-7　东华门(2018 年)

　　明都城城墙保存情况较好。南京市政府从 1982 年开始即制定一系列有关城墙的保护法规;1988年,南京市政府成立了专门的城墙保护管理机构,次年制定了城墙保护规定,后经1995年、2004年的修订完善形成《南京城墙保护管理办法》,对城墙的保护和利用做出严格规定。1992年,南京市建委等部门编制完成《南京城墙保护规划》,但由于资金困难、拆迁难度大等诸多因素,规划未能实施。1997—1998年,月牙湖段城墙及其周边环境得到综合整治,明城墙风光带首次凸显人居环境效应。1997年,南京市规划局组织编制《南京明城墙风光带规划》,次年3月完成。随后,南京市委、市政府加快了明城墙风光带保护和建设的步伐,编制了一系列沿线景区的详细规划设计,投入大量资金,逐步实施了沿线城墙维修和环境综合整治。2002年以来,明城墙沿线狮子山段、石头城段、东干长巷、昆仑路等段落的简屋陋棚已经被拆迁整治,除部分年代较新的小区、单位目前无法实施拆迁以外,明城墙外侧基本得以显现。由于明城墙风光带规划实施工作突出,2004年南京明城墙风光带建设项目获建设部"中国人居环境范例奖"。2005年,明城墙一级景区神策门进行整治改造时,清理整顿了城墙外侧的现状建设,将神策门展现出来对游人开放。2007年南京市文物局会同南京市规划局、南京市建委组织编制了《全国重点文物保护单位南京城墙保护规划》。2008年初,明城墙内侧环境整治开始实施。2012年11月,南京城墙作为"中国明清城墙"项目列入中国申报世界文化遗产预备名单。2014年8月,南京青奥会开幕前,南京城墙全面实现25千米城墙本体开放,明城墙风光带实现环通,沿线台城大厦、太阳宫等建筑也完成了降层、减高及外观整治,成为今后城墙沿线建筑改造整治的样板。2015年4月1日,《南京城墙保护条例》正式实施,南京明城墙将按照世界文化遗产的标准进一步整治城墙周边环境。

图5.2-8　明城墙风光带——鬼脸城段(2018年)　图5.2-9　明城墙风光带——东水关段(2017年)

　　长久以来,明外郭一直处于南京主城边缘。2000年开始,结合《仙林新市区总体规划》对明外郭仙林段进行了规划控制。2007年,结合《全国重点文物保护单位南京城墙保护规划》划定了明外郭的保护界线。2010年,南京市规划局组织编制《南京明外郭—秦淮新河百里风光带规划》,首次对明外郭沿线地区进行了详细规划设计。2011年初,南京明外郭—秦淮新河百里风光带全面启动建设。2012年6月,仙鹤门公园、麒麟门—沧波门等示范段基本建成。2013年底,位于燕子矶附近的明外郭观音门重建。目前,明外郭已经成为南京主城和外围新区之间的绿色廊道。

总体来讲,由于明代南京城在历史上地位显赫,南京明代都城遗存一直以来得到了较高的重视,特别是明都城城墙得到了持续的广泛关注。明外郭部分段落已经建成了遗址公园,明代皇城和宫城也将建设明皇宫遗址公园,明代南京都城的壮丽格局不久将会得到更好的展现。

4. 太平天国

太平天国时期南京的规划建设无甚进展,天朝宫殿、王府等基本是在原有衙署、宅邸基础上改建而成。但作为中国历史上一个特殊的历史时期的见证,天朝宫殿、王府具有重大的历史价值。目前,南京遗留下的太平天国宫殿、王府等基本上已经纳入文物保护单位进行保护,依托瞻园还设置了太平天国历史博物馆。由于太平天国历史遗存在空间分布上总体较为分散,目前尚未进行整体保护展示。

图5.2-10　太平天国壁画馆(2018年)　　图5.2-11　太平天国天王府旧址(2015年)

5. 民国首都格局

民国首都南京的建设明显不同于帝王时代的高墙深宫,南京在城市布局、社会风貌等方面都有所改观,突破了明清以来的城市格局,初步呈现出现代都市的自由开放面貌。

南京国民政府总统府、"五院八部"以及其他重要公共建筑基本上分布在从中山码头至中山门的中山大道沿线,建筑前有庭院,布局舒展,功能合理,尺度宜人,雍容而秀丽,严谨而自然。中山大道串联了南京主要的民国建筑(群),三块板的路面形式和道路转折处的环形广场,以及沿线悬铃木形成的"绿色隧道",赋予中山大道浓郁的民国文化特色,中山大道也逐步成为民国历史轴线。

"1992版"和"2002版"保护规划一度将中山东路民国建筑较为集中的段落划定为历史文化保护区进行保护,但之后的相关规划逐步取消了中山东路民国建筑群历史文化保护区,将其纳入历史轴线进行保护,保护力度也随之弱化。

当前南京国民政府总统府、"五院八部"以及其他重要公共建筑均按照文物保护单位的要求进行保护,中山大道按照历史轴线的要求进行保护。2002 年结合老城环境综合整治,中山大道进行了环境整治。2009 年,中山大道结合"三中路"(中央路—中山路—中山南路)改造又进行了景观提升。2010 年,新街口重新改回环形广场,孙中山铜像回迁。但中山大道沿线的悬铃木在南京地铁建设过程中迁移不少,使得部分段落"绿色隧道"意象消失。总体来看,作为民国时期历史格局关键要素的中山大道的重要价值还未能充分得到重视,中山大道沿线功能、交通、建筑、绿化、景观等的整体规划建设工作亟待提升。

图 5.2-12　新街口影像图(2005 年)　　　图 5.2-13　新街口影像图(2017 年)
资料来源:谷歌地图　　　　　　　　　　　　资料来源:谷歌地图

5.2.2.2　街巷格局

南京老城的道路街巷格局主要为六朝、南唐、明清、民国四个重要的历史时期积淀形成。四个历史时期城市建设区域位置的不同,使得南京历代街巷格局能够得到较为完整的保存。六朝时期道路走向大致为南偏西 25 度,南唐时期大致为南偏西 15 度,明初为南偏西 5 度,民国时期受西方规划建设理念影响形成了正南北向和 45 度方向的道路格局。

"1984 版"保护规划已经提出了对道路街巷格局的保护。在随后多年的城市建设过程中,六朝、南唐、明初的道路走向,民国时期中山路等三块板的道路形式及其主干道骨架得到了较好的保护和延续。

但 1990 年代以来,随着南京老城内现代城市建设日趋活跃,老城历史地段内尤其是老城南地区的历史街巷消失较多。颜料坊、仓巷、教敷巷、门东大井巷等地基本上整体拆除重建,内部的历史街巷也随之消失。虽然后续的规划建设方案力图延续原有的街巷肌理,但街巷本身的历史形态和风貌已经不可能再现。

图5.2-14　南京老城南影像图(2005年)

资料来源:谷歌地图

图5.2-15　南京老城南影像图(2017年)

资料来源:谷歌地图

5.2.2.3　水系格局

"1984版"保护规划首次提出对河湖水系的保护。但规划实施过程中,仍出现了部分水系被盖板、古桥梁被损毁的情况。如南唐北护城河干河沿被盖板和北门桥为道路侵占,导致南唐城池北边界模糊。

2000年以来,南京实施了一系列河流水系保护、整治工程。玉带河、明御河保护和实施的效果较好,沿岸进行了绿化,环境得到改善;随着明城墙风光带的建设,作为风光带重要组成部分的沿城墙的秦淮河、前湖、琵琶湖等河湖水系,逐步得到了整治;内秦淮河作为秦淮风光带的骨架也得到了积极整治,水质、旅游功能和环境景观都得到极大改善;此外还有计划、分步骤实施了月牙湖环境整治工程。外秦淮河在得到整体改善的同时,由于城西干道、城东干道改造拓宽,河道宽度被迫缩窄,水西门广场的改扩建及相关景观建筑的建设也一定程度上侵占了河道岸线。

总体来说,南京老城的河湖水系水体水质环境等已经得到了极大改善,沿线景观也获得明显改观,成为人们的休闲场所。当前存在的突出问题已经不是污染、盖板、填埋等,而转变为建筑、道路等工程建设对水体岸线的侵占,需要在今后的规划建设中避免。

5.2.2.4　空间形态

经过1990年代突飞猛进的旧城改造,南京老城建筑高度不断增高,高层建筑对传统空间形态及景观界面、景观视廊等的不利影响开始显现。针对这种状况,南京从"2002版"保护规划开始关注空间形态保护与控制,提出建立"三个层次的保护圈"。之后在老城空间形态保护和开发建设的不断博弈过程中,《南京老城保护与更新规划》、

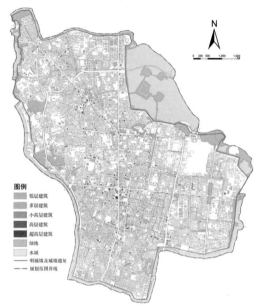

图 5.2-16　南京老城高层建筑分布图(2002 年)

资料来源:南京市规划局.南京老城保护与更新规划[Z],2002

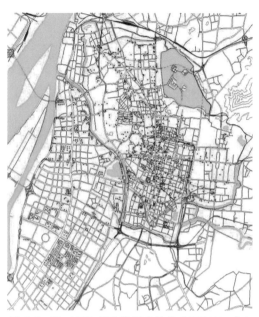

图 5.2-17　南京老城高层建筑分布图(2007 年)

资料来源:南京市规划局,南京市规划设计研究院,
东南大学城市规划设计研究院.南京历史文化名城
保护规划(2010—2020)[Z],2012

图 5.2-18　南京老城高层建筑分布图(2011 年)

资料来源:南京市城市规划编制研究中心.
南京老城控制性详细规划[Z],2011

图 5.2-19　南京老城高层建筑分布图(2015 年)

资料来源:东南大学建筑学院.基于风貌保护的
南京老城城市设计高度研究[R],2016

2004 和 2006 两版老城控制性详细规划提出划定老城"高层建筑禁建区"。但由于开发建设的需求难以抑制,这些规划未能提出明确有效的可具体施行的高度控制方案。

2007 年开始,南京历史文化名城保护规划开始修编,之后"转型发展、创新发展、跨越发展"成为发展主题,老城空间形象品质的提升逐步成为南京市的共识。在此背景下,"2010 版"保护规划提出"老城为高层控制区""三片历史城区新建建筑高度一般控制在 35 米以下(公共建筑可以控制在 40 米以下)"等明确的高度控制要求。"2010 版"保护规划中高度控制的相关内容还纳入《南京市历史文化名城保护条例》进行法规化。2017 年,《南京市老城建设高度规划管理规定》出台,南京老城空间形态控制终于明确化、法规化。

从 1983 年 37 层 110 米高的金陵饭店在南京市中心新街口落成开始,南京老城内高层建筑建设拉开序幕,1990 年代已经蔚然成风。据统计,2002 年,南京老城内高层建筑近千栋,其中 30 层以上的超高层建筑有 41 幢,而且高层建筑布局较散乱,一些高层建筑成为老城中的不和谐景观。到 2011 年,南京老城高层建筑已近 1 200 栋,其中 100 米以上的超高层建筑有 59 栋。十年间,高层建筑总量增长了 20%,超高层建筑总量增长了近 50%,老城建筑高度总体上仍处于持续增长的局面。随着外围新区开发建设的不断完善,也由于老城建设容量已经基本饱和,南京新建高层建筑的建设已经逐步转移到新区,老城高层建筑的建设已经逐步趋缓。2002 年老城内 12 层以上的高层建筑是河西的近 20 倍;2011 年,老城内高层建筑是河西新城区高层建筑总量的不到 2 倍。但与此同时,据《基于风貌保护的南京老城城市设计高度研究》(2016 年 2 月版本),南京老城内仍有 42 个在建、待建与意向项目为高层建筑建设。可以想见,随着保护要求的不断提高,高层建筑建设需求与规划管理控制之间的矛盾仍将进一步激化。

老城总体的建筑高度和空间形态虽已不可整体逆转,但增长的态势已经得到明显的控制。2014 年以来,南京市还针对台城大厦、太阳宫等超出历史文化名城保护规划控制高度的现状建筑进行了减层降高处理,形成了良好的示范效应。

图 5.2-20　台城大厦(2014 年)

资料来源:现代快报,2014 - 05 - 28:封 9

图 5.2-21　台城大厦(2018 年)

图 5.2-22 太阳宫(2003 年)   图 5.2-23 太阳宫(2018 年)

5.2.3 传统风貌

"1984 版"保护规划提出南京的建筑风格大体分为古建筑和近现代建筑两大类,并对宫殿建筑和其他重要公共建筑、古民居、近现代建筑的风格进行了简要概述,此外还对 1949 年以后建设的公共建筑风格进行了评价。

"1992 版"保护规划进一步对传统民居、近代建筑提出了保护要求。对传统民居,划出门东、门西、大百花巷、金沙井、南捕厅五片重点保护区。对近代建筑则加强维修和保护,划定保护范围,并对周围的环境提出必要的控制要求。

"2002 版"保护规划仅仅承袭了"1984 版"保护规划对建筑风格的概括,未进一步提出名城传统风貌的保护要求。

"2010 版"保护规划在南京老城传统风貌发生了一定程度不可逆转的变化、传统基底也仅部分留存的现状条件下,为了抢救性保护南京老城传统风貌,按照相关法规要求划定了三片历史城区。城南历史城区集中体现明清南京老城传统风貌,明故宫历史城区展现明代皇城格局、布局舒展、大气疏朗的风貌,鼓楼—清凉山历史城区则展示"龙盘虎踞"地理形胜、近现代南京城市风貌以及人文特色。

长久以来,南京对历史文化名城传统风貌的保护基本停留在特色的提炼,"1992 版"保护规划提出的初步规划控制要求也未能得到充分的重视。时至今日,老城传统风貌随着成片的旧城改造项目逐步减退,尤其是明清传统风貌在老城南地区仅留下了一些孤立的片区。南京历史文化名城传统风貌的保护需要在对风貌特色进一步深化研究的基础上,提出整体的复兴对策。

5.3 关于历史地段的保护

"1992 版"保护规划提出了将 8 片文物古迹集中分布的重要区域或具有独特风貌

的历史地段划定为"历史文化保护地段"。"2002版"保护规划在此基础上进一步确定了10片历史文化保护区。之后,2002年《南京老城保护与更新规划》根据《历史文化名城保护规划规范(报批稿)》的相关要求,对"10片历史文化保护区"进行了拆解切分,同时增补了一批以文物保护单位为主体的地段,南京历史文化保护区数量大增。"2010版"保护规划在《南京老城保护与更新规划》的基础上,根据正式施行的《历史文化名城保护规划规范》,借鉴国内外相关经验,确定了9片历史文化街区、22片历史风貌区和10片一般历史地段。

南京历史文化名城保护规划确定的"历史文化保护地段""历史文化保护区""历史文化街区""历史风貌区"和"一般历史地段"等,陆续编制了多轮保护规划,到2014年已经实现了历史地段保护规划的全覆盖。但总体来说,南京历史地段的保护偏重于概念内涵的推敲,历史地段的调查分析评价工作不够深入。

30多年来,南京先后实施了高淳中山大街、高岗里街区、牛市新民居、总统府复建工程、梅园新村历史街区改造工程、南捕厅历史街区改造工程等一系列工程,取得了一定成就。南京市文物建筑群型、公共建筑群型、高干居住的近代住宅区以及外围地区的历史文化保护区保护控制情况良好,总统府、高淳老街等部分历史文化保护区作为旅游资源得到了有效的利用。2015年4月,颐和路和梅园新村两片历史文化街区入选首批中国历史文化街区❶。

但是,城南大批富含传统文化、体现传统风貌的地区迫于建设压力未纳入保护体系,近年来随着老城更新改造,传统民居区和部分近代住宅区损毁严重,有的甚至遭到整体破坏,如颜料坊地块、门东"雅居乐"地块、三山街教敷巷地块、仓巷安品街地块等,并因此引发2006年、2009年两次全国范围的关注。

图5.3-1 颐和路(2018年)

图5.3-2 梅园新村(2018年)

---

❶ 《住房城乡建设部 国家文物局关于公布第一批中国历史文化街区的通知》(建规〔2015〕51号)。

图 5.3-3   门东雅居乐地块影像图

资料来源:谷歌地图

2014 年,南京市开展了《关于南京城南地区民居类历史地段保护规划实施工作的思考和探索》课题调研工作,以期在深入调查城南民居类历史地段保护规划实施情况的基础上,着重从保护理论的实践性、保护规划的操作性角度,进行深层次的思考和探索。

2015 年 8 月,为了破解历史地段保护与更新难题,创新南京老城保护与复兴模式,南京市规划局借助南京高校专业资源,组织南京大学、东南大学、南京工业大学相关专业研究生,对秦淮区小西湖片区(即大油坊巷历史风貌区)保护与复兴规划进行研究。在规划编制方法、保护与更新方式、公众参与方式、规划管理工作等方面进行了有益尝试❶。

5.4   关于古镇古村的保护

2006 年,南京历史文化名城研究会开展《南京市古镇村历史文化资源调查及保护对策研究》,标志着南京古镇古村保护正式开始。与国内其他名城相比,南京的古镇古村保护工作启动相对较晚,许多历史上有一定影响、原有风貌保存较好的古镇古村已经在快速城市化浪潮中被改造、拆除。高淳淳溪镇则由于 1980 年代以来的持续保护,2007 年被公布为中国历史文化名镇。在 2006 年的普查工作研究成果的基础上,"2010 版"保护规划确定了 5 个历史文化名镇名村、10 个重要古镇古村和 9 个一般古镇古村。

"2010 版"保护规划完成之后,南京市组织编制了湖熟镇、竹镇镇以及杨柳村、漆桥村等历史文化名镇名村的保护规划,还编制了瓜埠镇、佘村等重要古镇古村的保护规划,其他部分重要古镇古村、一般古镇古村也结合镇村规划提出了保护对策。

---

❶   源自南京市规划局网站。

图 5.4-1　高淳老街(2009 年)

图 5.4-2　杨柳村(2017 年)

2014 年,杨柳村、漆桥村被公布为中国历史文化名村,标志着南京的古镇古村工作已经取得了突出成绩。在新型城镇化和乡村振兴背景下,古镇古村的保护利用工作迎来新的历史机遇,南京市需要进一步加大重要古镇古村、一般古镇古村的规划、保护力度。

5.5　关于文物古迹的保护

"1984 版"保护规划确定了 12 片(处)重点保护的文物与重要的建筑群。"1992版"保护规划提出按单个文物古迹、历史文化保护地段、地下遗存控制区等三种方式保护文物古迹。"2002 版"保护规划则将文物古迹分为文物保护单位、近代优秀建筑、古树名木、地下文物 4 类进行保护。2005 年,南京市规划局会同文物部门开展覆盖全市域的南京历史文化资源普查建库工作,摸清了南京历史文化资源家底,建立了全市历史文化资源地理信息系统。"2010 版"保护规划为了实现对 2005 年以来的文物古迹普查成果的"全面保护",提出分"指定保护、登录保护、规划控制"三种方式保护文物古迹;类型上则分为文物保护单位、重要文物古迹、一般文物古迹、地下文物、古树名木、世界文化遗产和大遗址等。

总体来看,南京历版保护规划比较注重重要文物古迹的保护,而且与南京作为民国首都的地位相对应,特别强调了近现代建筑的保护,其中"2010 版"保护规划首次实现了对文物古迹资源的"全面保护"。

但南京的文物古迹保护工作仍然侧重于控制体系的梳理完善,对文物古迹的特色分析、系统整合工作依然不够,应当强化南京南朝陵墓石刻、民国建筑、城南民居、名人文化相关古迹等特色文物古迹的专项保护规划,提出更加有针对性的保护对策。

表 5.5-1　南京市 1990 年以来损毁文物保护单位一览表

名称	年代	地点	拆除时间	原因
太平巷清代住宅	清	白下区太平巷50号	1990年	太平商场扩建,当年有迁建珍珠泉公园内的计划
程国祥故居	明	白下区程阁老巷14号	1991年	程阁老巷拓宽,当年有迁建意向
铜作坊太平天国建筑	太平天国	秦淮区铜作坊72号	1991年	中山南路南下道路建设
孙津川秘密工作处旧址	第二次国内革命战争时期	下关区北祖师庵49号	1992年	北祖庵小区建设,开发公司新建楼房中保留了一处纪念室
焦竑故居	明	玄武区同仁街19号	1994年	吉兆营小区建设,原建筑材料保存,当年有复建计划
永庆寺大殿	清	鼓楼区上海路29号	1995年	上海路拓宽改造,部分建材保留于颜鲁公祠内,用于该祠维修
都城隍庙	清	白下区府西街43号	1996年	砂珠巷小区建设
《新华日报》驻京办事处旧址	1946年	玄武区中山北路158号	2000年	南京银行办公大楼建设,当时有在原址立碑计划
顾璘墓	明	雨花台区西善桥镇	2004年	普查中,此墓在1990年代中期就散失
新四军第一支队指挥部旧址	1938年	江宁区横溪尚庄村	2005年	自然损坏,消失
粟裕、钟期光驻地旧址	抗战时期	江宁区横溪	2005年	自然损坏,消失

5.5.1　文物保护单位

1980年代初,南京"1984版"保护规划编制完成之后,南京在国内率先开展了文物保护单位紫线规划,并不断补充完善。截至2014年底,南京市所有批次的市级以上文物保护单位均已经完成保护范围和建控地带界线划定(以下简称"两线"划定),确定了初步的保护控制要求,制定了保护图则,建立了保护档案,为文物保护单位的保护提供了直接依据。总体来说,南京市绝大多数文物保护单位得到了较好的保护,但由于道路拓宽和旧城改造,也有不少文物保护单位被相继拆除,例如程国祥故居、焦竑故居、《新华日报》驻京办事处旧址、都城隍庙、太平巷清代住宅、新四军第一支队指挥部旧址、粟裕钟期光驻地旧址、顾璘墓、永庆寺大殿、铜作坊太平天国建筑、孙津川秘密工作处旧址、杨桂年故居等10余处文物保护单位被拆毁,龙江宝船厂六条作塘仅余三条作塘,陶林二公祠被连夜拆除不得不异地重建。

由于多年来南京的"两线"划定工作一直由南京市文物局牵头,所以划定过"两线"

的也仅是市级以上文物保护单位。撤县设区前公布的原高淳县、溧水县、江浦县、江宁县、六合县文物保护单位一直以来未开展"两线"划定工作。撤县设区之后,南京市的县级文物保护单位全部划入区级文物保护单位。2009 年 12 月 28 日,《南京日报》辟专版(A11 – A14)公布了"第三次全国文物普查南京新发现名录",经多方努力,5 年后的 2014 年,南京市终于在此基础上陆续公布了不可移动文物名录。

南京作为著名古都,历史文化积淀深厚,有特色的文物古迹包括湖熟古文化遗址、西周—春秋土墩墓群、六朝建康城遗址、南朝陵墓及神道石刻、明代都城相关遗迹遗址、城南明清传统民居、太平天国相关文物古迹、民国首都相关文物古迹等。近年来受到广泛关注的工业遗产、乡土建筑、20 世纪遗产、大遗址、文化线路遗产等,南京也有众多有代表性的实例。30 余年来,在相关规划的指导下,南京市投入巨资用于文物古迹的保护和展示利用,一大批文物保护单位得到了重点修缮和展示,尤其是南朝陵墓石刻、明城墙明孝陵及功臣墓葬、民国重要公共建筑等得到重点修缮,并结合公共空间进行了展示利用,成效显著。其中明孝陵及其附属的功臣墓葬已经列入《世界遗产名录》,南京城墙已经列入我国申报世界文化遗产储备名录,南京民国建筑等也在积极准备申报世界文化遗产相关事宜。近年来,南京市还专门开展了工业遗产、南朝陵墓石刻、大遗址等专项保护规划工作,拓展了南京市文物保护工作的深度。

"2010 版"保护规划于 2011 年底得到批复,至 2014 年底南京市才在第三次全国文物普查成果的基础上陆续公布了不可移动文物名录,因此"2010 版"保护规划并未与南京第三次全国文物普查的相关成果进行系统衔接,相当一批文物古迹未能纳入保护规划之中。此外,"2010 版"保护规划根据专家评审意见以及南京市、江苏省、部际联席会等审查意见,补充了太平天国遗存、大遗址等的保护,但由于是后续补充,研究并不十分充分。

总之,南京应在"2010 版"保护规划建构的完整的保护框架和控制体系的基础上,将原来的各县级以及目前的各区级文物保护单位严格按照文物保护单位的保护要求进行保护,同时应当进一步加强南朝陵墓石刻、民国建筑、城南民居等的专项保护规划,提出更加有针对性的保护对策。

5.5.2 历史建筑

5.5.2.1 民国建筑

南京市历史建筑的保护始于 1980 年代的"近代优秀建筑"保护。"1984 版"保护规划已经提出重点保护"民国时期有代表性的公共建筑、民国时期有代表性的北京西路两侧新住宅区"。

1988 年,刘先觉先生带领研究小组对南京近代重要建筑进行调查整理研究,选出 200 幢有价值和代表性的近代建筑,之后的 10 年间,其中约 30 幢在道路拓宽、城市改造中拆毁。1998 年,南京市规划局与东南大学合作开展"南京近代优秀建筑保护规划"的研究工作,筛选出 134 处作为重点保护对象,但之后仍有超过 10 幢建筑已经被拆除,如原中央银行、原汇文书院部分建筑等。2002 年,南京市规划局与东南大学又合作开展了"南京近现代非文物优秀建筑评估与对策研究"工作,对 42 处近现代非文物建筑现状和价值进行调查评估。之后这些民国建筑大部分被陆续公布为各级文物保护单位,但其中的新都大戏院、国民政府盐务局、板桥新村、馥记大厦则被陆续拆除。

图 5.5-1　原新都大戏院(2002 年)

资料来源:南京市规划局.南京近代非文物优秀建筑
调查实录[R],2002

图 5.5-2　原国民政府盐务局(2002 年)

资料来源:南京市规划局.南京近代非文物
优秀建筑调查实录[R],2002

图 5.5-3　原板桥新村(2002 年)

资料来源:南京市规划局.南京近代非文物
优秀建筑调查实录[R],2002

图 5.5-4　原馥记大厦(2002 年)

资料来源:南京市规划局.南京近代非文物
优秀建筑调查实录[R],2002

　　2006 年初,南京市委、市政府提出实施民国建筑亮出来行动,南京市规划局迅速完成《涤尘埃 巧梳妆 亮出南京新名片(民国建筑保护与展示利用方案)》,市政府决定在此基础上,从速制定措施,集中人力财力,切实保护和合理利用一批民国建筑。南京市建委为此组织编制了《南京市 2006—2008 年民国建筑保护和利用三年行动计划》。2006 年 10 月,南京市规划局牵头起草的《南京市重要近现代建筑和近现代建筑风貌区保护条例》被批准公布施行,但未同期公布保护名录。2007 年,位于华侨路西端的卢毓骏故居、暹罗大使馆和麻家巷八号建筑被拆除,位于沈举人巷的张治中公馆(当时已经是南京市第三批市级文物保护单位)两幢建筑拆毁仅余半幢,引起公众广泛关注。2007年11月,南京市政府一次性公布五批重要近现代建筑和近现代建筑风貌区名录,前四批为全国重点、省、市级文物保护单位,共计191处,第五批为66处非文物保护单位重要近现代建筑和10片重要近现代建筑风貌区。2012年12月,南京市政府公布南京市第六批重要近现代建筑和近现代建筑风貌区保护名录,共计53处2片。

2010年以来,虽有太平南路253号华商大药房和太平南路251号建筑等个别民国建筑被拆除,但南京民国建筑保护总体来讲不断走向深入,例如下关滨江地区,随着近年的更新改造,下关地区一批民国建筑逐步得到修缮整治,如原下关码头候船厅、南京招商局旧址等。

依据《中共中央国务院关于进一步加强城市规划建设管理工作的若干意见》(中发〔2016〕6号)和住房和城乡建设部《历史文化街区划定和历史建筑确定工作方案》(建设规函〔2016〕681号)的要求,2017年3月,南京市政府公布工业遗产类历史建筑68处,工业遗产类历史风貌区6片❶;2017年11月,南京市组织开展了历史建筑调查及保护名录编制工作,共确定历史建筑404处,其中历史地段相关历史建筑169处,古镇古村

图5.5-5　大华大戏院(2013年)

图5.5-6　中山码头(2018年)

图5.5-7　下关码头候船厅旧址(2018年)

图5.5-8　民国海军医院旧址(2018年)

❶　《市政府关于公布南京市工业遗产类历史建筑和历史风貌区保护名录的通知》(宁政发〔2017〕68号)。

历史建筑 70 处,其他相关历史建筑 165 处❶;2018 年 7 月 23 日,南京市政府公布第二批历史建筑名录,共计 211 处❷。南京历史建筑保护工作全面深化。

5.5.2.2 传统民居

1980 年代,南京的传统民居随着旧城改造成片拆除。1988—1991 年,南京建工学院调查城南民居,提出成片保护设想,划出 9 片保护区、2 片控制区,并建议进行街坊改造试点研究。1991 年秦淮区房地产管理局旧房改造办公室以高冈里、牛市 2 处为试点,就小面积就地改造、就地安置进行研究❸。"1992 版"保护规划综合各方面意见,提出保护"门东、门西、大百花巷、金沙井、南捕厅五片重点保护区"。由于城南地区更新改造的现实压力,门东、门西地区多片传统民居区也陆续拆除,经多方协调努力,"2002 版"保护规划确定保护"南捕厅和门东、门西"三片传统民居区。2006 年 7 月,门东、颜料坊、安品街、钓鱼台、船板巷等 5 处秦淮河沿岸传统民居区被列入"旧城改造"范围;2009 年初,南捕厅、安品街、门东、教敷巷开始了大规模拆迁,引起专家学者的呼吁和国家高层的关注批示。在此背景下,为抢救性保护南京老城南传统民居型历史地段,"2010 版"保护规划将老城南现存的传统民居区划为历史地段进行保护,包括南捕厅、荷花塘、三条营等 3 片历史文化街区,评事街、花露岗、钓鱼台、大油坊巷、双塘园等 5 片历史风貌区,以及大辉复巷一般历史地段。

2010 年以前,南京市组织编制过若干传统民居区的保护与更新规划,但规划未能明确界定历史建筑,传统民居区的保护难以充分落到实处。2010 年,南京市组织编制了《南京老城南历史城区保护规划与城市设计》,在南捕厅、三条营、荷花塘 3 片历史文化街区和评事街历史风貌区内确定了 139 处拟保护建筑。2010 年以来,南京市陆续编制完成了南京老城内历史文化街区和历史风貌区的保护规划编制工作,保护规划确定了历史建筑和风貌建筑名录。据 2014 年《关于老城南民居类街区保护规划实施情况的调研报告》,南京城南历史城区范围内的传统民居类街区共确定历史建筑 215 处(含推荐历史建筑)。南京传统民居类历史建筑的保护至此终于逐步明确。

2014 年,南京市规划局组织制定了《南京城南历史城区传统建筑保护修缮技术图集》,"以城南现存明清建筑为线索,以木结构为主题,以民居单体为主要调查对象,以实测工作为基础,分类梳理、总结城南传统建筑特征要素,按平面布局、结构体系、界面、细部形成要素图样"。南京城南传统民居的保护真正走向深化、细化。

---

❶ 南京市规划局网站。

❷ 《市政府关于公布南京市第二批历史建筑保护名录的通知》(宁政发〔2018〕117 号)。

❸ 南京市地方志编纂委员会.南京城市规划志[M].南京:江苏人民出版社,2008

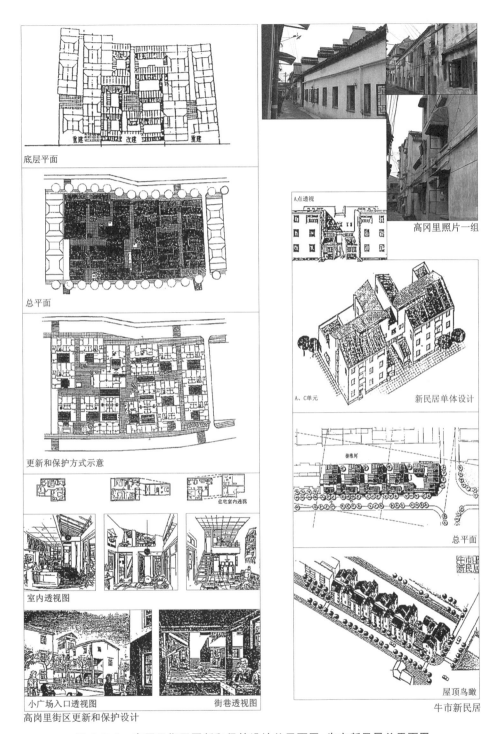

底层平面

总平面

更新和保护方式示意

室内透视图

住宅室内透视

小广场入口透视图　　街巷透视图

高岗里街区更新和保护设计

A点透视

高冈里照片一组

A、C单元　　新民居单体设计

总平面

屋顶鸟瞰

牛市新民居

图 5.5-9　高冈里街区更新和保护设计总平面图、牛市新民居总平面图
（东南大学建筑系 1991 年设计）

资料来源:南京市地方志编纂委员会.南京城市规划志[M].南京:江苏人民出版社,2008

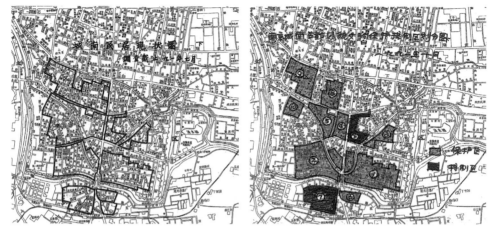

图 5.5-10 南京城南民居保护——古都风貌保护课题研究(1991 年)
左:城南民居现状图 右:南京城南古都风貌文物保护控制区划分图
资料来源:南京建筑工程学院,南京市文物管理委员会,南京古都学会

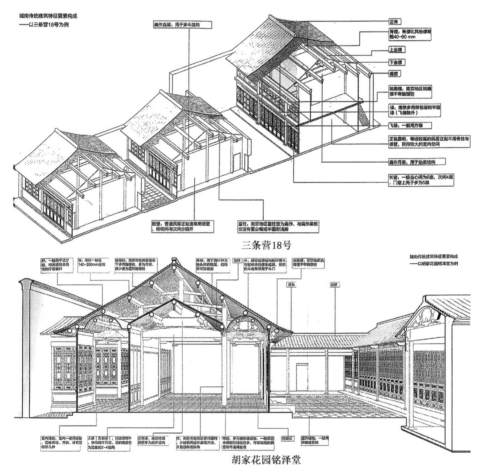

图 5.5-11 南京城南历史城区传统建筑保护修缮技术图集(2014 年)

资料来源:南京市规划局

5.5.2.3 工业遗产

南京对工业遗产的关注起步于 1998 年东南大学建筑系与南京市规划局联合进行的南京近代优秀建筑调查,其中涉及工业优秀建筑 4 处(均属金陵机器制造局)。

2000 年以来,南京市的一批老厂房、老厂区自发性或在市经济贸易委员会的组织下,进行了功能置换,形成了休闲娱乐、创意产业园区,保留了部分有价值的工厂及厂房,实现了可观的经济效益,如白敬宇眼药庄、南京电影机械厂等。但也有一批很有价值的厂房、厂区在城市更新改造过程中被陆续拆除,如南京第一机床厂等。

2006 年 4 月,国家文物局、中国古迹遗址保护协会和学术界的专家在无锡召开中国工业遗产保护论坛,通过了有关工业遗产保护的行业共识性文件《无锡建议》,国内对工业遗产的保护取得初步共识。2006 年底,南京市规划局组织开展的南京历史文化资源普查建库工作普查出与工业遗产相关的历史文化资源有 50 多处。

2010 年,《南京市历史文化名城保护条例》专门规定了工业遗产保护条文,南京市规划局委托南京历史文化名城研究会开展了"南京工业遗产调查及保护利用研究",从数百处 1978 年前建设的工矿企业中遴选出 58 处工业遗产列入评估名录。

2011 年,南京市规划局委托南京历史文化名城研究会,选择了和记洋行、六合铁矿等 4 个有代表性的工业遗产进行进一步的深化研究,编制了《南京工业遗产保护利用案例研究》。

2012 年,南京市规划局组织南京历史文化名城研究会开展了"南京工业遗产资源入库"课题的研究,对原 58 处工业遗产名录进行深入调查和核实,剔除已经拆除的和失去工业遗产保护价值的 7 处,最终将保留下来的 51 处工业遗产列入南京市规划局历史文化资源库,形成可供查询的资料信息❶。

图 5.5-12 民国首都水厂旧址(2010)

图 5.5-13 江南铸造银元制钱总局旧址(2015 年)

---

❶ 彭程,仇惠栋.51 处工业遗产将受保护[N].扬子晚报,2013-11-13:A36

图 5.5-14　下关铁路轮渡栈桥旧址(2018 年)　　图 5.5-15　民国首都电厂旧址公园(2018 年)

2014 年,南京市规划局组织开展了《南京市工业遗产保护规划》,对列入保护名录的工业遗产进行了保护规划全覆盖工作,分四级分别提出保护利用对策。2017 年 3 月,南京市根据《南京市工业遗产保护规划》列出了 40 处工业遗产保护名录,并于 2017 年 9 月完成挂牌展示工作。

2018 年 1 月 27 日,"中国工业遗产保护名录(第一批)"100 个项目正式公布,南京市有金陵机器制造局、南京下关火车渡口、南京长江大桥、中国水泥厂、江南水泥厂、浦镇机厂、永利𫟫厂、和记洋行、民国首都水厂、民国首都电厂、国民政府中央广播电台等 11 个项目入选,充分体现了南京工业遗产在全国的价值特色,也是对南京近年来工业遗产保护工作的极大肯定。

通过 10 余年的专项保护工作,南京市摸清了工业遗产的家底,提炼了工业遗产的价值特色,明确了保护的具体对象,提出了针对性的保护利用对策,进一步规范了南京市工业遗产的保护利用工作。总体来说,南京的工业遗产保护工作虽起步较晚,但成效卓著。

5.5.3　地下文物

南京历史悠久,战乱频仍,地下文物遗存丰富。1950 年代,南京大学基建发掘出的五六千年前北阴阳营原始村落遗址,是南京地区最早的古人类居住地,也是南京城市文化的起点。北阴阳营遗址出土文物丰富,但由于要开发居住小区,遗址本身未能留存,令人遗憾。1980 年代,张府园小区开发时,挖出具有地标性的南唐宫城西护城河,可惜被开发商连夜毁掉❶。

南京对地下文物保护的规划控制始于"1992 版"保护规划,此次规划提出"对重要的遗址、墓葬划定地下遗存控制区",主要包括"历代宫城遗址"——六朝、南唐和明代

---

❶　奚永华,裘行洁,王桂圆.南京历史文化名城保护的过去与未来[J].南京社会科学,2004(5):156-166

宫城遗址,"历代陵墓、墓葬区"——六朝陵墓、南唐二陵、明代功臣墓以及笆斗山、石子岗、幕府山、邓府山、西善桥等古墓葬群,"重要的古城遗址"——高淳县固城遗址,"重要的古建筑遗址"——大报恩寺塔遗址、窑岗村琉璃窑遗址。"1992 版"保护规划提出,上述控制区内的所有建设,"必须先行文物勘探,保护地下文物不会散失,并为考古发掘提供依据"。1995 年 5 月,在张府园小区工地又发现南唐宫护龙河及石砌驳岸遗址,与 1980 年代的发现相连且完全一致,但遗址仍然未能留存展示❶。

2000 年 1 月,南京市首部关于地下文物保护的法规——《南京市地下文物保护管理规定》开始施行,确定了一批地下文物重点保护区名录,包括"汤山、薛城史前遗址区,石头城遗址区,六朝、南唐、明代宫城及御道遗址区,内秦淮河两岸十朝遗存区,六朝陵墓区,幕府山、雨花台、铁心桥、西善桥古墓葬群区,明代开国功臣墓葬区,其他经考古勘探和发掘确定的地下文物重点保护区"。"2002 版"保护规划在此规定的基础上,初步划定了地下文物重点保护区的范围。2004 年,南京市对《南京市地下文物保护管理规定》进行了修改,关键之处在于两点:地下文物重点保护区外占地面积 5 万平方米以上的建设工程也纳入本规定的控制范畴内;对相关建设范围内必要的考古调查勘探工作的控制节点,由取得建设项目选址意见书后、取得建设工程规划许可证之前,修改为"施工前"。本次修改扩大了地下文物监管的具体范围,但同时降低了地下文物保护对具体建设工程的实际约束力。

2000 年以来,随着旧城更新、地铁建设及近郊区的迅速开发,南京的地下文物保护面临更大的挑战。但与此同时,结合工程建设进行的考古勘探工作,发现许多重要的地下文物并不在之前划定的地下文物重点保护区范围内,如南京图书馆六朝御道、将军山墓葬群、江宁上坊六朝大墓等。因此,"2002 版"保护规划划定的地下文物重点保护区范围,需要进行必要的调整完善。

"2010 版"保护规划对"2002 版"保护规划划定的地下文物重点保护区范围进行了必要的优化调整,同时增补了长干里古居民区及越城遗址、江宁将军山明代沐英家族墓地区两片地下文物重点保护区,并进一步提出加强溧水、高淳、浦口等土墩墓群的考古研究,择机划定保护区域。

为进一步完善南京市地下文物保护机制,2010 年 12 月 1 日起施行的《南京市历史文化名城保护条例》规定,地下文物重点保护区内,实施国有土地使用权出让或者划拨的,国土行政主管部门应当事先委托文物行政主管部门对出让或者划拨地块进行考古调查、勘探。发现重要遗迹遗址的,文物行政主管部门应当出具书面意见并告知国土行政主管部门。地下文物预控的节点从"施工前"改为"土地出让或划拨前",对南京地下文物的保护起到更有效的约束作用。

---

❶ 顾苏宁.南唐宫护龙河重见天日[J].南京史志,1996(4):34-35

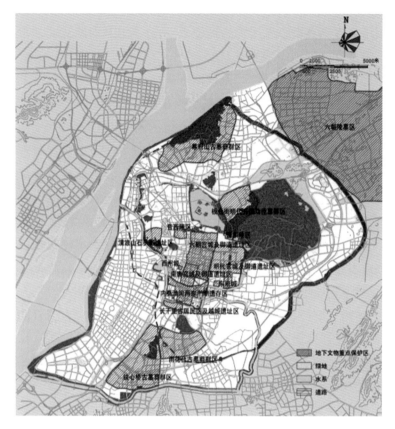

图 5.5-16　南京历史文化名城保护规划（2010—2020）——主城地下文物重点保护区分布图

资料来源：南京市规划局，南京市规划设计研究院，东南大学城市规划设计研究院，南京市城市规划编制研究中心.南京历史文化名城保护规划（2010—2020）[Z],2012

　　回顾南京地下文物的保护历程可知：至目前为止，南京对地下文物的保护主要是以历代都城为核心的江南沿江地区，江北、江宁及溧水、高淳等地关注较少，随着南京城市发展空间的进一步外延拓展，需要尽快加强对南京外围湖熟古文化遗址、土墩墓群、外围古城址等地下文物的保护。其次，由于南京的地下文物绝大多数并未探明，而目前划定的地下文物重点保护区各自独立，且界线的确定并没有严格的史料论证依据，因此在保护区外围发现重要文物在所难免，2000 年南京图书馆六朝御道遗址和将军山沐英家族墓、2014 年南京南站工地六朝墓葬群等均属此例。审视南京地下文物重点保护区范围图，可以发现南京南站工地六朝墓葬群与划定的雨花台墓葬群范围仅一路之隔，西善桥墓葬群与将军山沐英家族墓均位于牛首祖堂山山麓。所以，不应过分强调每个类型的地下文物空间分布的独立性，更应强调不同类型地下文物在空间分布上的连续性，地下文物密集区的保护区范围的划定应借鉴北京、成都等名城的经验，尽量以山体河流等为界，连接成片。

5.6 关于非物质文化的保护

南京"1992 版"保护规划已经开始涉及传统文化、民间工艺、民俗风情等非物质文化的保护,只是重点在于非物质文化的"再现和创新",未能提出保护对策。"2002 版"保护规划未能在"1992 版"保护规划的基础上做进一步的深化。

2002 年,《南京老城保护与更新规划》中提出,南京老城发生了众多有重大影响力的事件,众多历史名人在南京留下了印记,规划将 35 处历史典故发生地列入保护名录,并根据其物质载体的保存情况提出了差异化的具体保护对策,成为南京非物质文化保护走向具体化的第一步。

2005 年 6 月,我国开始进行全国非物质文化遗产普查工作。2006—2009 年,南京市历时 3 年完成全市非物质文化遗产普查工作,共普查出非遗资源项目 2 004 项。2008 年 1 月,南京市公布了第一批 87 项非物质文化遗产名录,包括民间文学、民间音乐、民间舞蹈、传统戏剧、曲艺、民间美术、传统手工技艺、传统医药、杂技与竞技、民俗等众多类别。

"2010 版"保护规划提出保护已公布的各项非物质文化遗产,继续推动非物质文化遗产的挖掘和公布,安排专项保护资金,建立非物质文化遗产栖息地,为非物质文化遗产提供空间载体,结合公共活动空间进行展示,结合产业发展进行保护和传承,结合公众活动进行宣传等保护对策,初步奠定了南京市非物质文化遗产保护的基础。

2011 年,南京市文化广电新闻出版局专门组织编制完成《南京市非物质文化遗产保护规划(2011—2015)》,从项目保护和传承人保护两条主线入手,构建了合理有序的非物质文化遗产保护体系,为优秀的民族文化遗产的传承发展提供了有力保障。至此南京市的非物质文化遗产走向系统完善。

截至 2014 年,已经列入南京市非物质文化遗产保护名录的非物质文化遗产项目共计 3 批 145 项,非物质文化遗产传承保护基地共计 2 批 28 项,非物质文化遗产代表性传承人共计 2 批 235 人,还在高淳县建立了南京市第一批"非物质文化遗产生态保护区"。

目前,非物质文化遗产保护已经深入民心,国家层面还于 2011 年专门出台了《中华人民共和国非物质文化遗产法》,非物质文化遗产保护已经逐渐成熟,不断深入。南京的非物质文化遗产保护经历了多年的探索,取得了诸多成绩,依托甘熙宅第(号称"南京九十九间半")设置了南京市民俗博物馆,依托杨柳村三堂上(号称"江宁九十九间半")设置了江宁区民俗博物馆,此外还依托夫子庙、老门东以及高淳老街等历史地段,给"老字号"提供经营场所,给非物质文化遗产提供了展示利用传承空间。

5.7   关于历史文化的展示和再现

南京历史悠久,文化内涵丰富,还有众多著名古迹毁于战乱,因此南京历来重视历史文化的展示利用和传承再现,其中有夫子庙、阅江楼等成功实践,也有一些深刻教训。

"1984 版"保护规划已经明确提出要有计划地"恢复利用和开发"历史文化资源,作为文化活动设施对"公众开放,使全市人民能够看得到,用得着"。同时认为"只有积极地予以利用",才能得到有效地管理和维修。此外规划还提出要继承和发扬南京"融建筑于天然山水之中,严谨而灵活,工整而自然,气度恢宏,尺度宜人,布局舒展,清秀朴实,色彩淡雅"的特色"神"韵。1984 年开始,南京市开始修复和复建夫子庙地区古迹风貌,恢复建设了大成殿、明德堂、尊经阁、江南贡院、乌衣巷、王谢古居、吴敬梓故居等古建筑,再现了南京明清江南街市风貌和古秦淮河厅、河房景观,形成了南京的传统商业中心。作为南京传统街市的代表,夫子庙周边地区已经列入南京的历史文化街区保护名录,夫子庙秦淮风光带也已经名列江苏省级风景名胜区,并成为国家"AAAAA"级旅游景区,驰名中外。

"1992 版"保护规划更进一步提出了"历史文化的再现和创新":建立古代历史、近代历史、艺术、历史名人、民俗风情、自然历史和科技七大博物馆系列;揭示隐形文化的内涵,建议修复大报恩寺塔、修建阅江楼、恢复周处读书台、重建白下愚园等;对于无法原样恢复的古文化遗址、古墓葬、重要的建筑遗址、都城遗址建立标志物系列;在城市重要地段、重大历史事件发生地、重要的历史文物保护区、文物古迹等地建设城市雕塑系列。在文化旅游业大发展的背景下,"1992 版"保护规划在全国创造性地建立了南京历史文化名城的展示利用体系,且规划内容基本为"2002 版"保护规划所沿用。2001

图 5.7-1   秦淮风光带(2009 年)

图 5.7-2　白下愚园
影像图(2002 年)

资料来源:谷歌地图

图 5.7-3　白下愚园旧址(2002 年)

图 5.7-4　白下愚园
影像图(2017 年)

资料来源:谷歌地图

图 5.7-5　白下愚园新貌(2016 年)

年 11 月,南京市规划局还专门组织编制了《南京市城市历史文化资源展示挂牌工作方案》,对现存的历史文化资源设立了全面的指引和标识系统。

图 5.7-6　江宁织造府博物馆(2013 年)

图 5.7-7　六朝博物馆(2015 年)

图 5.7-8　中国科举博物馆(2015 年)

图 5.7-9　老城南记忆馆(2018 年)

图 5.7-10　南京直立猿人化石遗址公园(2016 年)

　　"1992 版"保护规划提出的展示利用设想,今天大多已经成为现实。十朝历史博物馆、六朝博物馆、太平天国历史博物馆、中国近代史博物馆等历史博物馆,红楼梦艺术博物馆、云锦艺术博物馆等艺术博物馆,孙权、王安石、傅抱石、徐悲鸿、周恩来等历史名人纪念馆,南京市民俗博物馆、江宁区民俗博物馆、老城南记忆馆等民俗博物馆,古生物博物馆、地质博物馆等自然历史博物馆,南京科技馆、江苏科技馆等科技博物馆已经形成了异彩纷呈的博物馆系列。阅江楼于 2001 年建成,江宁织造府博物馆开馆,白下愚园重建完成,大报恩寺新塔也建成开放,南京因战乱而湮灭的重要名胜古迹得到再现和延续。对无法恢复的古文化遗址、重要的建筑遗址、都城遗址等,采用了建设遗址公园和立标志物的方法进行了充分展示,如明故宫遗址公园、龙江宝船遗址公园、南京直立猿人化石遗址公园和阳山碑材遗址公园等。此外,对重大历史事件发生地和重要历史人物活动场所,除设置标志物以外,还通过雕塑手法进行了展示。总体而言,在"1992版"保护规划的指导下,通过20多年的不懈努力,南京的深厚历史文化底蕴得到积极展现。

在"1992版"和"2002版"保护规划的基础上,"2010版"保护规划进一步通过组织文化景观空间网络、建设博物馆系列、建设标识系统、彰显各个历史时期的历史文化等,强化历史文化的整体彰显。"2010版"保护规划提出将南京现存的历史文化资源、重要的历史文脉与城市公共活动空间有机整合,利用都城城郭、历史轴线、古驿道、古水系、绿色开敞空间等要素串联整合各类历史文化资源,从老城、主城、市域三个层面挖掘文化线路,组织文化景观系统,形成文化景观空间网络。南京历史文化名城文化景观空间网络的建构,创新性地将零散分布的文物古迹点、历史地段、古镇村、风景区等整合成文化线路、文化片区,形成了整体的历史文化空间展示体系,改变了以前孤立的展示文物古迹点、历史文化片的局面,能够更加有效地整体彰显历史文化氛围。

图5.7-11 大报恩寺新塔(2015年)

图5.7-12 大报恩寺旧址影像图
资料来源:谷歌地图

2010年以来,南京市的历史文化展示工作仍然侧重于历史文化资源点和局部片区的展示利用,例如水西门广场改建,以孙楚酒楼、赏心亭为原型建设了仿古建筑群,明孝陵方城明楼、四方城加顶保护,中华门外大报恩寺遗址公园建设等。南京市尚未依据保护规划开展文化景观线路的相关工作,可以说南京的历史文化整体展示工作仍然任重道远,潜力巨大。

图 5.7-13　加顶前的四方城(2004 年)　　　　图 5.7-14　加顶后的四方城(2015 年)

5.8　历史地段保护典型案例分析:南京城南民居型历史地段

　　2000 年以来,南京城南传统民居型历史地段的保护与更新引起了社会各界的广泛关注。尤其是 2006 年和 2009 年两次专家呼吁引起政府高层的及时干预,相关项目搁置。但由于南京历史文化保护共识的取得经历了近十年的时间,仓巷、安品街、颜料坊、门东剪子巷、三山街教敷巷被陆续拆除,南捕厅西侧的评事街片区也"拔牙"式地拆除了较多传统风貌建筑,成为南京历史文化名城的巨大遗憾。2010 年以来,南京市采取了多种方式的补救措施,全力抢救现存的、多元再现已毁的传统民居型历史地段。

5.8.1　南捕厅—评事街

5.8.1.1　地块概况

　　南捕厅—评事街地区一直是南京历史文化名城保护关注的焦点,2000 年以来编制过多轮规划,每一轮规划定稿后,都有不同规模的保护与更新项目实施。在此过程中,全国重点文物保护单位甘熙宅第得到较好的保护修缮和展示利用,评事街片区则由于理念思路的频繁变化,一直未能取得成效,却在此过程中损毁了一批传统风貌建筑,人口大部分外迁,日趋衰败。

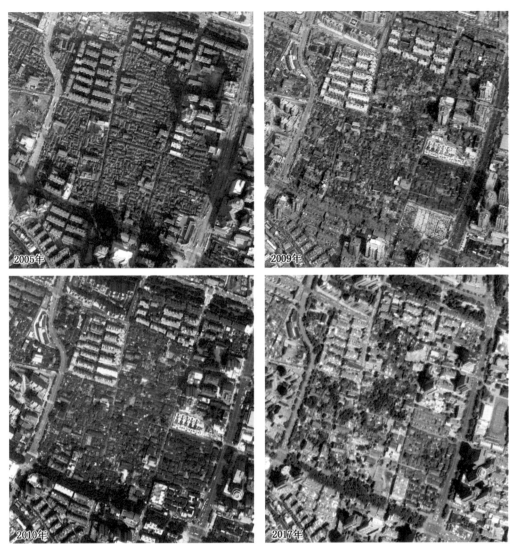

图 5.8-1 南捕厅—评事街航片对比图

资料来源:谷歌地图

5.8.1.2 改造历程

1. 第一阶段——保护南捕厅传统民居

2000 年,南京市文物局委托编制《南捕厅传统民居保护规划》,定位南捕厅地区为珍贵建筑遗存与民俗文化展示相结合,集文化、历史、旅游为一体的传统风貌地区。2001 年,南捕厅历史街区项目立项,对甘熙宅第内古建进行保护维修;2002 年,南京市民俗博物馆依托甘熙宅第建成开放。

2. 第二阶段——编制街区保护与更新规划

2003 年,南京市规划局组织编制《南捕厅街区历史风貌保护与更新详细规划》,规划兼顾地区传统风貌保护与现代化发展的要求,以城市居住文化为背景,以传统街巷肌理为核心,使街区成为融特色居住、旅游、文化、休憩等功能于一体的历史文化保护区。规划评价出保留建筑,提出开发、插建措施。之后南捕厅街区被划分为 4 个地块,着手启动保护与更新工作。

3. 第三阶段——南捕厅南侧地块改造,"熙南里"街区建成

2006 年,南京城建历史文化街区开发公司成立,着手南捕厅地区的保护与更新工作。同年编制《南捕厅历史文化街区四号地块一期保护与复兴项目详细规划》,规划将地块分为精品餐饮区、商务休闲区、私人文化会所区、民俗娱乐区。2006 年,一期工程修缮了甘熙宅第,二期工程——甘熙宅第西南侧的"熙南里"历史文化街区动工;2008 年,"熙南里"建成。

图 5.8-2　南捕厅历史文化街区分期建设图

资料来源:南京市规划局

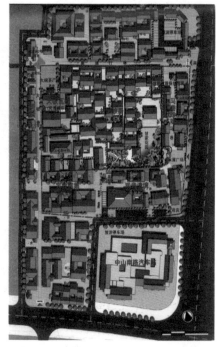

图 5.8-3　南捕厅历史文化街区四号地块一期保护
与复兴项目详细规划(2006 年)——总平面图

资料来源:南京市规划局

4. 第四阶段——南捕厅西侧地块"拔牙式"拆(搬)迁,进入僵持阶段

2009 年,南捕厅街区三、四期工程动工,三期工程对 4 号地块南北两侧和大板巷西侧的一条狭长区域进行改造。2009 年 6 月,专家联名发出《南京历史文化名城保护告急》信函。随后迅速开展并编制了《南捕厅历史街区及环境风貌区调研报告》,提出保留 68 处传统建筑、保护 43 处建筑的局部构件。

5. 第五阶段——确立"小规模、渐进式"保护与更新模式，僵局逐步破除

2010年，编制《南京市南捕厅历史风貌街区整治规划》，提出"整体保护、应保尽保"和"小规模、渐进式，鼓励原住民留守"方针，将街区打造成为南京老城南传统生活氛围的重点展示区、传承工坊创意的休闲创意文化基地、和谐可持续的传统风貌生活区。规划提出67处拟保护建筑，43处拟局部保护建筑。2012年，编制《评事街历史风貌区保护规划》，延续《南京市南捕厅历史风貌街区整治规划》规划构想。

5.8.1.3 综合分析

10余年来，伴随着南捕厅—评事街地区的保护与更新工作实施以及社会各界的广泛讨论，地段内甘熙宅第得到修缮，西部地区"拔牙式"地拆除了大量建筑，大部分居民已搬迁，南捕厅—评事街地区由"2002版"保护规划确定的"南捕厅历史文化保护区"拆分为"2010版"保护规划确定的以甘熙宅第为核心的"南捕厅历史文化街区"和大板巷以西的"评事街历史风貌区"，充分反映了南京传统民居型历史地段面临的困境。

"1992版""2002版"保护规划确定的传统民居型"历史文化保护地段"或"历史文化保护区"赋予了地段一定的规划地位，但后续的保护规划深化规划未能像绍兴、苏州、北京等名城那样，采用"小规模、渐进式"保护更新方式，更多的是强调地段格局、文物保护单位等的保护，对大量存在的传统建筑的价值未能充分发掘出来。

图 5.8-4 南捕厅街区历史风貌保护与更新详细规划（2003年）

资料来源：南京市规划局

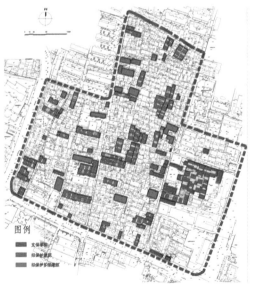

图 5.8-5 南捕厅历史街区及环境风貌区调研报告（2009年）

资料来源：南京市规划局

图 5.8-6　评事街历史风貌区保护规划图
（2012 年）——建筑保护对策图
资料来源：南京市规划局

图 5.8-7　评事街历史风貌区保护规划图
（2012 年）——总平面图
资料来源：南京市规划局

公司化运作是南捕厅—评事街地区大量建筑被拆除、大部分居民被搬迁的原因之一。国内外经验表明，历史地段的保护与更新是需要不断投入大量资金的，带来巨大社会文化效益的同时却不能带来直接的经济效益。"就地平衡"取得经济收益，不可避免地成为公司化运作的目的，这一目标导向下，历史文化保护、居民利益诉求只能后置，建筑逐步拆迁、居民逐步搬迁成为必然结果。

5.8.2　仓巷—安品街

5.8.2.1　地块概况

仓巷—安品街地块位于南京水西门内，直至近代一直是通过水路进入南京老城的要津，自古繁华，2002 年被列入《南京老城保护与更新规划》确定的历史文化保护区之中。两个地块都采用了土地整体出让给地产公司的方式，虽经各界呼吁，地块内除文物保护单位以外，其他建筑基本全部拆除。仓巷地块新建项目基本为多层住宅，安品街地块新建项目为低层独立院落式住宅，建筑风貌上采取了一些处理，力求体现一定的历史风貌。

5.8.2.2　改造历程

仓巷地块 1993 年即被协议出让给南京建邺城镇开发总公司，土地出让条件为高度 100 米，容积率 2.8。2004 年，仓巷地块按照上述要点编制了规划设计方案。安品

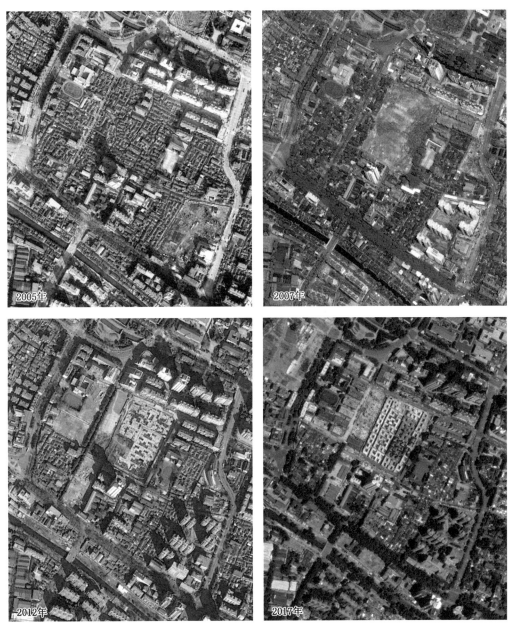

图 5.8-8 仓巷—安品街地块航片对比图

资料来源:谷歌地图

街地块 2005 年进行土地出让,规划设计条件为建筑高度≤35 米,容积率<2.05。

2005 年,仓巷、安品街地块开始拆迁工作。2006 年,包括仓巷、安品街等地段的拆迁引发国内瞩目的"南京老城南风波",项目停滞。

2007 年,根据当时在编新版《南京历史文化名城保护规划》的相关要求重新编制仓巷地块规划设计方案。2009 年,新编制方案中地块南部拟建建筑高度 100 米,超出了

《南京历史文化名城保护规划》中历史城区"新建建筑高度一般控制在 35 米以下"的规定。

　　2008 年,安品街地块编制可研设计方案,采用低层高密度行列式布局,建筑风貌为现代式。2009 年,南京市规划局重新核发安品街地块规划设计要点,规划用地性质为二类居住用地,容积率≤0.8,建筑密度≤36%,建筑檐口高度≤12 米。2011 年,安品街地块编制新的可研方案,将原来的行列式布局改为独栋式布局,建筑采用坡屋顶,建筑细部上采用了传统元素,体现了一定的传统风貌。

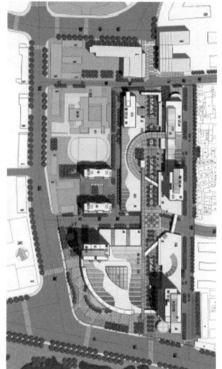

图 5.8-9　南京仓巷步行街规划设计方案(2004 年)

资料来源:南京市规划局

　　2005—2011 年间,仓巷—安品街地块规划设计方案几经变化,未能确定。但在此过程中,却依据上述不成熟的方案,陆续对片区内的原有建筑进行了拆除,仅木屐巷与仓巷交叉口西南片留存原貌。

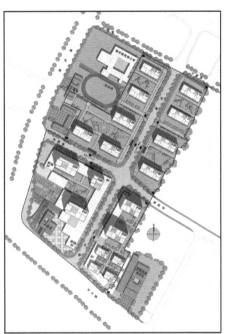

图 5.8-10 仓巷步行街规划设计方案(2009 年)

资料来源:南京市规划局

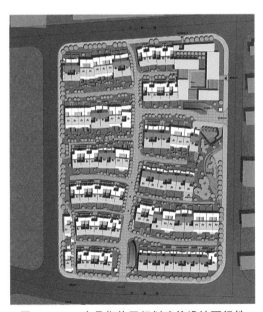

图 5.8-11 安品街片区规划建筑设计可行性
研究(2008 年)——总平面图

资料来源:南京市规划局

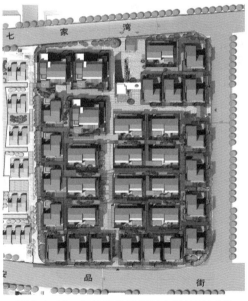

图 5.8-12 安品街片区规划方案(2011 年)

资料来源:南京市规划局

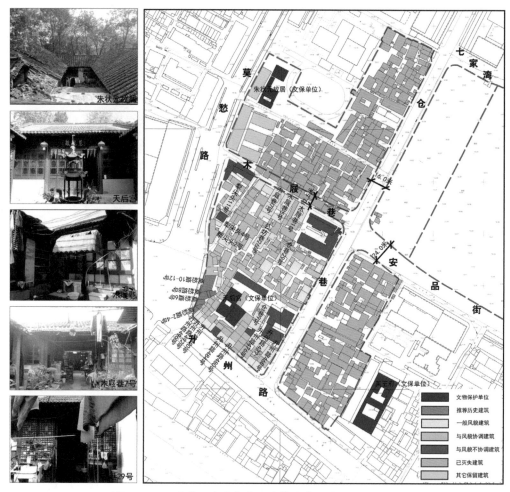

图 5.8-13　仓巷—安品街片区建筑分类评价图(2011 年)

资料来源:南京市规划局

　　2010 年 8 月,南京市在新版《南京历史文化名城保护规划》核心内容的基础上,制定了《南京市历史文化名城保护条例》,之后出台了一系列的配套文件,南京历史文化保护工作进入新阶段。仓巷—安品街地块由于已基本被破坏,最终未能纳入历史地段进行保护。但地块处于南京城南历史城区保护范围内,新建建筑仍然需要符合城南历史城区保护和复兴的整体要求。

　　2011 年,《南京老城南历史城区保护规划与城市设计》对仓巷—安品街片区内的现状建筑进行了分类评价,并对文物保护单位、推荐历史建筑、传统风貌建筑提出相应的保护措施。

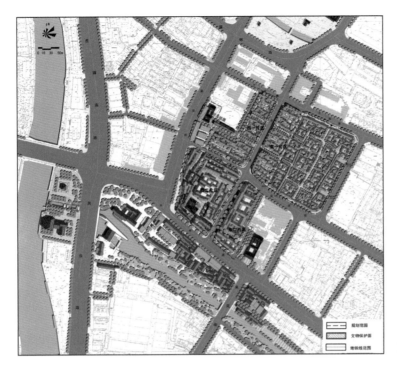

图 5.8-14 南京仓巷—安品街片区修建性详细规划设计(2013年)

资料来源:南京市规划局

图 5.8-15 南京仓巷—安品街片区修建性详细规划设计(2013年)——总体鸟瞰图

资料来源:南京市规划局

图 5.8-16 南京仓巷—安品街片区修建性详细规划设计(2013年)——局部鸟瞰图

资料来源:南京市规划局

2012年,南京市规划局对仓巷、安品街地块提出新的规划设计要点。仓巷地块用地性质为商业、居住混合用地;东一片区建筑高度不大于12米,东二、西一片区建筑高度不大于18米,西二片区建筑高度不大于35米;保留用地内部传统街巷尺度及路名;保护项目片区范围内的文物保护单位、推荐历史建筑;对局部保护建筑、大树、古井等历史资源加强保护;安品街片区建筑高度控制在12米以下。具体用地性质比例、容积率、建筑密度、建筑高度等指标经专家咨询会咨询、社会公示后,以市政府批准方案为准。2013年,为推动仓巷—安品街地块的保护与复兴,南京市规划局按照上述要点组织编制了《南京仓巷—安品街片区修建性详细规划设计》,在保护地块现存各类历史文化资源的基础上，整体延续地块原有的街巷格局和传统风貌，打造水西门门户展示区。

5.8.2.3 综合分析

10余年来，仓巷—安品街地块由格局风貌完整、传统建筑富集的传统民居型历史地段，却按照不同版本的设计方案逐步被拆迁成为一片空地，教训深刻。另一方面，伴随着仓巷—安品街地块保护与更新的逐步实施，社会各界的历史文化保护认识在碰撞争执中逐步走向共识，是为收获，可代价过巨。仓巷地块将由传统民居型历史地段改造为传统风貌特色的现代高档居住区，地段的格局基本留存，重要的传统建筑尚在，但街巷空间的尺度、风貌，地段内部的多元复合功能不复存在。

5.8.3 颜料坊 G3G4 地块

5.8.3.1 地块概况

颜料坊 G3G4 地块临近三山街，北往新街口，东接夫子庙，区位优势独特。地块内除文物保护单位和确定的历史建筑外，基本全部拆除。新建建设项目为具有一定历史风貌特色的商业综合体，历史建筑作为点缀。

图 5.8-17 颜料坊 G3 G4 地块航片对比图

资料来源：谷歌地图

颜料坊 G3G4 地块历史可溯至六朝，街巷名称多始见于明代，建筑多为清代民居。该地块是最为典型的明清时期以丝织业为主的手工业、商业及其民居的聚集地。拆迁前仍能看到明清以来的手工业、商业民居建筑及其街巷结构，从地名上也有所反映。

地块用地面积约8.1公顷，拆迁前原有居民1 795户5 385人，其中危房、破房达 1 301 户,违建搭建户 747 户。由于违建搭建严重,许多必需的生活配套设施无法完善,同时还有很大的消防隐患,多数住户一直希望政府能对旧、破、危、挤房屋进行改造。

5.8.3.2　拆迁历程

2004 年下半年,该地块部分建筑列入南京楼市半年拆迁冻结范围,拆迁单位为秦淮区城镇建设综合开发总公司。2005 年 10 月 25 日,南京市拆迁办发布公告,对该地段再次进行拆迁冻结。2005 年 12 月 11 日,南京市政府就秦淮区城市建设现场办公,就该项目等形成会议纪要,于 12 月 16 日由南京市政府办公厅整理发文,要求"2006 年启动中山南路 G3G4 地块的开发改造"。2006 年 1 月 9 日,南京市国土局根据市长办公会会议纪要,将此地块纳入 2006 年度土地储备计划。

2006 年 4 月 25 日,南京市规划局核发了该项目建设用地规划许可证及规划设计要点,在规划引导要求中,要求充分研究该地区的规划特点与要求,重点做好沿秦淮河及城市干道界面的设计。规划范围内历史遗存较多,规划设计应着重寻求保护与更新的平衡点和结合点,应尽可能有机运用原有空间尺度、街巷肌理、历史地名、建筑物、大树、古井等各种历史资源。

2006 年 7 月 5 日,秦淮区房屋拆迁安置办公室开始对该地块上建筑物实施动迁。对牛市 64 号、牛市 82 号等极少数晚清民居进行了保护,其他建筑拆除完毕。

2006 年 8 月初,国内 16 位知名专家学者联合署名拟定《关于保留南京历史旧城区的紧急呼吁》,引起了全国范围内轰轰烈烈的城南大讨论,专家、学者、媒体和普通民众均参与到这一讨论中,对南京城南地区的大规模改造进行了评论。

5.8.3.3　规划方案

2006 年"老城南风波"之后,南京市规划局组织编制了《中山南路 G3G4 地块复兴项目可行性研究》,并提出两个概念方案。两个方案基本复原了原有的道路格局和街巷体系,以颜料坊为界,以西部分恢复原有肌理,布置低层建筑,以东部分点状布置多、高层建筑,与周边现状高层形成建筑群体空间,力求尽可能在已经拆除的基础上保护与再现历史风貌,更新和整治历史环境,发展和构建地区活力。

2010 年,编制《中山南路 G3G4 地块(颜料坊以西部分)保护与复兴项目规划设计研究》,考证复建童子巷、丝市口、吴兴会馆、都税务、码头,保留修缮了牛市 64 号—颜料坊 49 号(市级文物保护单位)、1 株古树、1 处古井。其余部分均为新建低层院落式住宅。

"老城南风波"之后,颜料坊东侧地块邀请了多家设计单位进行了多轮深化方案研究,并进行了地下文物勘探工作。2012 年,《中山南路 G3G4 地块(颜料坊东侧)南京中山乐都汇购物中心项目规划设计》编制完成。方案对地块原有的街巷肌理进行了分析;对云章公所、凤凰井进行保留修缮,将考古现场所挖掘的实物在云章公所建筑室内和历史墙体内进行展示;考证复建黑簪巷、弓箭坊并保留其路名;考证复建丝市口、名人故居等重要历史资源。结合黑簪巷、弓箭坊等街巷的复建,将商业综合体建筑有机分割,使整体建筑形态与历史肌理相呼应。主体建筑风貌为仿古建筑,体现一定的历史风貌。

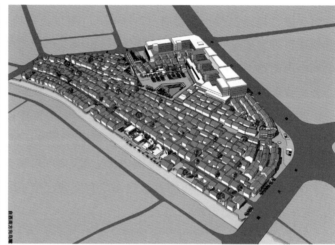

图 5.8-18　中山南路 G3G4 地块复兴项目可行性研究(2006 年)

资料来源:南京市规划局

5.8.3.4　综合分析

颜料坊 G3G4 地块由承载南京织造历史的历史地段,被拆迁改造为院落式住宅和商业综合体,值得反思。其根本原因是社会各界对地段价值判断差异巨大,各方诉求未能得到有效协调。面对摇摇欲坠的传统建筑,居民、政府、开发商、专家学者分别从各自的立场角度对地块价值进行了不同的判断。专家学者认为历史文化价值居首,当时的政府和开发商更注重经济效益,地段内的居民则迫切希望改变居住环境。各方立场及诉求的不同,没有得到统筹协调,在争论声中,地段基本被全部拆除。另一方面,由于多年来保护规划只关注精品历史文化资源,对广泛存在的一般历史地段、传统民居的价值认识不够,也致使之前的历版保护规划未能将颜料坊等保存状况较差的历史地段纳入保护范围,缺少了规划的控制,保护工作也无从谈起。

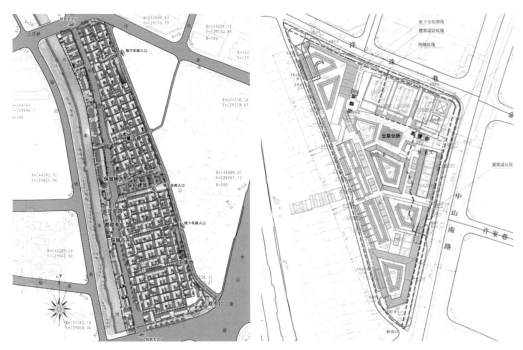

图 5.8-19 中山南路 G3G4 地块(颜料坊以
西部分)保护与复兴项目规划设计研究
（2010 年）

资料来源:南京市规划局

图 5.8-20 中山南路 G3G4 地块(颜料坊东侧)
南京中山乐都汇购物中心项目规划设计
（2012 年）——总平面图

资料来源:南京市规划局

图 5.8-21 颜料坊
G3G4 地块规划方案
图(2012 年)——鸟瞰
效果图

资料来源:南京市规划局

6　反思以及展望

6.1　当前面临的形势

6.1.1　已有的成就

6.1.1.1　滚动编制 4 版保护规划

南京被公布为国家历史文化名城以来,滚动编制了 4 版保护规划,不断探索,积极创新,为南京的历史文化名城保护工作提供了坚实的规划技术支撑。

南京"1984 版""1992 版"保护规划虽未制作保护框架图表,但从其章节内容上来解析,保护框架已经较为明确.此后"2002 版""2010 版"保护规划逐步形成了更加完善的保护框架。可以说,南京历版保护规划的框架体系是不断优化完善的。

随着人们对历史文化名城保护规划认识的不断深化,规划的系统性和科学性得到强化,多学科新技术成为历史文化名城保护规划的重要支撑。南京从 2002 年的老城保护与更新规划开始,到"2010 版"保护规划,逐步探索了多学科、新技术在保护规划中的应用,成效显著。

此外,随着经济发展水平达到新阶段,全社会对精神文化的追求凸显,历史文化保护成为全社会关注的焦点。"2010 版"保护规划尝试了"全社会参与"的规划公众参与工作,虚心采纳社会各界对保护规划的意见和建议,对保护规划形成社会共识,意义重大。

在历版保护规划的基础上,南京深化编制了各层次的保护规划,还结合城市公共空间环境品质的提升编制了一系列实施规划,初步建立了保护规划体系。其中,1980年代南京在全国率先划定了文物紫线,较早开展了历史地段保护规划,而且在老城保护与更新规划、民国建筑保护规划、地下文物保护规划领域也进行了诸多探索。

6.1.1.2　充分体现法规最新要求

与以往的相关法规相比,2002 年以来新颁布或修订的一系列法规的重大变化是补充和强调了历史文化名城的整体保护、历史文化街区和村镇以及历史建筑的保护。本次规划修编工作深入领会《中华人民共和国文物保护法》《历史文化名城名镇名村保护条例(2008)》《城市紫线管理办法(2004)》的精神,遵循《历史文化名城保护规划规范》(GB 50357—2005)的规划编制要求,借鉴了北京名城"整体保护"的思路和方法,对历史城区整体保护、历史文化街区的保护进行了深入实践。

"2010 版"保护规划按照《历史文化城名保护规划规范》的要求,明确划定了南京历史文化名城的历史城区,并从名城山水环境、历代都城格局、老城空间形态保护、老城街巷格局保护、历史城区保护等方面制定了南京历史文化名城的整体保护对策。《历史文化城名保护规划规范》首次明确提出了历史地段的概念内涵和历史文化街区的准入标准,"2010 版"保护规划严格按照《历史文化城名保护规划规范》的标准,制定了符合南京实际的历史地段评估体系,对普查出来的众多历史地段进行了评估分析,并最终确定了 41 片历史地段,其中 9 片达到历史文化街区的标准。

6.1.1.3　不断创新保护规划理念

南京历史文化名城保护规划从第一版开始就十分重视从整体上保护历史文化名城,而且基于南京"山水城林"交融一体的特色,提出将古都城池格局及其选址建设所依托的历史山水环境作为一个整体进行保护,并在此基础上创新性地提出了"环境风貌保护区"的概念。

随着改革开放后国内外历史城市保护理念的深化交流,南京借鉴国内外经验,在"1992 版"保护规划中,较早提出了历史地段、地下文物、近代优秀建筑和非物质文化遗产的保护,同时还创新性地提出要对隐性历史文化进行积极的再现创新。

进入新世纪以后,在历版保护规划取得成就的基础上,南京锐意进取,从源头开始,在全国率先开展了历史文化资源普查建库,并借鉴国外经验建立了"指定保护、登录保护、规划控制"的保护控制体系。同时为了进一步强化文化遗产保护与利用的融合,提出"全面保护、整体保护、积极保护"的保护理念,借鉴文化景观生态学相关理论,建立了文化景观空间网络。

6.1.1.4　保护对象得到积极拓展

保护对象从单纯的文物保护单位扩大到其他文物古迹,从历史文化街区拓展到一般历史地段,从物质文化遗产拓展到非物质文化遗产。

向上追溯,挖掘历史,深入研究自然地理变迁、人类活动衍生与城市格局的发展,保护对象扩展到远古地质遗迹、古文化遗址、春秋战国城邑等的保护;向下探寻,着眼现代,与国际接轨,发掘近现代乃至当代城市历史文化和城市建设形成的特征,分析城市历史文化的延续性和可持续发展,扩展到现当代优秀的建筑、城市片区(如居住区、校园、工厂区)等 20 世纪遗产。

向内深化,聚焦老城,对老城的历史文化要素和资源进行深入挖掘和研究,控制老城整体环境风貌,控制城市视线廊道,塑造老城城市轮廓线,对老城建筑高度进行分区控制;向外拓展,放眼市域,随着城市建设步伐的逐渐外扩,以及新农村建设的逐步展开,外围的村庄正在进行撤并,用地受到主城向外辐射的影响,应将保护的视野从南京主城延伸到市域,做好主城外围历史文化资源保护的规划储备。

6.1.1.5 建立分级保护控制体系

南京历史文化资源数量众多、类型多样,资源的现状质量也参差不齐。因而需要拓展保护工作的方法和手段,改变过去将针对文物保护单位的单一保护方法简单运用于各类历史文化资源的倾向,采用与南京历史文化资源的丰富性和差异性相适应的多元化保护手法。

为此,南京在综合评价遗产价值的基础上拓展保护手法,借鉴英、法、美、日等国的历史文化资源保护制度,结合南京历史文化资源的现状,根据历史文化资源价值的高低和利用程度强弱的不同,与历史文化资源的保护管理和规划管理相衔接,建立法定保护、登录保护和规划控制三种保护控制方式,分级分类制定保护对策。

对法定保护的文物保护单位、历史文化街区、历史文化名镇、历史文化名村等资源,严格按照相关法律法规进行保护;对登录保护的重要文物古迹、地下文物重点保护区、历史风貌区、重要古镇和重要古村等历史文化遗产,按地方法规进行保护,鼓励多元化的保护、更新和利用;对规划控制的其余历史文化遗产,纳入规划管理部门信息系统,确保历史文化信息的传承,通过各种城市设计和建筑设计手法保护和延续其历史价值和特色。

6.1.1.6 实施保障机制逐步完善

为强化南京历史文化名城保护规划的城市公共政策属性,南京市借鉴北京、西安等国内其他历史文化名城经验,积极推进保护规划成果向地方法规的转换。经过近3年的努力,以"2010版"保护规划为基础制定的《南京市历史文化名城保护条例》,在2010年7月28日由江苏省第十一届人民代表大会常务委员会第十六次会议批准,使得规划修编的成果转化为法律条文,强化了保护规划的法律效力。

保护规划全面树立"敬畏历史、敬畏文化、敬畏先人"的保护理念,深入贯彻"整体保护、有机更新、政府主导、慎用市场"的保护方针,进一步提高历史文化保护意识,提出优化历史文化街区和历史风貌区的更新方式,采用小规模、渐进式、院落单元修缮的有机更新方式,不得大拆大建。积极探索鼓励居民按保护规划实施自我保护更新的方式,建立历史建筑的长期修缮机制。

6.1.1.7 规划实施取得显著成效

在历版保护规划的指导下,南京的历史文化名城保护工作取得了诸多成绩,部分实施项目还荣膺国际声誉。

　　在具体的实施项目方面,南京城墙、秦淮河等古都格局要素的环境整治提升成绩显著,获得了"联合国人居奖"❶。工程建设中发现的六朝建康城遗迹通过博物馆、学校公共空间进行了展示。1980 年代复建的夫子庙—秦淮风光带目前已经成为国家 AAAAA 级景区,享誉海内外。南朝陵墓石刻、明孝陵方城明楼和四方城等进行了加顶保护。一批文物古迹尤其是民国建筑结合公共活动空间的营造得到展示。阅江楼、大报恩寺塔等重要的历史文化景观进行了创造性展现。非物质文化遗产则通过在民俗博物馆和门东地区建立传承基地进行了保护和传承。此外,南京还建立了丰富的博物馆体系。总体来说,南京历史文化名城保护规划实施成效显著。

6.1.2　当前的挑战

6.1.2.1　发展惯性

　　长期以来,南京老城既城市的政治、经济和文化中心,也是南京历史文化保护的中心。两个中心的重叠,客观上导致老城的人口和建筑高度密集,环境和交通压力不断加大,老城原有的空间尺度和肌理不断发生改变,老城整体的历史风貌已发生一定的变化。

　　而与此同时,老城仍然是南京目前最有吸引力的地区。随着南京新区建设的力度加大,老城人口和功能的增加有减缓的趋势,但是综合来看,由于老城能够提供更加完善高效的服务体系、更多的就业机会,加上市民择居的心理惯性,老城仍然是南京目前最有吸引力的地区。老城人口总量仍然增长较快,由 2000 年的 133 万人❷,增加到 2015 年的 158 万人❸,这对老城环境品质的提升及交通出行条件的改善造成压力。老城人口进一步集聚的主要原因,一方面来自新区功能尚不完善造成的对老城的疏解作用还未完全发挥,另一方面来自老城"就地平衡"的改造方式等带来的建设强度过大造成的压力。因此,在一定时间内,老城建设总量仍然呈现惯性上升的趋势,建设与保护的矛盾仍会出现。

6.1.2.2　资源众多

　　南京历史文化资源丰富,历史文化积淀深厚。仅南京老城内就有各类文物古迹 1 500处左右,南京还有大量亟待挖掘展现的、在中国历史上具有重要价值的非物质文化遗产和已被湮灭的物质文化遗产。

---

　　❶　联合国人居署于 2008 年 10 月 6 日"世界人居日"在内罗毕宣布,由于南京对于流经市区的秦淮河进行了成功的开发治理,中国南京市政府获得了联合国人居奖特别荣誉奖,这是人居署第一次将这一最高奖项颁发给一个城市而不是个人。

　　❷　《南京老城保护与更新规划》(2002)。南京市规划设计研究院.南京老城保护与更新规划[Z],2002

　　❸　南京市规划局,南京市规划设计研究院.南京主城区(城中片区)控制性详细规划(含六线融合),2016.9

当前南京的城市格局要素、历史地段、历史建筑保护还有一定的提升空间,历史文化遗产保护多局限于市级以上的文物保护单位和重要近现代建筑。

南京文物古迹数量大、类别多、质量参差不齐,需要分门别类进行科学评价,确定其价值特色,除采用文物保护单位保护方法以外,需要探索更加多元的保护方式,以求实现文物古迹的全面保护和积极利用。

6.1.2.3　实施方式

南京历史文化遗产保护工作虽然已经迅速开展,但相关的保护实施制度还不够完善。在历史文化遗产的保护利用与开发管理上还存在条块分割的现象,对于很多历史文化遗产,文物、旅游、园林、建设、宗教等部门各管一段,缺乏统一的整合和管理。

老城内的大部分建设项目仍采用就地平衡的资金政策,基本上是净地出让的大规模开发。对涉及历史文化保护而难以就地平衡的项目,因缺乏专项资金补助或财政转移支付等相关协调制度,保护工作难以进行。

另一方面,南京老城尤其是城南地区人口密度较高,房屋密度过大,采光不足、通风不畅。传统建筑长期得不到应有的正常维修,严重老化。交通、供水、供气、消防等基础设施配套落后,难以满足现代城市生活需求。城南地区日益衰败,人口老龄化,活力不足,目前采用的保护与更新方式争议较大,还有待探索更为理想的实施制度。

6.1.3　面临的机遇

6.1.3.1　政策导向

经过改革开放 40 年的快速城镇化,我国的经济、社会、文化等领域取得巨大成就的同时,面临进一步持续健康发展的瓶颈,我国进入新型城镇化阶段。

2013 年 12 月,我国首次召开中央城镇化工作会议,就我国未来的城镇化工作做了战略部署。会议还指出"要传承文化,发展有历史记忆、地域特色、民族特色的城镇;依托现有山水脉络等独特风光,让城市融入大自然,让居民望得见山、看得见水、记得住乡愁"❶。

2014 年 3 月,国务院印发指导我国城镇化健康发展的宏观战略性规划——《国家新型城镇化规划(2014—2020 年)》,"规划"指出我国城镇化面临的突出问题之一就是"自然历史文化遗产保护不力,城乡建设缺乏特色",并针对性地提出了"文化传承,彰显特色"的指导思想,要求"加强历史文化名城名镇、历史文化街区、民族风情小镇文化资源挖掘和文化生态的整体保护,传承和弘扬优秀传统文化,推动地方特色文化发展,

---

❶　新华社.中央城镇化工作会议全文[N],2013-12-14

保存城市文化记忆"❶。

2017年10月18日,习近平同志在"十九大"报告中指出,实现中华民族伟大复兴是近代以来中华民族最伟大的梦想,文化复兴已经成为国家战略。南京作为著名古都,中华文化重要枢纽,需要在新时代做出新的探索。

6.1.3.2　法规保障

2008年《历史文化名城名镇名村保护条例》颁布实施以来,国家和省市关于历史文化保护的法规进一步完善。

南京市出台了纲领性的《南京市历史文化名城保护条例》和有关城墙、夫子庙秦淮风光带、玄武湖、汤山、老山等景区的专项保护法规。

住房和城乡建设部2014年10月颁布《历史文化名城名镇名村街区保护规划编制审批办法》,对历史文化名城名镇名村街区保护规划的规划编制内容、编制组织要求、规划审批和修改等做出了明确规定。

6.1.3.3　经济基础

当前,我国的经济社会发展总体平稳,GDP增速虽有所下降,但仍在世界主要经济体中位居前列,人均可支配收入增速快于经济增长,我国经济发展进入新常态,需要加快转变经济发展方式,实现有质量、有效益、可持续的发展。

2017年,南京市人均地区生产总值已经超过2万美元,城镇化率超过80%,整体上已经处于后工业化阶段,南京也已经是高收入地区。根据日本、美国、韩国和我国台湾地区的经验,人均GDP在17 000美元之前都属于经济快速增长期,到17 000美元之后经济增长速度将会一定程度下降❷。因此,南京的经济发展面临更加迫切的转型升级,如何在高收入水平下实现城市品质的提升是未来一个阶段的发展重点。

6.1.3.4　保护意识

当前的新型城镇化战略对我国的历史文化名城发展提出了新要求。随着新型城镇化战略的深化实施,我国的社会经济发展已经到了由快速粗放到做精、做优的发展阶段。而现代城市的竞争,归根到底是城市文化的竞争,历史文化作为南京城市竞争力的核心要素,对历史文化的全面保护和合理利用已逐渐成为全社会的共识。2000年以来,南京市委、市政府围绕把南京建设成为"现代化国际性人文绿都"的城市发展目标,对南京市的历史文化名城保护工作提出了更高的要求。在"2010版"保护规划编制过程中,社会各界对南京的历史文化名城保护空前关注,南京全市对历史文化的保护意识也提升到新的水平。

---

❶ 新华社.国家新型城镇化规划(2014—2020年)[N],2014-03-16
❷ 王宪磊.中国的新未来[EB/OL].(2014-01-20).http://www.360doc.com/content/14/0120/09/6206853_346565933.shtml

6.1.3.5 保护基础

南京历史文化资源众多,积淀深厚,保护的基础较好。目前,南京市有各级文物保护单位和不可移动文物共计 2 424 处 2 495 点❶,非物质文化遗产共计 145 项。

南京老城整体格局和传统风貌基本留存。南京目前基本保持了历史文化名城的古都格局及其选址建设所依托的山水环境,历史文化名城整体格局和风貌尚清晰可循,城南、明故宫、鼓楼—清凉山地区的历史风貌基本留存。

城市空间结构不断优化。随着 2000 年以来"一城三区"以及外围新城的开发建设,外围新区正在逐步形成反磁力,南京历史文化保护的中心和城市建设的重心正在逐步分离,现代化建设和历史保护的关系处理可以放大到都市区的重大层面来解决,新区、老城在空间上和发展侧重上各得其所。

6.2 规划的相关反思

南京的历史文化名城保护规划工作取得了诸多成就,尤其是"2010 版"保护规划,相对前 3 版保护规划进行了跨越式的提升完善,但从前述分析来看,南京的历史文化名城保护规划在规划理念、规划编制、规划实施等方面仍然有进一步提升的空间。

6.2.1 规划理念没有得到深入贯彻

"2010 版"保护规划提出"全面保护、整体保护、积极保护"的规划理念,建立了保护控制体系,提出老城整体保护对策,构建了文化景观空间网络。但规划总体上偏重于规划体系的构建,对于南京的特色文化遗产关注不足。其次,虽然提出了"积极保护"的保护理念,但对如何在保护的基础上彰显文化遗产的当代价值,未能进行深入的探讨。

南京作为享誉海内外的著名古都,拥有众多特色独具的历史文化资源,例如湖熟文化遗址、春秋战国土墩墓群、六朝建康城遗迹遗址、南朝陵墓石刻、明代城墙城郭、太平天国王府遗址、民国建筑、工业遗产、南京城南民居等,还有云锦织造技艺、金陵刻经技艺、秦淮灯彩技艺、南京金箔技艺等特色非物质文化遗产。应当在建立完整的保护体系的基础上,凸显南京历史文化名城特色文化遗产的保护,形成特色文化遗产保护系列,挖掘展示南京历史文化风采。

"2010 版"保护规划构建了文化景观空间网络,以期整体彰显南京历史文化特色。但一方面,规划组织的网络相对比较概念,需要进一步深化落实;另一方面,仅仅通过

---

❶ 至 2014 年,南京市共有全国重点文物保护单位 49 处 103 点,江苏省级文物保护单位 109 处 116 点,南京市级文物保护单位 358 处 368 点,各区级文物保护单位 325 处,不可移动文物 1 583 处。

空间展示南京的文化资源是不够的,还应当借鉴苏州、成都等的经验,将文化遗产融入当代的城市发展之中,依托文化遗产保护形成特色文化相关产业,通过产业创新发展支撑文化遗产保护,通过文化遗产保护引领文化产业发展,改变文化遗产保护与城市发展之间的隔阂,形成文化遗产保护与发展的良性循环。

6.2.2 规划编制技术方法仍需创新

"2010 版"保护规划采用了"全社会参与、多学科合作、新技术支撑"的规划编制方法,初步探索了规划编制技术和方法的创新之路,但仍然需要进一步完善。

"2010 版"保护规划在全国范围内征集了设计单位,规划过程中多次邀请国内著名专家进行了咨询论证,规划成果草案通过展馆、媒体等进行了社会公示以听取社会公众意见,基本做到了全社会参与。即使如此,保护规划编制过程中,仍然引起了国内一些专家学者、普通民众的质疑。究其原因,被邀请的专家毕竟只是一部分,对公众展示的方案已经是成果草案,对于历史文化名城保护规划这类公众关注度较高的规划,对于南京这样关注度较高的历史文化名城,公众参与的深度和广度依然需要拓展。在当今的信息化社会里,发表意见的渠道日趋多元化,在规划的全过程中加入多渠道的公众参与十分必要。

"2010 版"保护规划进行了城乡规划学、建筑学、历史学、考古学、计算机科学等多学科的合作,运用了"3S"、ArcGIS、虚拟现实技术等进行了支撑分析。通过多学科的融合和新技术的运用,"2010 版"保护规划结出了丰硕的成果。但总体来看,南京历史文化名城保护规划中的技术融合仍处于初始阶段,只是解决了若干孤立的问题,尚需从不同的学科视角,综合运用技术手段,系统综合地解决问题,寻找未来的发展可能。

6.2.3 规划相关内容需要优化完善

6.2.3.1 加强历史文化特色的保护和展现

"2010 版"保护规划重新审视了南京历史文化名城的价值特色,但由于强调与新出台的一系列法律法规的衔接,强调保护规划框架体系的进一步完善,对南京最具特色的历史文化的保护和展示关注不够。除南京环境风貌和古都格局特色之外,南京的南朝陵墓石刻、民国建筑、城南民居、名人文化等也是南京区别于其他历史文化名城的特色。在"2010 版"保护规划建构的完善的保护框架和控制体系的基础上,应当进一步加强南朝陵墓石刻、民国建筑、城南民居、名人文化等的专项保护规划,提出更加有针对性的保护对策。

6.2.3.2 进一步强化历史城区的整体保护

"2010 版"保护规划根据《历史文化名城保护规划规范》的定义,在南京老城范围内划定了城南、明故宫、鼓楼—清凉山三片历史城区。一方面全面贯彻了《历史文化名城保护规划规范》的要求,另一方面也致使南京老城整体保护被弱化,也丧失了通过规划实践优化完善《历史文化名城保护规划规范》的机会。

2002年《南京老城保护与更新规划》和2003、2006年两版老城控制性详细规划均以明城墙护城河围合的南京老城为单元进行了整体的保护和控制,已经积累了非常坚实的规划基础,南京老城事实上已经进行了整体保护,完全符合《历史文化名城名镇名村保护条例》的要求。

由于长期以来南京历史文化保护和经济发展的中心叠加在老城内,老城空间形态和风貌已经发生了较大的客观变化。按照《历史文化名城保护规划规范》要求,确实只有城南、明故宫、鼓楼—清凉山三个片区为"历史范围清楚、格局和风貌保存较为完整的需要保护控制的地区",但仅仅对这三片地区进行整体保护显然不足以体现对南京老城的整体保护。

因此,应当对《历史文化名城保护规划规范》中历史城区定义后半部分"本规范特指……"进行必要的完善。建议调整为"历史城区的核心保护范围为历史城区中历史范围清楚、格局和风貌保存较为完整的需要保护控制的地区"。与此对应,整个南京老城仍是南京历史文化名城的历史城区,目前划定的城南、明故宫、鼓楼—清凉山三片历史城区则可以作为南京历史文化名城历史城区的核心保护范围,同时兼顾了历史城区的整体保护和历史城区的保护重点。

6.2.3.3 重视历史地段保护的基础性工作

中国的历史文化名城,尤其是北京、南京这类特大型历史文化名城,未能如同平遥、丽江一样完整地保存历史格局和风貌。对于南京而言,除了历史城区的整体保护以外,历史地段的保护应当是保护工作的核心。但遗憾的是,南京历史地段的保护工作多年来一直偏重于理论概念的推敲,未能对历史地段保护的基础性工作给予持续关注,造成"2010版"保护规划编制过程中公众对南京历史地段保护面积"缩水"的质疑。

"2002版"保护规划确定了10片"历史文化保护区",数量和面积显然与南京历史文化名城的地位不匹配。2002年老城保护与更新规划依据《历史文化名城保护规划规范(报批稿)》对于历史文化保护区规模的要求,在"2002版"保护规划确定的"历史文化保护区"的基础上,将面积在1.5公顷以上、集中成片的、有突出主题的历史文化地段增补为历史文化保护区,同时还将明故宫遗址区等规模远超1.5公顷的历史文化保护区化整为零,切分成若干小的历史文化保护区。南京历史文化保护区数量大增,给2009年公众质疑历史地段保护面积"缩水"埋下伏笔。

2006年开始,南京市又一次开展历史地段的普查工作,历史地段和历史文化街区的认定标准采用《历史文化名城保护规划规范》的定义。普查工作首先对"2002版"保

护规划和老城保护与更新规划确定的历史文化保护区进行了整合梳理,去除了明故宫
太庙遗址、西华门、东华门遗址、国民政府外交部旧址、国民政府最高法院旧址等实际
上是相对独立的文物保护单位的历史文化保护区。由于历史地段普查过程中,南京历
史文化资源普查建库尚未完成,同时一批传统建筑集中区已经开始了拆迁改造,修编
工作组抢救性地初步划定了一批历史地段,并在以往划定的"历史文化保护区"的基础
上,根据历史地段评估体系进行打分评估,确定了 9 片历史文化街区、22 片历史风貌区
和 10 片一般历史地段。

不过值得反思的是,"2010 版"保护规划确定的 41 片历史地段中仍然包括了朝天
宫、金陵女子大学等占地规模较大的文物保护单位,而老城南地区的评事街传统住宅
区、钓鱼台传统住宅区和外围的龙虎巷传统住宅区、左所大街传统住宅区等未能纳入
历史文化街区名录,仅作为历史风貌区进行保护。所以不应过多追求历史地段的个
数,应强化历史地段保护的基础工作,强化对历史地段的进一步深入调查分析,明确各
个历史地段内部各级文物保护单位、历史建筑、风貌建筑和其他一般建筑的占地面积
比例,进一步优化调整南京的历史地段保护名录。

6.2.4 规划实施机制需要深化细化

相比南京历史文化名城保护的规划理念和规划编制,南京历史文化名城保护规划
的实施水平有一定差距。虽然取得了国际荣誉,但也遭到了国内专家学者和社会公众
的一定质疑。

南京历史文化名城保护规划虽已建立了初步的保护规划体系,但体现南京古都格
局要素的历代都城格局的保护和展示规划仍然需要大力加强。除明代都城格局做过
相关保护和展示规划以外,其他都城时期的历史格局仍然需要进行深化规划,以体现
南京"著名古都"的深刻内涵。

"2010 版"保护规划构建了老城、主城、市域三个层次的文化景观空间网络。但目
前南京的文化景观空间网络仍然处于概念阶段,需要加快进行深化落实。成都于 2011
年已经组织了具体化的历史文化遗产廊道,值得南京借鉴。

"2010 版"保护规划完成以后,相继转化成了《南京市历史文化名城保护条例》和一
系列政策文件,但相比国内其他名城而言,滞后许多。此外,南京历史文化名城保护规
划在向图书专著的转化方面十分不足,未能将保护规划的经验教训进行系统总结,难
以在社会各界产生更大的影响。

在具体的规划实施项目层面,南京传统民居型历史地段和历史建筑的保护与更新
还面临困局,保护与更新方式虽已经由"大拆大建"转为"搬迁居民、拆建加维修"❶,但

---

❶ 南京历史文化名城研究会.关于老城南居民类街区保护规划实施情况的调研报告,2014

离"小规模、渐进式、院落单元修缮"❶的规划实施要求还有很大的差距。外围的古镇古村虽已基本采用渐进更新的方式,但更新改造的手法却没有注意保持乡土文化特色。

6.3　规划编制的展望

6.3.1　关于规划理念

6.3.1.1　涵盖全要素的保护

当前,世界范围内对文化遗产的保护对象进行了极大的拓展。保护对象从原来的重要代表性文化遗产,扩展到一般的普遍性的文化遗产。文化遗产的年代从古代遗产拓展到 20 世纪遗产。文化遗产的类型从皇家宫殿、苑囿拓展到乡土建筑、工业厂房。文化遗产的保护已经走向全要素的保护。

随着文化遗产保护涉及的对象范围越来越广泛,保护对象的数量也越来越庞大,因此在对文化遗产现状保存状况及特色价值评估的基础上,需要采用差异化的保护与控制对策。

因此,南京历史文化名城保护规划应在"2010 版"保护规划的基础上,更加强调文化遗产的全面保护,同时进一步完善由"法定保护、登录保护和规划控制"构成的保护控制体系,实现对各类文化遗产的针对性有效保护。

6.3.1.2　突出特色性的保护

通过对国内西安、成都、苏州等历史文化名城保护规划的解析可知,历史文化名城特色价值的保护与传承已经成为历史文化名城保护的重点。

当前,国内历史文化名城保护规划的相关技术理论已经较为成熟,但仍然需要结合各个历史文化名城自身的特色进行有针对性的发展和深化。保护规划不仅仅应当建立"三个层次"的保护体系,还应充分体现历史文化名城本身的特色价值,保护规划的内容和重点也应更加强调聚焦历史文化名城特色文化遗产的保护与传承。

南京历史文化名城保护规划对南京历史文化名城特色价值的认识不断深化和提高,"2010 版"保护规划还组织了文化景观空间网络,对各类文化遗产进行了串联整合,在国内有所创新,且被其他历史文化名城所借鉴。但南京历史文化名城保护规划对反映南京特色历史文化的南朝陵墓石刻、民国建筑等未能提出针对性的保护与利用对策,文化景观空间网络也只是总体层面的组织,未能与南京历史文化名城特色文化的展示充分结合。南京历史文化名城保护规划在特色性保护与传承方面,任重道远。

---

❶　《南京历史文化名城保护规划(2010—2020)》。南京市规划局,南京市规划设计研究院,东南大学城市规划设计研究院,南京市城市规划编制研究中心.南京历史文化名城保护规划(2010—2020)[Z],2012

6.3.1.3　基于整体性的保护

"整体保护"是我国历史文化名城保护几十年来的经验教训总结,且已经在《历史文化名城名镇名村保护条例》中进行了明确,成为我国历史文化名城保护领域的重要理念。

南京"2010版"保护规划建立了整体格局和风貌、历史地段、文物古迹和非物质文化遗产构成的整体保护框架,同时也建立了"一城、二环、三轴、三片、三区"的空间保护结构,强调了古都城池格局与其选址建设所依托的"龙盘虎踞、襟江带湖"的山水环境的整体保护,在此基础上还特别强调了南京老城的整体保护,并划定了三片历史城区。

总体来说,"2010版"保护规划体现了"整体保护"的层次性、结构性以及自然与人文的整体性。但在南京老城整体保护方面,较为重视物质空间环境要素的保护,对老城人口、功能、产业等社会环境要素的关注较少;而且划定的历史城区分为三片,突出了保护的重点,却忽视了整体的价值。南京关于"整体保护"的实践取得了一些成效,但对"整体保护"的认识仍然需要进一步深化,在今后的保护规划实践中进一步完善。

6.3.1.4　面向区域性的保护

近年来,关于区域性文化遗产的保护得到越来越广泛的关注。大运河、丝绸之路等跨区域文化遗产得到世界范围的广泛认同,并列入《世界遗产名录》。

南京自古以来是我国南方的中心,其经济和文化等方面的影响力遍及东亚、东南亚地区。南京作为历代都城时期,尤其是明代,在江北设置有浦子口、江浦、雄州等卫城。南京周边的宣城、滁州、句容丹阳、仪征等都与南京有着极为密切的文化关联。

从南京市内来看,历朝历代依托南京主城,在外围形成了众多古镇古村,客观上存在历史上的城镇体系。2005年,南京市规划局组织开展了"南京城市空间历史演变及复原推演研究","研究"主要聚焦主城,对外围关注较少。

建议南京借鉴西安、成都、北京等历史文化名城的经验,进一步强化区域层面的历史文化研究,包括历史城镇体系、对外交通体系、文化脉络体系等,进一步突出南京的历史文化中心地位,挖掘南京的区域历史文化内涵。

6.3.1.5　体现发展观的保护

经过30余年的保护规划编制探索,国内对于文化遗产的展示利用积累了丰富的经验,南京建立了丰富多元的展示利用体系,并为国内其他历史文化名城所借鉴,一定程度上体现了历史文化名城保护的发展观。

南京"2010版"保护规划专门组织了文化景观空间网络,其核心思想是结合城市各类公共空间展示各类文化遗产,将零散分布的各类文化遗产串联整合到文化景观空间网络之中。

苏州"2013版"保护规划提出依托各类文化遗产,复兴和发展工艺品、美食、建筑建造等传统产业,值得借鉴。南京作为"十朝古都",传统产业的底蕴深厚,但由于多年来历史地段持续的大规模更新改造,传统产业的保持不足,而历史地段整治修缮采用的建筑工艺绝大部分是皖南、苏州等地的传统工艺,导致建筑风貌不够真实、连续、协调。

借鉴国内其他历史文化名城相关经验,南京历史文化名城保护规划在关注展示利用体系构建的基础上,应当更加强调依托各类文化遗产,复兴和发展传统产业,创新发展相关的文化创意产业。

6.3.2　关于规划思路

6.3.2.1　应对现实挑战,复萌历史精神

单霁翔先生曾经对当今中国城市建设中存在的问题做出经典的总结:改革开放以来,我国的城市建设在物质建设方面取得成就的同时,在城市文化建设方面却重视不够。归纳起来涉及 8 个方面的问题或应该避免出现的情况,即城市记忆的消失、城市面貌的趋同、城市建设的失调、城市形象的低俗、城市环境的恶化、城市精神的衰落、城市管理的错位、城市文化的沉沦❶。

城市规划应当直面上述种种问题,寻求解决问题的有效途径。当前的规划理论、实践经验、法律规范给我们如何建成一个功能完善的城市提供了基本保障,但是这样的城市只能满足人们最基本的需要。置身于"千城一面"的当今城市之中,我们恍若身临曾经仅停留在梦想中的西方现代城市,而今一切都已经成为现实。西方的东西拿来了,我们能拿给西方看的东西又是什么呢? 东方的巴黎、中国的曼哈顿? 我们的文化自尊何在,我们的历史文化如何传承,我们的城市规划路在何方?

40 多年的快速发展过程中我们已经拿来了太多西方的东西,也已经积累了相当的财富。吴良镛先生已经做出判断:中国的城市发展有步入"黄金时代"的多种机遇,但道路崎岖❷。如今是我们驻足深思的时刻,好好欣赏城市化道路上的风景,重新整理先辈们留给我们的珍贵遗产,从容面对众多的现实挑战,传承历史精神,翘望"黄金时代",开创中国特色的城市化道路。

6.3.2.2　审视城市定位,调整发展方式

城市规划往往以确定城市性质、功能定位开篇。城市性质对一个城市发挥自身优势、确定城市发展方向和重点建设内容等有着深远的影响,城市的定位需要依托历史、

---

❶ 单霁翔. 从功能城市走向文化城市[A]//《城市文化国际研讨会论文集》编委会. 城市文化国际研讨会暨第二届城市规划国际论坛论文集[C]. 北京:中国城市出版社,2007

❷ 吴良镛. 文化遗产保护与文化环境创造——为2007 年 6 月 19 日全国文化遗产日写[A]//《城市文化国际研讨会论文集》编委会. 城市文化国际研讨会暨第二届城市规划国际论坛论文集[C]. 北京:中国城市出版社,2007

结合现状、放眼区域来综合确定,城市的发展重心也要紧紧围绕城市性质来进行,否则就将陷入破坏资源、盲目发展的境地。在新型城镇化背景下,审视城市定位、调整发展方式是每个城市必须面对的现实问题。

城市定位与职能并不是一成不变的。例如1975年编制的《南京市轮廓规划》确定南京的城市性质为"江苏省的政治、经济、文化中心,东南沿海的军事重镇,华东地区重要的交通枢纽,以石油化工、电子仪表、两汽(汽车、汽轮发动机)一机(精密机床)为支柱的门类比较齐全的综合性工业基地"。国务院1983年批准确定南京的城市性质为"著名古都,江苏省的政治、经济、文化中心"。国务院1995年批准确定南京的城市性质为"著名古都、江苏省省会、长江下游重要的中心城市"。国务院2016年批复的《南京市城市总体规划(2011—2020年)》确定南京的城市性质为:江苏省省会、东部地区重要的中心城市、国家历史文化名城、全国重要的科研教育基地和综合交通枢纽。

对照南京1949年后的城市发展历程,城市性质的确定的确为南京的城市发展确定了发展方向。改革开放之前,南京的城市发展基本上是围绕城市居住、工作、游憩、交通等基本功能的完善来展开的;改革开放之后的几版总体规划对将要发生的经济快速发展及其所带来的快速城市化做出了积极应对,率先提出"都市圈"的概念,以区域的眼光审视南京的城市定位,疏解南京既有的基础城市功能,重在发展中心城市所应具备的文化、政治、商业服务等区域辐射功能。然而,由于追求经济的快速增长,实际建设过程中,南京过度倚重石化、钢铁、电力等基础产业,城市环境日益恶化,城市特色日渐消退。

回望历史,南京有着丰厚的历史文化遗产;面对现实,南京有水运、公路、铁路、管道、航空齐全的交通优势。南京应当放眼南京都市圈和长三角城镇群,充分发挥历史文化、山水环境、科研教育、交通运输优势,调轻产业结构,重新审视自己的发展定位,调整发展方式。

6.3.2.3　顺应山水格局,优化空间布局

我国古代城市的选址和建设非常注重与自然山水环境的互动关系。《管子》提出"凡立国都,非于大山之下,必于广川之上。高毋近旱,而水用足。下毋近水,而沟防省"。这一理论对中国古代的城市建设起到了重要的指导作用,著名古都西安、洛阳、南京、北京等的选址建设都脱胎于这一理论思想。

当今快速大规模的城市化浪潮不仅席卷了众多的古城、古街区、古建筑,城市新区的大规模建设已经给予古城选址建设密切相关的自然山水资源造成了巨大影响。河道裁弯取直,毁林挖山修建度假区、生态科技新城等破坏自然山水的建设行为时有发生。究其原因,不过是因为城市的空间拓展未能顺应自然山水格局,仅仅把山脉丘陵、河湖水系作为美化城市环境的一种道具,自然山水的历史内涵、文化内涵、生态内涵未

能得到足够的重视。

在这一点上南京有值得称道之处。南京号称"龙盘虎踞",山水镶嵌。明代南京城的选址建设顺应了龙盘虎踞的自然山水格局,都城城墙依山就水,山水相依、内外融合,与西安城墙情趣大异,大气而秀丽、刚毅又柔情。南京独特的自然山水风貌是著名古都的重要载体,山水环境及其与历代城市建设的相互依存关系是构成南京城市空间特色的重要组成部分。强调维护自然山水的永恒性,注重对山形水态格局的保护和对自然景观风貌的保护,严格禁止破坏山脉、水系进行开发建设,新的城市建设应顺应历史山水环境,传承延续自然山水环境与城市建设之间的有机互动关系。南京在跳出老城发展新城的过程中,充分尊重历史山水环境,顺应山水格局,构筑了"一带、两廊、三环、六楔"的生态绿地系统构架,并顺应自然山水格局构建了以长江为主轴,以主城为核心,结构多元,间隔分布,多中心、开敞式空间格局。

6.3.2.4 科学建设新区,整体保护旧城

中国的社会经济发展离不开城市化的巨大推动,城市化也是当今中国不可逆转的潮流趋势。在快速大规模的城市化进程中,如何处理好新区建设与旧城保护的关系是我们不得不面临的重要问题。

新区的建设一方面是为了承载新的城市功能,吸纳新增城市人口;另一方面也是为了疏解旧城功能,疏散旧城过密的人口。然而,实际建设过程中,新区的建设往往沦为单纯的居住新区、工业新区、高新技术产业开发区,难以形成功能相对完善的新城,就业岗位的不足、居住配套的缺乏或公共服务功能的缺失造成了新区与旧城之间大规模的钟摆式交通,旧城压力不但未能得到有效疏解,反而有加剧的趋势。居住、工作、交通、游憩过度分区成为21世纪中国众多城市不得不面临的残酷现实。快速大规模的城市空间拓展后,我们必须面对现实,找回《马丘比丘宪章》的精神,重走西方20世纪走过的艰难历程,完善新区功能,有效缓解旧城的保护压力。

旧城的保护观念也应当做出调整。多年的经济快速增长已经积累了一定的经济储备,新区的大规模建设给旧城保护赢得了空间,地铁等大规模捷运交通也一定程度上缓解了老城的交通压力,旧城的整体保护面临难得的机遇。文物古迹除保护本体外,需要加强对周围历史环境的保护;历史遗留的历史地段内道路、市政基础设施亟待改善等问题有了解决可能;历史地段建筑的整治、不符合历史风貌的建筑拆除改建的可能性也大为增加。借助新区的快速发展,旧城内高层建筑的建设可以得到更为有效的控制,旧城的空间形态、历史街巷、建筑风貌等有了整体控制的现实可能。

6.3.2.5 织补历史网络,延续历史格局

历经岁月沧桑,中国的古城格局大多已经残缺不全、湮灭不清,但是中国古城营建

的思想却一直流传。未来的城市建设应当传承历史精神,织补历史文化网络,延续城市历史格局。

中国的古城历史脉络大多仅留有部分段落,城墙城壕、历史轴线多已不存或者仅存局部,可以考虑采用多元的方式进行适当的织补。例如南京的明城墙,分为现存段、遗迹段和遗址段三种段落。在保护现存城墙、护城河和城墙遗迹的基础上,采用"以路代墙""以绿代墙""以河代墙"等多种方式展示明城墙遗址,形成城墙、护城河、绿带复合连续的明城墙风光带。参照北京和首尔,通过重新恢复历史河道、湖面等织补历史河湖水系。

延续历史格局,即是在织补历史网络的基础上,继承历代城市建设与山水环境的互动关系,延续历史轴线,拓展新的城市建设空间。以北京为例,北京皇城自永定门到钟楼长 7.8 千米,形成贯通南北的城市中轴线,是世界城市建设历史上最杰出的城市设计范例之一。中华人民共和国成立初期,天安门广场的建设,赋予北京传统中轴线全新的时代意义。北京亚运村和国家奥林匹克体育中心的建设,则是对北京传统中轴线的延伸和传承。历史格局的延续与北京新的城市空间拓展有机结合,亚运村游泳馆、"鸟巢""水立方"等新建筑犹如一枚枚棋子恰到好处地下在了古都历史格局的关键位置上。

6.3.2.6 整合历史资源,组织文化路径

中国历史悠久,古城众多,至今已经公布了 130 多座国家历史文化名城,城市内外遗存有丰富多彩的历史文化资源。然而,由于城市面貌发生了现代化的巨变,历史文化资源大多作为孤立的点和片断存在,漫步在当今的城市之中,我们很难感受到充分的历史文化氛围。为了充分地展现历史文化资源,使得历史文化有机融入现代的城市生活,我们需要将散布的历史文化资源点和片进行适当的整合,挖掘寻找历史文化脉络,组织多元化的文化路径,真正实现历史文化的彰显和传承。

南京城南有着众多知名的历史文化资源,南京城市建设史的发端——越城遗址、"郎骑竹马来,绕床弄青梅"的长干里、白下愚园、周处读书台、大报恩寺遗址、金陵机器制造局旧址、雨花台等等,无不是声名远播的历史文化遗产,但是由于缺乏资源的串联整合,又没有组织合适的游览观光路径,很难形成整体的历史文化氛围,也难以形成文化品牌,后续的旅游开发更无从说起。目前南京已经认识到了城南地区历史文化的重要性,正以大报恩寺、白下愚园等历史文化资源的复兴展示为契机,整合城南地区的历史文化资源,复兴长干故里的历史文化,且已经取得初步成效。

6.3.2.7 汲取传统文化,创新建筑设计

中国的传统建筑是区别于西方砖石结构刚性体系的木结构柔性体系,有着自身的独特之处。我国的传统住宅,大多是砖木结构,建造时先立木框架,然后架梁盖屋顶,

再砌墙。墙体用砖或泥土,作为围护体,不承受重量,所以中国的谚语中有"墙倒柱不倒""房塌屋不塌"的说法,说的就是中国传统木结构的特点❶。在"5·12"汶川大地震中,世界文化遗产都江堰景区内文物"整体尚存,露椽落瓦;局部垮塌,假毁真留"❷。中国古建筑在震灾面前能够"墙倒顶陷屋不塌",就是因为采用了榫卯的柔性连接方式。而损坏严重的,多是后来建造的"假劣古董",既缺少现代建筑应有的结构质量,也未保有传统建筑原有的抗震能力。这充分说明,中国的传统建筑中有许多可供汲取传承的宝贵遗产。

与中国传统建筑独到的结构体系相呼应,中国传统建筑外在形式的处理具有浓郁的民族风格,古代题材影视剧中的立柱斗拱、飞檐坡顶,都给西方人乃至当代的国人留下独特的审美印象。清末,大量外国文化、建筑、技术涌入中国,中国的传统建筑遭受了巨大冲击,逐步走向没落。近代的中国,"师夷长技以制夷""西学东渐"之后,诞生了梁思成、杨廷宝等传承中国传统建筑设计思想的一代建筑大师。民国首都南京留下了"五院八部"、中央大学、外国驻华使馆、颐和路公馆区等一大批中国古典式、西方现代式、中西合璧式风采各异的民国建筑,民国建筑也成为南京数量最多的历史文化遗产。拥有丰富历史文化遗产的中国,应当充分汲取传统文化精髓,超越民国建筑革故鼎新的气度,追随梁思成先生、杨廷宝先生的足迹,继往开来,创造新的民族特色建筑。

6.3.3　关于规划编制

6.3.3.1　规划编制组织

在当时的背景下,"2010版"保护规划的编制组织较为充分地体现了"开门规划"的精神。但由于历史文化名城保护日益成为全民广泛关注的焦点,保护规划的编制组织应当更为细化。

规划编制单位的征集应继续采用国内公开征集。顾问的专家组构成应采用开放式,除参与规划编制的专家以外,邀请参与规划咨询会和论证会的专家应当面向全国,通过报纸、网络等公众平台广泛邀请专家学者就保护规划的编制发表意见,给不同的专家有发表相关意见的正常渠道。此外,还应强调规划编制全过程的公众参与,在调研分析、方案制订、方案公示、方案论证等各个阶段,运用多种方式广泛征求社会公众的意见。

6.3.3.2　规划技术支撑

随着历史文化名城保护规划编制技术理念的不断演进,规划编制所需要的技术支

---

❶　阮仪三.传统木结构防震原理可供借鉴[N].新民晚报,2008-05-31:A12
❷　张智丽.专家称都江堰文物在地震中假毁真留[N].新闻晨报,2008-05-28

撑也日趋多元化,逐步呈现出多专业支撑、多学科交叉的态势。因此,参与规划编制的技术人员应当涵盖规划、建筑、历史、经济、社会、交通、市政、计算机(信息系统与大数据)等多专业。

南京历史文化名城保护规划的编制经历了从单一技术支撑、技术多元支撑到多学科的初步融合的演进阶段。目前已经到了技术多元化、多学科深度融合的阶段。从历史文化研究、历史资源普查评价、保护制度体系建立、空间保护体系、文化景观体系到产业传承发展,都需要各学科技术的强大支撑融合,方可有所进展突破。

6.3.3.3 规划内容框架

南京已经编制过 4 轮历史文化名城保护规划,规划内容框架不断深化完善。通过前述分析可知,"2010 版"保护规划内容框架仍然偏于框架体系本身的完善,规划内容重点主要集中在历史文化名城整体格局和风貌、历史地段和古镇古村、文物古迹等三个层次的保护方面。

近年来,南京在明城墙保护等都城格局保护、历史地段和古镇古村保护、南朝陵墓石刻和民国建筑保护等方面,已经做了诸多深化规划工作,南京的历史文化名城保护规划应当充分整合提炼上述深化规划的核心内容,体现南京历史文化名城的特色价值。因此,南京历史文化名城保护规划应当在框架体系完善的基础上,进一步突出特色文化遗产的保护和传承,以期更有效地彰显南京历史文化名城特色价值。

6.3.4 关于规划内容

6.3.4.1 古都格局的保护——古代建设的现代展示

山川形胜是南京的"立都之本"。深入研究南京历朝历代城市建设与自然山水之间的互动关系,探寻南京历代城市建设与自然山水环境相辅相成的内在规律,划定具有南京特色的环境风貌保护区,可以为未来南京的城市规划和建设提供历史借鉴,保护南京历史自然山水环境的同时,继承和发扬南京独具特色的城市建设思想。

6.3.4.2 古都风貌的保护——历史精神的现代启示

除自然山水环境之外,城市建筑和活动空间是展现城市风貌的重要载体。南朝石刻的雄浑壮美、明代皇宫的庄严华丽、民国建筑的融合创新都是历史的典范,拥有丰厚建筑遗产的南京,需要切实研究如何在中国城市建设、城市建筑创作上继承南京的历史传统,超越民国建筑革故鼎新的气度,探索未来中国特色建筑艺术的"文艺复兴"之路。

6.3.4.3 历史城区的保护——都城气韵的整体传承

多年来,北京、南京等特大型历史文化名城的历史城区在"整体保护"上取得了一定成效,也进行了经验教训的总结。但历史城区整体保护要想取得更为理想的成效,仍然需要加大历史城区基础研究力度,更加深入地认识历史城区的特色价值、存在问题,充分认识我国城市快速现代化进程中历史城区保护可能面临的重大挑战,继续完善历史文化名城保护的法规制度,创新保护规划的相关技术理论,强化保护规划的政策属性,逐渐提升历史文化名城保护工作在城市发展建设过程中的地位和引领作用,实现历史文化名城保护由压力下的被动保护走向文化自信下的积极传承。

6.3.4.4　历史地段的保护——传统风貌的现实发展

一直以来,南京的历史文化保护都十分重视历史地段的保护,但是,与国内若干其他历史文化名城面临同样的问题,南京的历史地段尤其是城南传统民居类型的历史地段仍在探索切实有效的保护与发展途径,不同的社会群体对城南地区的保护与发展有着不同的理解和认识。历史地段反映了城市社会生活和文化的多样性,在自然环境、人工环境和人文环境诸方面,包含着城市历史特色和景观意象,是城市历史活的见证。如何在维系历史地段传统风貌、历史氛围的同时,实现历史地段内居民生活的现代化,仍然是南京历史文化名城保护规划未来需要进一步研究和解决的重点问题之一。

6.3.4.5　文物古迹的保护——辉煌历史的古今辉映

文物古迹的保护一方面要回顾历史,另一方面则要展望未来。向上追溯,挖掘历史,深入研究自然地理变迁、人类活动衍生与城市格局的发展,保护对象扩展到远古地质遗迹、古文化遗址、春秋战国城邑等。向下探寻,着眼现代,与国际接轨,发掘近现代乃至当代城市历史文化和城市建设形成的特征,分析城市历史文化的延续性和可持续发展,将保护对象扩展到现当代优秀的建筑、城市片区(如居住区、校园、工厂区)。向内深化,聚焦老城,对老城的历史文化要素和资源进行深入挖掘和研究,控制老城整体环境风貌,控制城市视线廊道,塑造老城城市轮廓线,对老城建筑高度进行分区控制。向外拓展,放眼市域,随着城市建设的逐渐外扩,以及乡村振兴的逐步展开,外围的村庄布局正在进行整合撤并,用地正在受到主城向外辐射的影响,需要将保护的视野从南京主城延伸到市域,切实做好主城外围历史文化资源保护的规划控制。

6.3.4.6　历史特色的彰显——全球背景的地域个性

南京作为世界罕见的自然山水与城市建设完美融合的古都范例,具有世界意义。作为中华文明屡次受挫后复兴的基地,南京继承了中华文明历代的最高成就,具有民族意义。南京之所以为世人瞩目,重点在于世界视野中南京的六朝奔放气质、明朝开拓气度、民国创新精神是如此绚烂夺目,与众不同,保护和展现南京的特色历史文化,尤其是六朝文化、明朝文化、民国文化,是展示南京特色的重中之重。

6.3.5 关于实施机制

6.3.5.1 政策转化

通过对南京历史文化名城保护规划的实施演进分析可知,2010 年以前,由于不能有效转化为城市政策,因而在实施过程中未能充分发挥应有的引领作用。"2010 版"保护规划相继转化为一系列法规、政策,并在此基础上完成了一系列深化规划,2010 年以来,南京的历史文化名城保护规划工作大为改观,成绩显著。

因此,要充分认识南京作为"著名古都"的城市性质定位,在新型城镇化背景下,充分依托南京历史文化、自然山水、现代文明交融一体的特色基础,突出历史文化的保护、传承、发展在南京城市品质提升、城市创新发展中的核心基础作用,将保护规划成果进一步向城市政策转化,引领南京历史文化名城走向复兴之路。

6.3.5.2 规划深化

南京历版历史文化名城保护规划编制完成以后,均进行了保护规划的深化工作,尤其是"2010 版"保护规划完成之后,开展了都城格局、历史地段、古镇古村、民国建筑等一系列的保护规划深化工作,基本实现了历史地段和古镇古村保护规划的全覆盖。

按照"2010 版"保护规划的要求,结合当前的发展实际,南京还应当在历代都城格局、文化景观空间网络、古镇古村、特色系列文物古迹以及传统文化产业的复兴等方面,加快规划深化相关工作。

6.3.5.3 项目优化

2010 年,南京市文物局在"2010 版"保护规划的基础上,编制了《南京市文物事业"十二五"发展规划》,明确了主要任务和重点项目;南京市住房和城乡建设委员会持续滚动地编制了《南京历史文化名城保护三年行动计划》;南京市规划局则组织编制了《南京市民国建筑保护三年行动计划》等。相关发展规划和计划确定实施的项目主要包括城墙保护,大遗址公园建设,历史地段和重要文物古迹的风貌保护、修缮维护及环境整治,博物馆的新建和改扩建,南朝陵墓石刻等重要文物的保护规划等。

总体而言,南京历史文化名城保护工作的实施项目主要集中在重要文物保护单位、历史地段、博物馆建设等层面,对古都整体格局和风貌、文化景观空间网络等相关项目的关注有待加强。此外,部分选定的实施项目与古都格局和整体风貌、文化景观空间网络的关联性不强,实施之后展示利用的效果不足,对整体展示南京古都风采的作用有限。因此,历史文化名城保护的实施项目应当进一步优化,突出特色重点、强化与古都格局和文化景观空间网络的结合,提高实施成效。

6.3.5.4 实施精化

1980 年代,南京市实施了夫子庙—秦淮风光带复原重建工程,通过审慎研究、精心设计、严密施工,形成了精品工程,复建建筑从高度、形式、体量、风格、色彩等方面,较好地传承了明清时期的传统风貌,目前夫子庙已经列入历史文化街区进行保护。反观近年来的一些保护、修缮、再现工程,采用的建筑工艺、建造的建筑风貌等大多趋于皖南、苏州等地精巧秀丽风格,而未能体现南京传统建筑朴拙、大气的底蕴。

2014 年,南京市规划局组织研究了《南京城南历史城区传统建筑保护修缮技术图集》,为南京历史地段保护修缮的精细化提供了技术支撑。南京历史文化名城保护规划的实施,应当更深入地挖掘南京历史文化名城本身的文化特色内涵,在保护与更新过程中进行创新性运用发展,推进南京历史文化名城保护实施项目的精细化。

6.3.5.5　保障强化

"三分规划、七分管理",管理离不开全方位的保障。2010 年以来,南京全市对历史文化保护工作的认识进入到新的高度,制定了一系列的法规政策,在此基础上应当进一步加大历史文化名城保护工作的保障。

建议在《南京市历史文化名城保护条例》的基础上,制定具体的实施办法,对政府财政投入、项目运营管理方式、保护与更新方式、居民参与历史建筑保护、土地运作方式、地下文物考古发掘及展示利用机制、规划的专家把关和公众参与制度等,研究制定具体的操作管理规程,为南京历史文化名城保护规划实施提供切实的保障。

附录

附录 A　规划批复文件

国务院关于南京市城市总体规划的批复(83 国函字 238 号)

国务院关于南京市城市总体规划的批复(国函 19958 号)

省政府关于南京历史文化名城保护规划的批复(苏政复〔2011〕72 号)

附录 B　论证咨询意见

《南京历史文化名城保护规划调整》专家评审意见(2002 年 5 月)

《南京历史文化名城保护与发展研讨会》会议纪要(2006 年 9 月)

《南京新一轮历史文化名城保护规划》修编前期工作专家咨询会会议纪要(2007 年 7 月)

《南京历史文化名城保护规划专家咨询会》会议纪要(2008 年 3 月)

《南京历史文化名城保护规划纲要》论证意见(2008 年 9 月)

《南京老城南历史城区保护规划与城市设计暨南捕厅街区详细规划》专家评审会纪要(2010 年 11 月)

《南京历史文化名城保护规划(20102020)》专家论证意见(2011 年 5 月)

附录 C　专家联名建议

关于建立南京古城保护区的建议(2002 年 3 月)

关于保留南京历史旧城区的紧急呼吁(2006 年 8 月)

南京历史文化名城保护告急(2009 年 4 月)

参考文献

1. 专著

[1] 方可.当代北京旧城更新:调查·研究·探索[M].北京:中国建筑工业出版社,2000

[2] 国都设计技术专员办事处.首都计划.王宇新,王明发,点校[M].南京:南京出版社,2006

[3] 李其荣.城市规划与历史文化保护[M].南京:东南大学出版社,2003

[4] 历史文化名城研究会秘书处.中国历史文化名城保护管理法规文件选编(1997年)[Z],1997

[5] 南京市地方志编纂委员会,南京市文物志编纂委员会.南京文物志[M].北京:方志出版社,1997

[6] 南京市地方志编纂委员会.南京建置志[M].深圳:海天出版社,1994

[7] 单霁翔.文化遗产保护与城市文化建设[M].北京:中国建筑工业出版社,2009

[8] 孙中山.建国方略[M].北京:生活·读书·新知三联书店,2014

[9] 王景慧,阮仪三,王林.历史文化名城保护理论与规划[M].上海:同济大学出版社,1999

[10] 王瑞珠.国外历史环境的保护和规划[M].台北:淑馨出版社,1993

[11] 吴良镛.北京旧城与菊儿胡同[M].北京:中国建筑工业出版社,1994

[12] 伍江,王林.历史文化风貌区保护规划编制与管理[M].上海:同济大学出版社,2007

[13] 薛冰.南京城市史[M].南京:东南大学出版社,2015

[14] 谢辰生,口述.谢辰生口述:新中国文物事业重大决策纪事[M].姚远,撰写.北京:生活·读书·新知三联书店,2018

[15] 杨新华.朱偰与南京[M].南京:南京出版社,2007

[16] 杨新华.第三次全国文物普查南京重要新发现》[M].南京:南京出版社,2009

[17] 张凡.城市发展中的历史文化保护对策[M].南京:东南大学出版社,2006

[18] 张松.城市文化遗产保护国际宪章与国内法规选编[M].上海:同济大学出版社,2007

[19] 张松.历史城市保护学导论——文化遗产和历史环境保护的一种整体性方法[M].上海:上海科学技术出版社,2001

[20] 周俭,张恺.在城市上建造城市——法国城市历史遗产保护实践[M].北京:中国建筑工业出版社,2009

[21] 周岚,童本勤,苏则民,等.快速现代化进程中的南京老城保护与更新[M].南京:东南大学出版社,2004

[22] 周岚.历史文化名城的积极保护和整体创造[M].北京:科学出版社,2011

[23] 朱偰.金陵古迹图考[M].北京:中华书局,2006

[24] 北京市规划委员会.北京历史文化名城北京皇城保护规划[M].北京:中国建筑工业出版社,2004

[25] 南京市地方志编纂委员会.南京城市规划志[M].南京:江苏人民出版社,2008

[26] 清华大学建筑学院.城市规划资料集(第八分册):城市历史保护与城市更新[M].北京:中国建筑工业出版社,2007

[27] [芬]尤嘎·尤基莱托.建筑保护史[M].郭旃,译.北京:中华书局,2011

[28] [美]科恩(Cohen,N).城市规划的保护与保存[M].王少华,译.北京:机械工业出版社,2004

2. 期刊文章

[1] 白红义."制造"公共事件——"南京老城南保护"的传播过程研究[J].新闻记者,2018(4):63-74

[2] 白红义.以媒抗争:2009年南京老城南保护运动研究[J].国际新闻界,2017,39(11):83-106

[3] 本市"十二五"历史文化名城保护建设规划今起征求意见——旧城将成保护政策特区[N].北京日报,2011-03-24:3

[4] 曹昌智.中国历史文化遗产的保护历程[J].中国名城,2009(6):4-9

[5] 陈刚,马忠华,陈绍康,等.名城保护30年的道路回顾与展望[J].中国名城,2012(5):46-50

[6] 陈立旭.欧美日历史文化遗产保护历程审视[J].中共浙江省委党校学报,2004(2):49-54

[7] 陈立旭.中国现代历史文化遗产保护历程审视[J].中共浙江省委党校学报,2003(3):70-75

[8] 陈平,姚远.南京历史文化名城保护思考[J].城乡建设,2003(9):10-11

[9] 陈统奎.南京,救市压力下的城建新高潮[J].南风窗,2009(6):54-57

[10] 陈统奎.我的拆迁速度,在南京是最好的——对话南京秦淮区区长冯亚军[J].南风窗,2009(6):58

[11] 陈薇.历史如此流动[J].建筑学报,2017(1):1-7

[12] 戴湘毅,朱爱琴,徐敏.近30年中国历史街区研究的回顾与展望[J].华中师范大学学报:自然科学版,2012(4):224-229

[13] 顾苏宁.南唐宫护龙河重见天日[J].南京史志,1996(4):34-35

[14] 韩骥,关镇南.西安古城保护规划[J].城市规划,1982(5):47-52

[15] 韩骥.西安古城保护[J].建筑学报,1982(10):8-13

[16] 何流,崔功豪.南京城市空间扩展的特征与机制[J].城市规划学刊,2000(6):56-60

[17] 黄逸群,赵书伶,赵丹丹,等.台城大厦矮了20米,太阳宫降了10米[N].现代快报,2014-05-28:封9

[18] 蒋芳.南京:为了命悬一线的老城南[J].瞭望,2009(19):42-44

[19] 蒋伶.历史文化名城保护规划的发展观[J].城市规划,2004(2):67-69

[20] 看"十里秦淮"繁华再现[N].南京日报,2008-10-29

[21] 老南京最后的纠葛[J].瞭望新闻周刊,2006(40):18.

[22] 李光旭,王朝晖,孙翔,等.广州市历史文化名城保护规划研究[A]//中国城市规划学会.规划50年:2006中国城市规划年会论文集(历史文化保护)[C].北京:中国建筑工业出版社,2006

[23] 李娜.历史文化名城保护及综合评价的AHP模型[J].基建优化,2001(2):46-47,50

[24] 林林.中国历史文化名城保护规划的体系演进与反思[J].中国名城,2016(8):13-17

[25] 刘晖,万谦.论现行历史文化名城保护规划体系的完善[J].华中建筑,2008(3):160-163

[26] 刘炎迅.落马南京城的"关键先生"[J].当代社科视野,2014(10):48

[27] 刘一心.广州历史文化名城保护规划通过审议[N].中国建设报,2012-12-21(1)

[28] 南京市第三次全国文物普查领导小组办公室.第三次全国文物普查南京新发现[N].南京日报,2009-12-28:A11-A14

[29] 南京市统计局,国家统计局南京调查队.南京市2014年国民经济和社会发展统计公报[N].南京日报,2015-04-02:A1

[30] 南京市文化广电新闻出版局.南京市非物质文化遗产保护规划(摘要)(2011年—2015年)[N].南京日报,2011-06-10:B3

[31] 倪宁宁.一篇文章引发南京文保热议[N].现代快报,2008-04-20:B4

[32] 潘星.新型城镇化背景下政府绩效考核的变革及规划对策研究[A]//中国城市规划学会.城市时代,协同规划——2013中国城市规划年会论文集(06-规划实施)[C],2013:8

[33] 彭程,仇惠栋.51处工业遗产将受保护[N].扬子晚报,2013-11-13:A36

[34] 平永泉.建国以来北京的旧城改造与历史文化名城保护[J].北京规划建设,1999(5):8-12

[35] 阮仪三.传统木结构防震原理可供借鉴[N].新民晚报,2008-05-31:A12

[36] 阮仪三.世界及中国历史文化遗产保护的历程[J].同济大学学报:人文·社会科学版,1998(3):1-8

[37] 单霁翔.城市文化遗产保护与文化城市建设[J].城市规划,2007(5):10

[38] 单霁翔.从功能城市走向文化城市[A]//《城市文化国际研讨会论文集》编委会.城市文化国际研讨会暨第二届城市规划国际论坛论文集[C].北京:中国城市出版社,2007

[39] 单娟."三城会"加速南京成为国际化大都市进程[J].江海侨声,1995(9):6

[40] 沈洁,郑晓华,王青.老城控规到底控什么?——以南京老城控制性详细规划为例[J].城市规划,2013,37(9):88-93

[41] 沈俊超,赵国庆,洪静.浅谈名城历史文化特色的保护和彰显[A]//中国城市规划学会.多元与包容:2012中国城市规划年会论文集(城市文化)[C].昆明:云南科技出版社,2012

[42] 沈俊超.传承历史精神、走向城市复兴——历史文化保护引领下的中国城市可持续发展之路[A]//中国城市规划学会.生态文明视角下的城乡规划:2008中国城市规划年会论文集(历史文化保护)[C].大连:大连出版社,2008

[43] 沈俊超.历史城区保护的相关探索和反思——以南京老城为例[A]//中国城市规划学会.规划创新:2010中国城市规划年会论文集(历史文化保护)[C].重庆:重庆出版社,2010

[44] 沈俊超.南京历史文化名城保护规划修编的相关探索和反思[A]//中国城市规划学会.转型

与重构:2011 中国城市规划年会论文集(城市文化)[C].南京:东南大学出版社,2011

[45]沈俊超.浅谈南京历史文化名城保护[A]//中国城市规划学会.和谐城市规划:2007 中国城市规划年会论文集(历史保护与城市复兴)[C].哈尔滨:黑龙江科学技术出版社,2007

[46]宋晓龙.北京名城保护:20 世纪 80 年代后的主要进展和认识转型[J].北京规划建设,2006(9):27-30

[47]苏倍庆,魏来,张爱华.南京老城区城市形态演化研究[J].城市发展研究,2015,22(3):1-7

[48]汤晔峥.城市文化遗产保护制度建构失效的反思与建议——以南京老城南事件为例[J].现代城市研究,2012(10):13-19

[49]童本勤,沈俊超.在保护中求发展、在发展中求保护[J].城市建筑,2005(1):6-8

[50]汪长根,周苏宁,徐自健.现代化进程中的古城保护与复兴——苏州古城保护 30 年调研报告[J].中国文物科学研究,2013(12):7-12

[51]王川.近百年来中国对文物建筑与历史地段的保护[J].西华师范大学学报:哲学社会科学版,2003(5):64-69

[52]王景慧.城市规划与文化遗产保护[J].城市规划,2006(11):57-59,88

[53]王景慧.城市历史文化遗产保护的政策与规划[J].城市规划,2004(10):68-73

[54]王景慧.中国历史文化名城的保护概念[J].城市规划汇刊,1994(4):12-17

[55]王景慧.中国文化遗产:保护状况与规划展望[J].建设科技,2007(11):19-21

[56]王娟芬.南京历史文化街区保护思考[J].山西建筑,2010(5):26-27

[57]王军.北京城市规划方案略览(1949—1993)[J].瞭望新闻周刊,2002(14):18-21

[58]王军.北京历史文化名城保护的实践及其争鸣[J].北京规划建设,2004(10):53-55

[59]王宪磊.中国的新未来[EB/OL].(2014-01-20).http://www.360doc.com/con-tent/14/0120/09/6206853_346565933.shtml

[60]王星光,贾兵强.国外历史文化遗产保护机制及其对我国的启示[J].广西民族研究,2008(1):178-185

[61]温宗勇.名城保护俱乐部"新成员"(上)——保护拓展阶段(2007—2009 年)[J].北京规划建设,2014(3):121-130

[62]温宗勇.名城保护俱乐部"新成员"(下)——保护拓展阶段(2007—2009 年)[J].北京规划建设,2014(5):122-131

[63]吴良镛.历史名城的文化复萌[J].城市与区域规划研究,2008,1(3):1-6

[64]吴良镛.《北京城市总体规划修编(2004—2020 年)》专题:北京旧城保护研究(上)[J].北京规划建设,2005(1):18-28

[65]吴良镛.《北京城市总体规划修编(2004—2020 年)》专题:北京旧城保护研究(下)[J].北京规划建设,2005(3):65-72

[66]吴良镛.文化遗产保护与文化环境创造——为 2007 年 6 月 19 日全国文化遗产日写[A]//《城市文化国际研讨会论文集》编委会.城市文化国际研讨会暨第二届城市规划国际论坛论文集[C].北京:中国城市出版社,2007

[67] 奚永华,裘行洁,王桂圆.南京历史文化名城保护的过去与未来[J].南京社会科学,2004(5):156-166

[68] 肖建莉.历史文化名城制度30年背景下城市文化遗产管理的回顾与展望[J].城市规划学刊,2012(5):111-118

[69] 徐苏斌.近代中国文化遗产保护史纲(1906—1936)[A]//中国近代建筑研究与保护(七)[C].北京:清华大学出版社,2010

[70] 许业和,祁鹿年.以史为鉴,再续新章——以苏州30年来四版保护规划回顾为例[J].江苏城市规划,2015(10):18-22

[71] 阳建强.快速城市化背景下的历史城市保护[J].北京规划建设,2012(11):31-33

[72] 阳建强.新型城镇化背景下的南京历史文化名城保护[J].西部人居环境学刊,2015(1):7-10

[73] 尹农.文化再造:推进南京名城建设的战略选择——西安、南京比较研究[J].江苏社会科学,2013(6):252-256

[74] 袁蕾.历史文化名城保护30年[J].北京规划建设,2008(5):57-59

[75] 张兵.探索历史文化名城保护的中国道路——兼论"真实性"原则[J].城市规划,2011(增刊):48-53

[76] 张帆,罗仁朝.北京历史文化名城保护规划[J].城乡建设,2004(3):44-46

[77] 张松.历史文化名城保护制度建设再议[J].城市规划,2011(1):46-53

[78] 张智丽.专家称都江堰文物在地震中假毁真留[N].新闻晨报,2008-05-28

[79] 赵勇,唐渭荣,龙丽民,等.我国历史文化名城名镇名村保护的回顾和展望[J].建筑学报,2012(6):12-17

[80] 赵中枢.从文物保护到历史文化名城保护——概念的扩大与保护方法的多样化[J].城市规划,2001(10):33-36

[81] 镇雪锋,张松.文化遗产保护相关国际宪章综述[A]//张松.历史城市保护规划与设计实践(理想空间系列丛书15)[C].上海:同济大学出版社,2006:101-104

[82] 郑小明.名城成都历史文化遗产保护与展现的基本构想[A]//建筑史论文集(第13辑)[C].北京:清华大学出版社,2000

3. 学位论文

[1] 顾文悦.武汉历史文化名城保护规划实施评估研究[D].武汉:华中科技大学,2012

[2] 李蓓.论苏州历史文化名城的保护与更新——兼与绍兴比较研究[D].苏州:苏州大学,2008

[3] 刘亮.曲阜历史文化名城保护实践回顾及其思索[D].济南:山东建筑大学,2010

[4] 宋少华.南京"法国梧桐"与城市记忆研究[D].南京:南京农业大学,2015

[5] 王玲玲.历史文化名城保护规划的发展与演变研究[D].北京:中国城市规划设计研究院,2006

[6] 姚远.当代中国古城保护运动的政治分析[D].北京:北京大学,2011

4. 其他

[1] 北京历史文化名城保护条例[EB/OL]. http://baike.baidu.com/view/294851.htm

[2] 成都市规划设计研究院. 成都市域历史文化保护和利用体系规划[Z],2012

[3] 东南大学城市规划设计研究院. 南京市工业遗产保护规划[Z],2014

[4] 东南大学建筑系,南京市规划局. 南京近现代非文物优秀建筑评估与对策研究[R],2002

[5] 广州市规划局. 广州历史文化名城保护规划批前公示[EB/OL].(2012-01). http://www.upo.gov.cn/pages/zt/ghl/lswhmcbhgh/index.htm#a1

[6] 南京大学建筑学院,南京市规划设计研究院有限责任公司,南京市城市规划编制研究中心. 南京城南历史风貌区保护与复兴概念规划研究[R],2009

[7] 南京大学自然与文化遗产研究所,南京市城市规划编制研究中心. 南京城市空间历史演变及复原推演研究[R],2011.9

[8] 南京建工学院,南京市文管会,南京古都学会. 南京城南民居保护——古都风貌保护课题研究[R],1991

[9] 南京历史文化名城研究会. 关于老城南民居类街区保护规划实施情况的调研报告[R],2014

[10] 南京历史文化名城研究会. 南京市工业遗产保护利用研究[R],2010

[11] 南京历史文化名城研究会. 南京市工业遗产资源入库[R],2012

[12] 南京历史文化名城研究会. 南京市古镇村历史文化资源调查及保护对策研究[R],2006

[13] 南京市城市规划编制研究中心. 南京老城控制性详细规划[Z],2011

[14] 南京市规划局,南京市城市规划编制研究中心. 南京城乡规划40年[R],2018

[15] 南京市规划局,南京市城市规划协会. 南京城乡规划40年访谈录[R],2018

[16] 南京市规划局,南京市规划设计研究院. 南京历史文化名城保护规划方案:说明概要[R],1984

[17] 南京市规划局,南京市规划设计研究院,东南大学城市规划设计研究院,南京市城市规划编制研究中心. 南京历史文化名城保护规划(2010—2020)[Z],2012

[18] 南京市规划局. 南京城南历史城区传统建筑保护修缮技术图集[Z],2014

[19] 南京市规划局. 南京老城保护和更新规划国际研讨会文件汇编[G],2002

[20] 南京市规划局. 南京市城市总体规划(2017—2035)草案公示文件[R],2018

[21] 南京市规划局. 南京新一轮历史文化名城保护规划修编前期工作专家咨询会会议材料:1990年代以来南京历史文化名城保护规划思路汇报[R],2007

[22] 南京市规划设计研究院,南京市交通规划研究所,中国城市规划设计研究院.《南京市城市总体规划(1991—2010)》(2001年调整)送审稿[R],2011

[23] 南京市规划设计研究院,南京市文物管理委员会. 南京城市总体规划(说明之四):历史文化名城保护[Z],1992

[24] 南京市规划设计研究院. 南京老城保护与更新规划[Z],2002

[25] 南京市规划设计研究院. 南京历史文化名城保护规划[Z],2002

[26] 南京市规划设计研究院,东南大学城市规划设计研究院,江苏省城市规划设计研究院.南京老城控制性详细规划[Z],2004

[27] 南京市规划设计研究院,南京市交通规划研究院,南京博来城市规划设计,南京市城市规划编制研究中心.南京老城控制性详细规划(2006深化版)[Z],2006

[28] 南京市规划设计研究院.25年来南京历史文化名城保护工作回顾评价[R],2007

[29] 南京市文化广电新闻出版局,南京市市非物质文化遗产保护中心,南京大学文化与自然遗产研究所.南京市非物质文化遗产保护规划(2011—2015)[Z],2011

[30] 南京市文物管理委员会.南京市历史文化名城保护工作会议资料汇编[G],1982

[31] 苏州市规划局,苏州市规划设计研究院.苏州历史文化名城保护规划(2007—2020)[Z],2007

[32] 苏州市规划局,苏州市规划设计研究院.苏州历史文化名城保护规划(2013—2030)[Z],2013

[33] 西安市规划局,西安市文化局,西安市规划设计研究院.西安城市总体规划(2004—2020)附件九:西安市历史文化名城保护规划(2004—2020)[Z],2006

[34] 永州市人民政府.《永州历史文化名城保护规划》实施评估报告公示[EB/OL].(2013-06-26).http://www.yzcity.gov.cn/art/2013/6/26/art_16907_329515.html

后　记

1997 年 9 月,哥哥送我奔赴古都西安上大学,出火车站后一路向南,出和平门后看到远处的大雁塔影,不久就到了雁塔路东侧的西安建筑科技大学,我的大学生涯就此开始,也从此开始与历史文化名城结缘。在大学五年的学习过程中,随老师们在城墙脚下、书院门里、清真大寺、大小雁塔、钟楼鼓楼等各处古迹写生考察、调研测绘,也顺便领略了特色美食;课余与朋友们到兵马俑、华清池、翠华山、未央湖等名胜度假游玩。学生阶段的我得以领略古都西安的文化风情,也初步了解了历史文化名城保护规划的一些基本知识。

2002 年 7 月大学毕业后,我来到南京市规划院工作,在南京这个著名古都开始了职业生涯。工作伊始,就特别幸运地参与了"南京老城保护与更新规划"编制工作。在初步了解了 2002 版《南京历史文化名城保护规划》《南京明城墙风光带规划》《南京民国建筑保护规划》之后,我在前辈的建议下买了一辆自行车,顶着烈日满怀激情地环绕明城墙、护城河,深入古街老巷开展现状调查。在"南京老城保护与更新规划"编制过程中,通过前辈们的指导,我对历史文化名城保护规划逐步产生了兴趣。工作之余,查阅了南京市及各区县的相关文史资料,学习了国内其他历史文化名城保护规划成果,实地考察了南京老城及周边的众多文物古迹和历史典故发生地,为日后的城市更新和文化遗产保护工作打下了基础。

2004 年,南京开始了新一轮城市总体规划前期研究工作,我参与了"南京市历史文化资源保护与利用对策"研究工作。2005 年,南京着手开始历史文化名城保护规划修编工作,最后所形成的"2010 版"保护规划成果于 2011 年底得到江苏省政府批复。我全程参与了本次规划编制工作,在此过程中还陆续完成了古镇古村、工业遗产、历史地段调查研究,一大批历史文化街区、历史风貌保护区的保护规划编制,各批次文物保护单位的保护范围和建设控制地带划定等历史文化名城保护规划相关工作。经过 10 年的历练,我从参与规划编制座谈、讨论、咨询、论证的众多专家学者、部门领导、开发主体、普通百姓等不同群体身上,亲身感受到了社会各界对南京历史文化名城保护的真诚和努力,亲耳听到了社会各界对南京历史文化名城保护的诸多赞誉以及尖锐质疑,也使得我对历史文化名城保护工作有了更加深刻、更加全面的认识。

随着认识的不断深入,我也越发感觉自己所学不足。2013 年,在同事的建议下,我到东南大学在职攻读硕士学位。工作多年后选择读研,在此过程中又经历了工作单位的变动,其中有艰难取舍,更多的是热切憧憬。但弹指一挥,我的学生生涯又告一段落,本书成果是我在东南大学建筑学院三年研究学习的总结。不忘初心,方得始终,总结并不意味着结束,希望可以是弥补不足、突破自我、追求未来的新起点。

求学期间,我的导师诸葛净老师尽可能地给予我各方面的指导帮助。尤其是在学习过程中,诸葛净老师亦师亦友,她开放包容的精神格局、严谨求真的治学态度、诚挚朴素的为人品格,必定会影响到我的内心深处。在此谨向诸葛净老师表示我最诚挚的感谢!

感谢东南大学建筑学院朱光亚老师、李新建老师、王承慧老师,以及南京博物院王涛老师,对我的论文提出了非常中肯、非常宝贵的意见,为我今后的学习研究指出了方向,在此表示衷心的感谢。感谢南京规划院的孙敬宣、奚永华、童本勤、周慧、卜岚林等各位前辈,对我在历史文化保护方面的工作实践和研究给予了诸多教导和帮助。

特别感谢朱光亚老师和童本勤院长百忙之中为本书作序。朱光亚老师曾对我负责的淮安、高淳历史文化名城保护规划,南京的一批历史地段保护规划等项目给予过具体指导,在我的论文开题之际还亲笔题写了评审意见,在本书出版之际朱光亚老师仍不忘提携后辈,欣然为本书作序,我辈敬仰!我从参加工作就在童本勤院长的带领下参与了南京老城保护与更新规划、南京历史文化名城保护规划、南京城市空间特色规划等的编制工作,以及古镇古村、历史地段、工业遗产等的调查研究工作,童院长的言传身教对我的职业生涯影响深远,感谢童院长一直以来的关怀!

感谢东南大学出版社戴丽、魏晓平编辑为本书的出版发行所付出的热情、耐心与辛劳;感谢我的工作单位深圳市城市空间规划建筑设计有限公司以及南京分公司领导邵斌、钱锋对本书出版的大力支持;感谢我的同事董舟在书稿排版等具体工作上的大力帮助!

最后,我要感谢我的家人,是他们给了我工作、生活、学习的全心支持,我将更加努力奋斗。

沈俊超
2018年12月